复杂地层岩石物理研究与应用

刘向君　熊　健　丁　乙　著

科学出版社

北　京

内 容 简 介

本书从油气工业发展对岩石物理研究的需求及复杂地层的特点出发，阐述了复杂油气藏勘探开发中的一些岩石物理问题，涵盖缝洞型碳酸盐岩、煤岩和页岩等复杂结构、非均质地层，涉及岩石声学、岩石力学等内容，具体包括缝洞型碳酸盐岩、煤岩和页岩等复杂结构岩石的声学响应、泥页岩岩石力学及声学的水化动态响应。随着油气勘探开发向深层、超深层、复杂地层深入，岩石物理研究的重要性日益凸显，希望本书的研究工作能够对相关领域的科技工作者有所启发。

本书可供油气地球物理、石油工程等领域的相关科技工作者参考，也可供相关专业的研究生和高年级本科生参考使用。

图书在版编目(CIP)数据

复杂地层岩石物理研究与应用 / 刘向君，熊健，丁乙著. —北京：科学出版社，2024.3（2025.1 重印）

ISBN 978-7-03-078018-8

Ⅰ. ①复… Ⅱ. ①刘… ②熊… ③丁… Ⅲ. ①复杂地层-岩石物理学-研究 Ⅳ. ①P584

中国国家版本馆 CIP 数据核字（2024）第 034456 号

责任编辑：罗 莉 / 责任校对：彭 映

责任印制：罗 科 / 封面设计：墨创文化

科学出版社 出版

北京东黄城根北街16号

邮政编码：100717

http://www.sciencep.com

四川青于蓝文化传播有限责任公司 印刷

科学出版社发行 各地新华书店经销

*

2024 年 3 月第 一 版 开本：787×1092 1/16

2025 年 1 月第二次印刷 印张：13 1/4

字数：315 000

定价：198.00 元

（如有印装质量问题，我社负责调换）

前言

岩石物理学以声学、电学、磁学、力学、热学、核物理学等基础学科为基础，是研究岩石物理特性和物性间相互关系及应用的高度交叉学科。岩石物理学是油气地球物理勘探的基础，也是联系油气地质、岩石力学、地球物理、石油与天然气工程等多学科领域的桥梁，其中基于岩石声学特性评价储层地质力学性质已成为复杂油气藏地质工程一体化高效勘探开发的关键与基础。笔者及研究团队结合油气工业对岩石物理学的需求以及勘查技术与工程、石油工程等相关专业学生培养的需要，于 2018 年出版了《岩石物理学基础(富媒体)》教材(石油工业出版社，2018)，并被相关院校专业选为课程教材。

油气勘探开发正快速向深层、复杂、非常规储层挺进，这些领域油气资源潜力巨大，是我国油气资源增储上产的重要接替领域，对其高效勘探开发对保障我国能源安全意义重大。然而，这些地层不仅矿物组成复杂、结构强非均质性、多相流体共存，同时还可能处于高温、高地应力、高孔压等复杂地质环境，导致其储集特性、渗流特性、岩石力学特性，以及用于表征、刻画这些特性的声学、电学等物理特性都呈现出强烈的非均质性、各向异性和尺度相关性、环境状态相关性。例如，缝洞碳酸盐岩、煤岩、页岩中发育的裂缝、孔洞、割理、层理等复杂结构必然造成声学、力学的强非均质性、强各向异性，以及声学特性与力学特性之间的响应关系复杂，并使得利用岩石声学信息获取孔渗特性、力学特性的不确定性增强、可靠性降低，而当孔隙中含有油、气、水时，流体性质、饱和度及分布的差异性则会进一步加剧声学、力学特性的复杂化。又如泥岩、页岩、煤岩，由于含黏土矿物，其物理特性将不仅受自身矿物组成、层理特征、割理特征、赋存地质环境等因素的控制，同时在接触外来流体后还极易发生与流体类型、作用时间密切相关的水化、水理作用，致使在油气钻井、完井、开发过程中这类地层的声学、力学等物理特性呈现显著的不确定性。

上述问题，对复杂地层尤其是深部缝洞碳酸盐岩、煤岩、页岩等复杂储层的岩性、物性、力学特性评价的岩石物理学理论，以及以岩石物理学理论为支撑的地球物理技术形成了极大的挑战，需要从物理实验、数值仿真、物理建模等相关基础理论与技术着手，研究这些复杂地层的岩石物理特性产生机制及其相互响应关系，为相关预测方法技术的建立奠定坚实基础，发挥岩石物理研究在深层、复杂、非常规油气资源安全高效勘探开发中的关键作用。本书聚焦复杂结构地层岩石声学与岩石力学的响应关系，以及流体作用下泥页岩地层岩石声学与岩石力学响应动态规律等问题的研究。全书分为两篇，共 7 章。第一篇主要阐述复杂结构岩石声学响应特征，即综合利用物理实验、等效介质理论和声波数值模拟等手段研究碳酸盐岩、煤岩、页岩等复杂结构、非均质岩石的声波传播规律、频散特征，揭示复杂结构地层岩石声学与岩石力学的响应关系，并总结相关成果的应用；第二篇主要阐述泥页岩岩石力学及岩石声学的动态响应特征，即综合利用多种实验手段和数值模拟等方法系统研究泥页岩组构和理化特征、黏土矿物水化行为特征及微观机制、水化过程中泥页岩岩石力学及声学的动态响应特征等，通过微观与宏观相结合，物理、化学、物理化学、力学等相结合，揭示泥页岩岩石声学、力学响应动态变化的机制。

西南石油大学地球科学与技术学院李玮副研究员参加编写了第 1 章和第 3 章，同时对全书进行了多次阅读并提出修改建议，石油与天然气工程学院梁利喜研究员参加编写了第 1 章、第 2 章和第 7 章，理学院段茜副教授参加编写了第 1 章。要特别感谢万有维、杨超、陈乔、侯连浪、王跃鹏、庄严、高可攀、王森、李贤胜、王光兵、满宇等多届在读和毕业博士、硕士研究生的研究工作和付出。同时，还要特别感谢同济大学刘堂晏教授，西南石油大学杨国锋博士后、刘红岐教授为本书提出的宝贵意见和建议。

本书得到国家自然科学基金石化联合基金重点课题“页岩气低成本高效钻完井技术基础研究”（U1262209）、国家自然科学基金面上项目“水岩作用对硬脆性页岩孔隙结构及声波特性影响的研究”（41872167）资助。

由于作者水平有限，书中难免存在不足之处，在此真诚地希望广大读者谅解并提出宝贵意见。

刘向君

西南石油大学油气藏地质及开发工程全国重点实验室

2023.12

目　录

第一篇　复杂结构岩石声学响应特征及应用

第二篇　泥页岩岩石力学及岩石声学动态响应研究

第一篇

复杂结构岩石声学响应特征及应用

声波是岩石物理研究的重要内容。在油气工业和其他工程勘查活动中，利用声波可以获得对工程岩体结构、孔隙性、力学强度等的认识。长期以来，对均质各向同性岩石的声学特征研究已经比较系统，取得的成果也较多，基于声波速度预测岩石孔隙度、岩石力学参数，以及基于声波能量预测岩石结构的成果被广泛应用。随着油气工业走向深层、非常规，缝洞、层理、割理等复杂结构地层逐渐成为勘探开发的重要对象，这类地层的声学响应特征也成了油气工业利用声波资料准确获取地下地层各种物性时必须开展的重要基础研究内容。本篇简要介绍作者及团队综合利用岩石物理实验、等效介质理论和数值模拟等手段，在碳酸盐岩、煤岩、页岩等复杂结构、非均质岩石声波传播规律、频散特征及应用研究方面取得的一些认识和进展。

第1章　缝洞碳酸盐岩声学响应特征及应用

岩石中的缝洞具有随机性、不可重复性，为了获得缝洞参数对岩石声学响应特征影响的规律性认识，采取物理模拟与数值仿真模拟相结合的方式开展研究。物理模拟实验选取均质各向同性的天然孔隙性碳酸盐岩为基础材料，人造不同的裂缝或孔洞，通过超声波透射实验研究不同频率下裂缝或孔洞结构参数对声波传播规律的影响。利用人造缝洞介质研究缝洞参数对声学性质的影响是国内外广泛应用的方法(Rathore et al.，1995；魏建新等，2008；丁拼搏等，2017)。数值仿真模拟实验基于二维波动理论开展，这也是国内外复杂结构介质声波传播特性研究领域广泛采用的重要方法(Saenger and Shapiro，2002；韩开锋和曾新吾，2006；王子振等，2014)。

1.1　缝洞碳酸盐岩声学响应特征的物理模拟

当不同频率的声波在介质中传播时，声波的速度和衰减随频率变化的现象称为声频散。对缝洞发育地层，声波的传播特征及频散现象还有待深入研究认识。室内岩样声波测试采用自研多频声波测量仪完成。

1.1.1　不同缝洞结构碳酸盐岩的纵波传播特性

1.1.1.1　岩心孔洞缝设计方案

选取均质各向同性的天然孔隙性碳酸盐岩为实验用基础岩样。在岩样物性测试的基础上，通过在同一块岩心上钻孔、造缝的方式改变岩心孔隙结构，每改变一次孔隙结构就测试一次不同频率下的声波响应信号。岩心在常温常压条件下进行测试，发射、接收探头在测试时给岩心两端面施加0.2MPa压力，选用凡士林作为声波耦合剂，以保证探头与岩心端面充分接触，记录声波波形并提取首波时差和衰减系数。测试的声波频率分为两组：高频纵波2.5MHz、1.25MHz、0.5MHz；中频纵波490kHz、250kHz、100kHz、50kHz、25kHz。

岩样的洞、缝具体设计方案包括：①在均质各向同性的孔隙性碳酸盐岩岩心上钻不同直径、不同深度的孔，模拟岩心中不同尺度的洞；②将均质各向同性的孔隙性碳酸盐岩岩心分别以切断、敲断再黏合等方式模拟岩心中不同尺度的裂缝；③在均质各向同性的孔隙性碳酸盐岩岩心上钻不同方位、不同尺度的孔并与人工裂缝组合，模拟岩心中不同的缝洞孔隙结构。

在 9 块岩心上设计 9 种不同尺寸的孔洞结构，研究孔洞结构对纵波传播特性的影响，孔洞直径有 2.5mm、6mm 和 10mm 三种规格，孔洞深度有 7mm、10mm 和 19mm 三种规格，不同孔洞直径和深度组合的孔洞尺寸共有 9 种，岩心初始孔隙度变化范围为 0.20%～0.50%。不同加工方案的岩心孔隙度测试结果如表 1.1 所示。岩心 A1 和 A5 模拟的钻孔示意图如图 1.1 和图 1.2 所示。

表 1.1　人工设计岩样各方案尺寸及孔隙度

岩心编号	序号	直径(mm)	深度(mm)	岩心初始孔隙度(%)	方案 1 岩心孔隙度(%)	方案 2 岩心孔隙度(%)	方案 3 岩心孔隙度(%)	方案 4 岩心孔隙度(%)	方案 5 岩心孔隙度(%)
A1	1	2.5	7.0	0.20	0.61	1.33	2.56	4.03	—
A2	2	2.5	10.0	0.20	0.57	1.87	4.15	6.95	—
A3	3	2.5	19.0	0.20	0.47	0.61	1.91	3.58	6.44
A4	4	6.0	7.0	0.40	0.57	1.42	3.36	6.61	11.99
A5	5	6.0	10.0	0.30	0.46	1.10	3.35	6.15	11.31
A6	6	6.0	19.0	0.30	0.46	1.54	3.39	6.59	9.93
A7	7	10.0	7.0	0.30	1.51	4.38	7.78	11.34	—
A8	8	10.0	10.0	0.30	2.97	6.35	7.69	9.94	—
A9	9	10.0	19.0	0.50	6.27	9.64	13.86	18.02	—

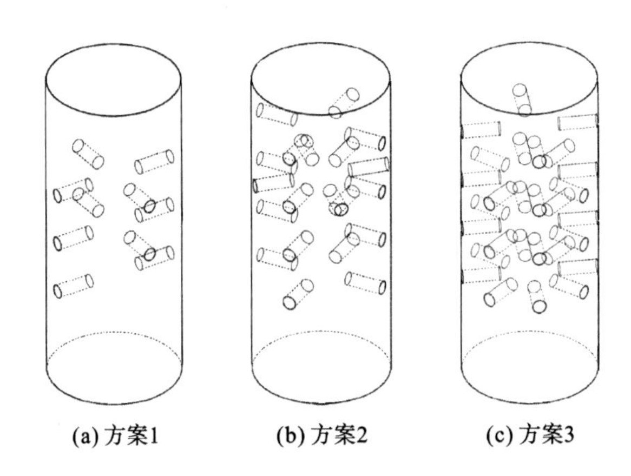

(a) 方案1　　(b) 方案2　　(c) 方案3

图 1.1　岩心 A1 以不同方案的钻孔示意图

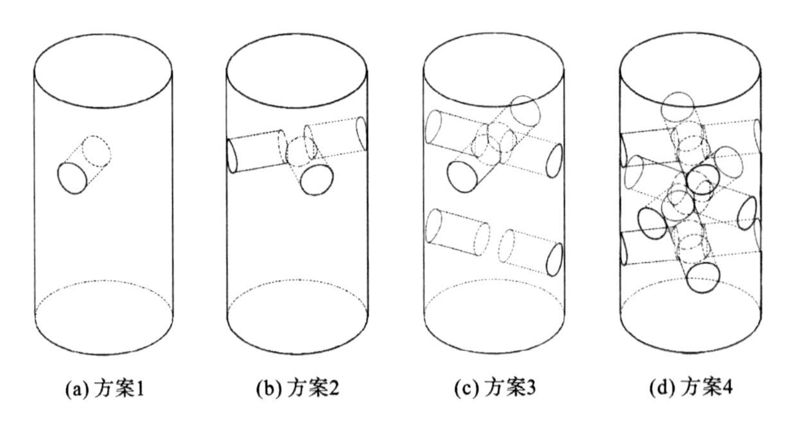

(a) 方案1　　(b) 方案2　　(c) 方案3　　(d) 方案4

图 1.2　岩心 A5 以不同方案的钻孔示意图

在 4 块岩心(D1、D2、D3、D4)中设计了垂直于声波传播方向的裂缝，研究不同类型裂缝对声波传播特性的影响，具体造缝方案见表 1.2 和表 1.3 所示。其中，岩心 D1 设计了裂缝开度大(2mm)但未延伸至整个岩心横切面且裂缝面平整的裂缝形态，如图 1.3 所示；在岩心 D2 上设计了裂缝与孔洞的组合，研究孔洞及裂缝复合孔隙结构对纵波传播特性的影响，如图 1.4(a)所示；岩心 D3 设计了裂缝开度小(0.1mm)但延伸至整个岩心横切面且裂缝面平整的裂缝形态，如图 1.4(b)所示。

表 1.2 D1 岩心人造裂缝的各方案描述

岩心编号	初始	方案 1	方案 2	方案 3	方案 4	方案 5
D1	未做处理的基础岩样	在岩心一端 15mm 处切 6mm 深、2mm 宽的缝	在岩心另一端 15mm 处切 6mm 深、2mm 宽的缝	裂缝加深，裂缝深度分别为 12.5mm 和 6mm	裂缝继续加深，裂缝深度分别为 12.5mm 和 12.5mm	裂缝继续加深，裂缝深度分别为 19mm 和 19mm

表 1.3 D2、D3 和 D4 岩心人造裂缝的各方案描述

岩心编号	初始	方案 1	方案 2	方案 3
D2	未做处理的基础岩样	将岩心切成两段再合上，不用胶水黏合	在断裂面中的一面中心处钻孔。孔深 5mm，直径 10mm。直接合上断裂面，用透明胶布固定，不用胶水黏合	将断裂面用胶水黏合
D3	未做处理的基础岩样	将岩心切成两段再合上，不用胶水黏合	将断裂面用胶水黏合	将岩心的另一处再切开，直接合上，用透明胶布固定，不用胶水黏合
D4	未做处理的基础岩样	将岩心从中部敲断，断裂面不平整。两截岩心直接合上，外部用透明胶布固定	将断裂面用胶水黏合	

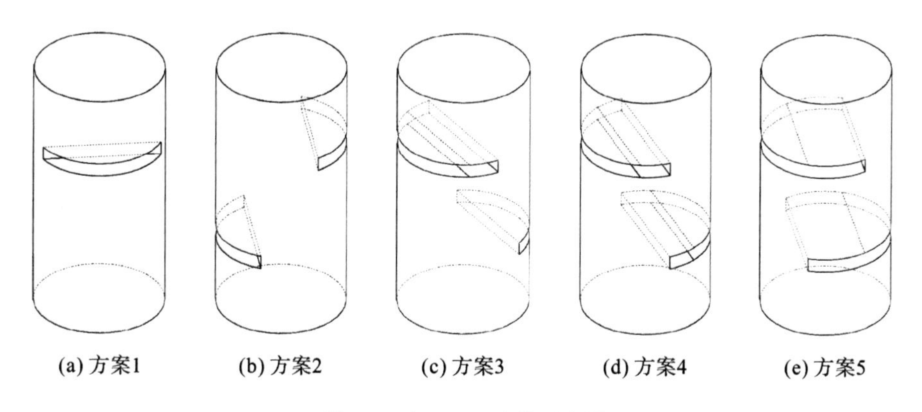

图 1.3 岩心 D1 造缝示意图

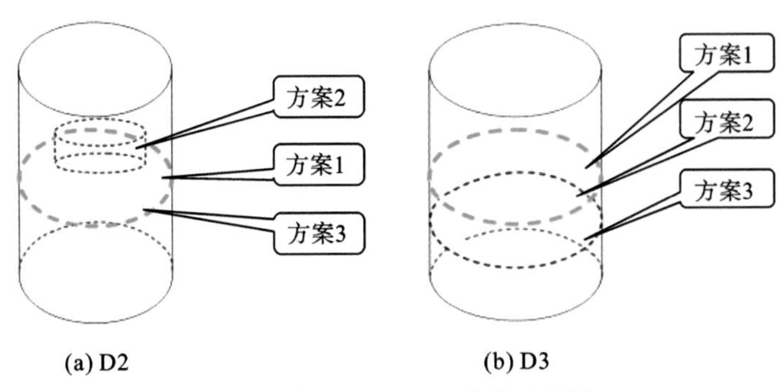

(a) D2 (b) D3

图 1.4 岩心 D2 和 D3 造缝示意图

1.1.1.2 缝洞碳酸盐岩的纵波特性

1. 孔洞对纵波时差的影响

不同孔洞结构的岩心孔隙度对纵波时差的影响如图 1.5 和图 1.6 所示(图例中 P 代表纵波)。从图中可以看出，随着孔洞岩心孔隙度增大，高频纵波时差在 2μs/m 内波动，中频纵波时差在 4μs/m 内波动，没有表现出明显随孔隙度变化的趋势，孔洞尺度及方位的变化也未引起纵波时差的明显变化。可见，像岩心 A1、A5 这样少量、离散、随机分布的孔洞可能会使岩心的孔隙度明显增大，但由于其分布位置特殊、分布密度偏低，可能不会引起纵波时差同步发生变化。

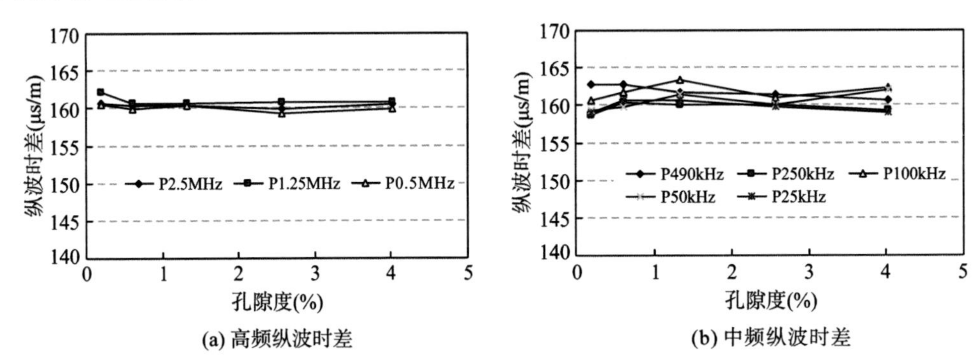

(a) 高频纵波时差 (b) 中频纵波时差

图 1.5 岩心 A1 的不同孔洞结构的岩心孔隙度对纵波时差的影响

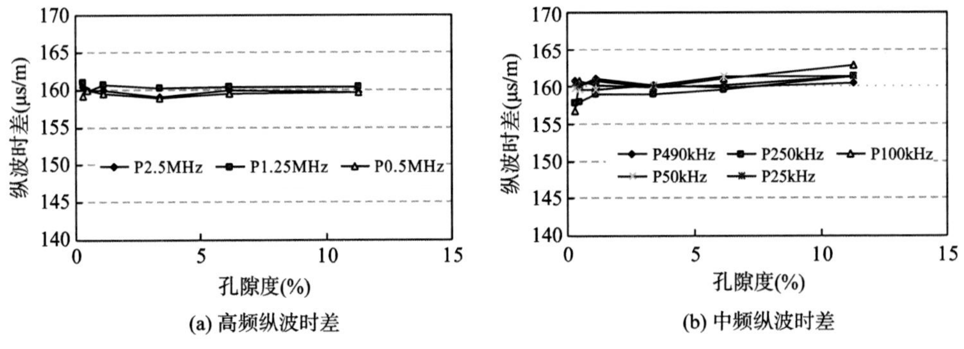

(a) 高频纵波时差 (b) 中频纵波时差

图 1.6 岩心 A5 的不同孔洞结构的岩心孔隙度对纵波时差的影响

2. 裂缝对纵波时差的影响

不同裂缝形态的岩心纵波时差与其状态的相关性如图 1.7～图 1.10 所示。从图中可以看出，岩心(D3、D4)中不同形态的小开度裂缝(0.1mm)对纵波时差没有影响，当岩心(D1)中存在大开度裂缝(2mm)且完全截断声波传播路径时，声波传播路径增加，纵波时差增大。

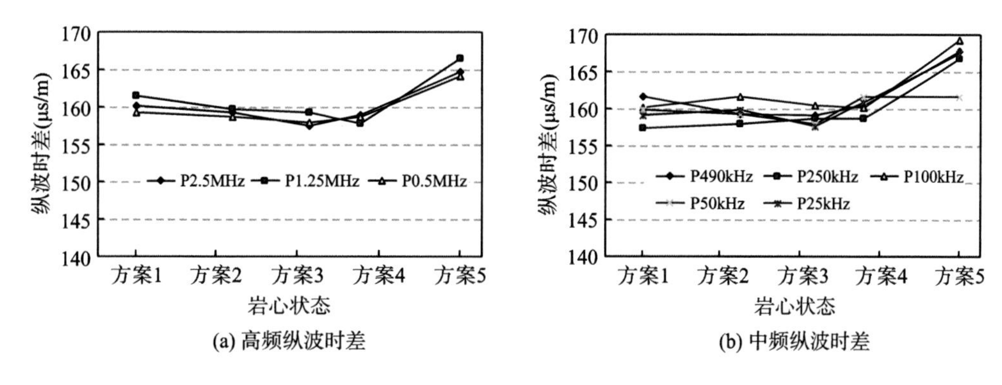

(a) 高频纵波时差　　(b) 中频纵波时差

图 1.7　岩心 D1 的不同裂缝形态对纵波时差的影响

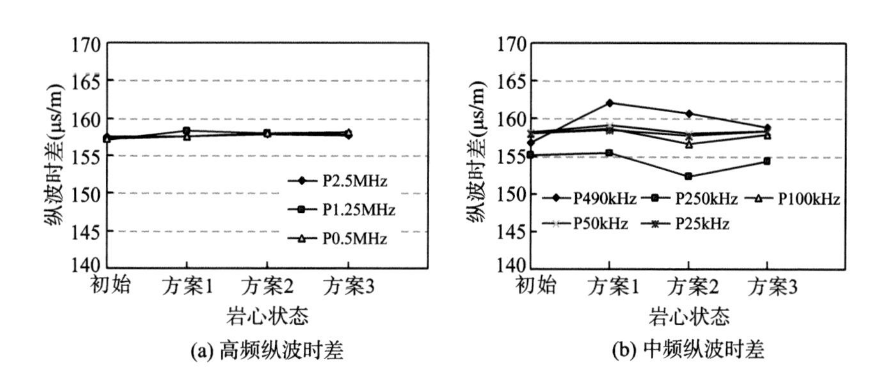

(a) 高频纵波时差　　(b) 中频纵波时差

图 1.8　岩心 D2 的不同裂缝形态对纵波时差的影响

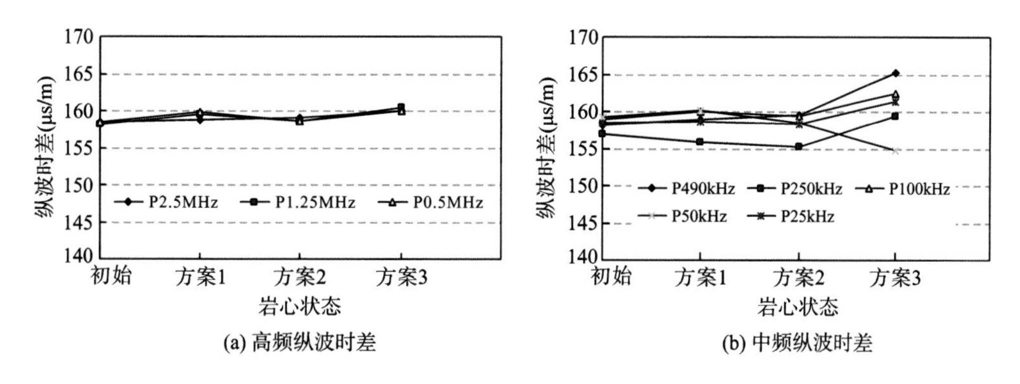

(a) 高频纵波时差　　(b) 中频纵波时差

图 1.9　岩心 D3 的不同裂缝形态对纵波时差的影响

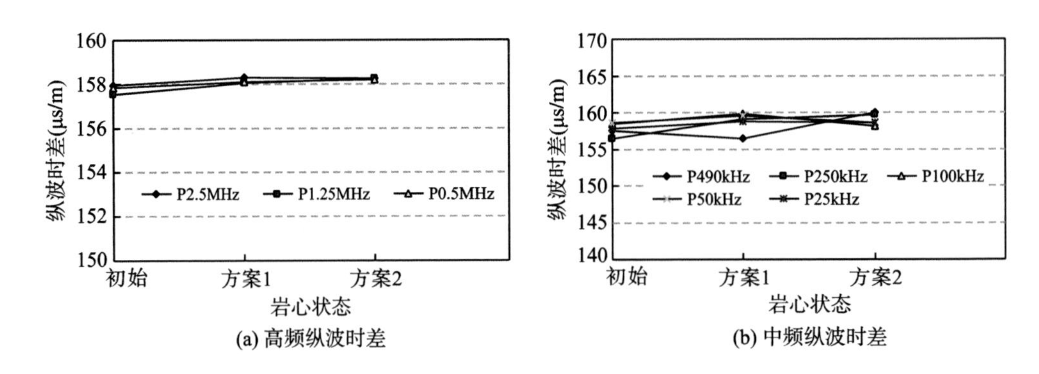

(a) 高频纵波时差 (b) 中频纵波时差

图 1.10 岩心 D4 的不同裂缝形态对纵波时差的影响

3. 孔洞对纵波衰减特性的影响

声波信号在介质中传播时，幅度随传播距离的增加而减小，是声波的衰减现象。缝洞发育岩石的声波衰减比致密岩石更明显，且含气岩石的声波衰减比含水岩石的强。因此，声波衰减可以作为评价岩石，特别是岩石含气性的重要指标。通常，采用平面波在介质中的变化来量度介质的声波衰减。当波向前传播一个波长时，波的振幅衰减由 A_1 变到 A_2，其比值的对数衰减率为

$$\Delta d = \lg \frac{A_1}{A_2} \tag{1.1}$$

不同孔洞结构的岩心孔隙度(表 1.1)与频率为 0.5MHz、1.25MHz 和 2.5MHz 的纵波对数衰减率关系如图 1.11 所示。从图中可以看出，不同孔洞结构岩心的孔隙度与对数衰减率呈良好的负相关性，即随着岩心孔隙度增大，内部孔洞增多，射入岩心的纵波发生折射、散射、反射等现象增多，造成纵波在岩石中传播时能量损失增大，纵波的能量衰减越明显，对数衰减率的下降幅度越大。同时，相同激发频率下不同孔洞结构岩石的孔隙度和纵波对数衰减率的关系如图 1.12 所示。从图中可以看出，各频率下的纵波对数衰减率均与不同孔洞结构岩石的孔隙度总体呈负相关性，即孔隙度越大，纵波对数衰减率越大。

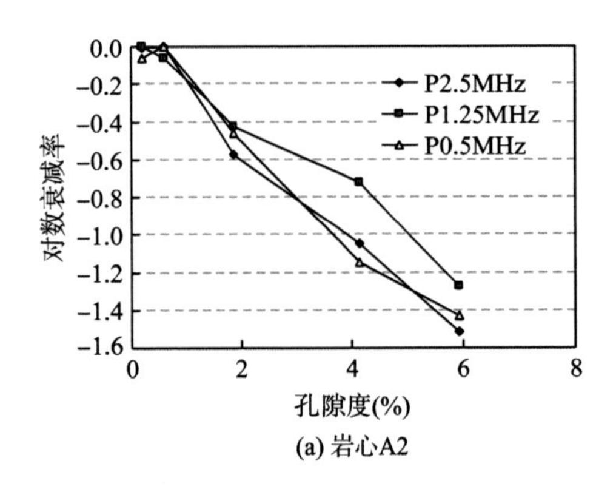

(a) 岩心A2

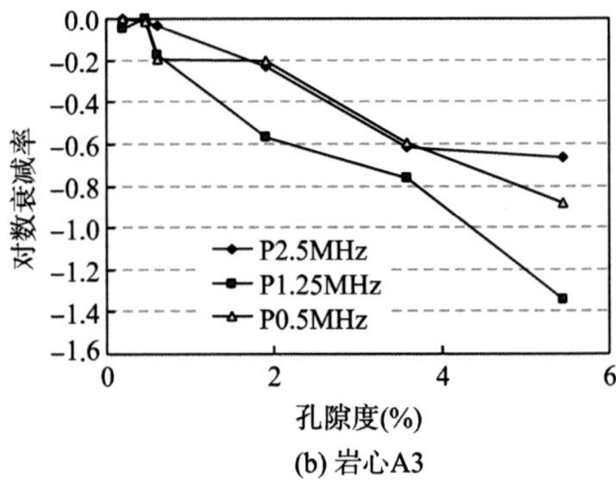

(b) 岩心A3

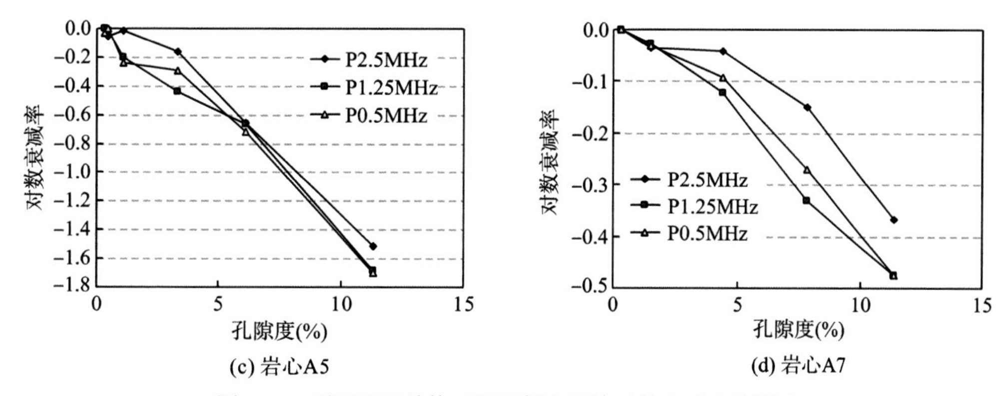

图 1.11　不同孔洞结构对不同频率纵波对数衰减率的影响

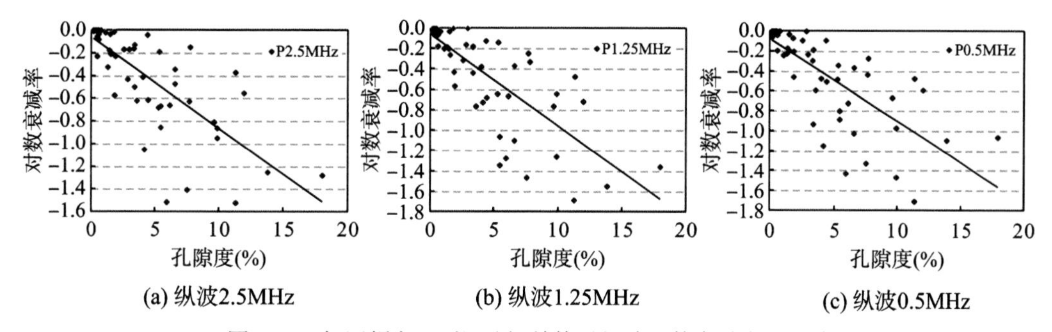

图 1.12　相同频率下不同孔洞结构对纵波对数衰减率的影响

4. 裂缝对纵波衰减特性的影响

根据表 1.1 和表 1.2 中对造缝方案的描述，主要模拟了四种裂缝形态：裂缝面平整形态、裂缝面粗糙但两裂缝面吻合良好形态、裂缝和孔洞的组合形态和胶结裂缝形态。不同裂缝形态对岩心纵波对数衰减率的影响如图 1.13 所示。从图中可以看出，未胶结裂缝对声波能量衰减的影响较大，而胶结牢固的裂缝对声波能量衰减的影响较小。岩心 D1 随裂缝贯穿深度不断靠近岩心轴线直至贯穿轴线，纵波对数衰减率呈线性下降趋势；岩心 D2 的孔洞与裂缝组合对纵波能量衰减的影响比单裂缝时大，因为裂缝与孔洞组合后相当于增加了裂缝开度。同时，当岩心 D2、D3、D4 未胶结裂缝的裂缝平整度不同但裂缝开度大致相同时，裂缝对纵波能量衰减的影响一致。

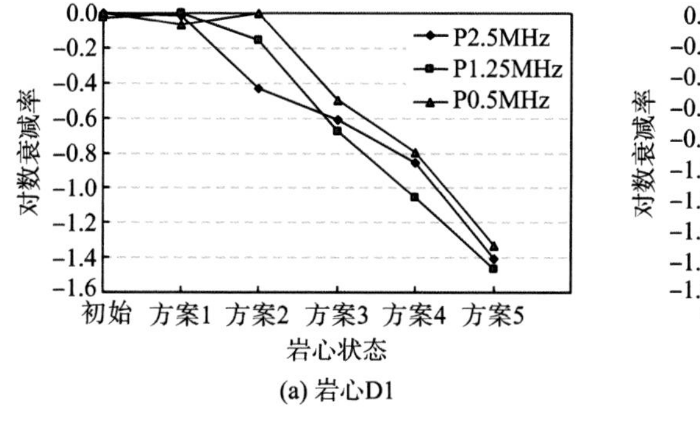

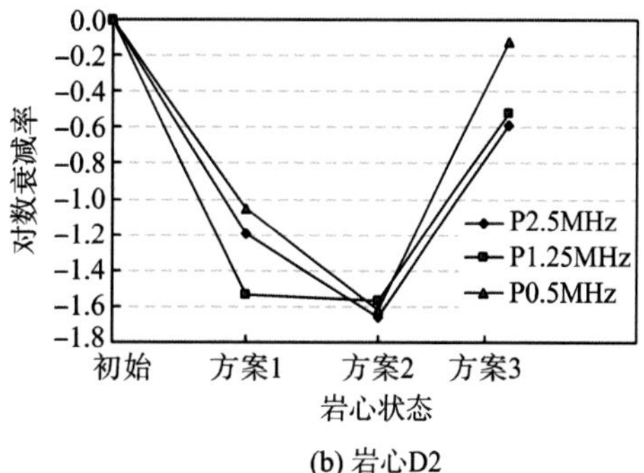

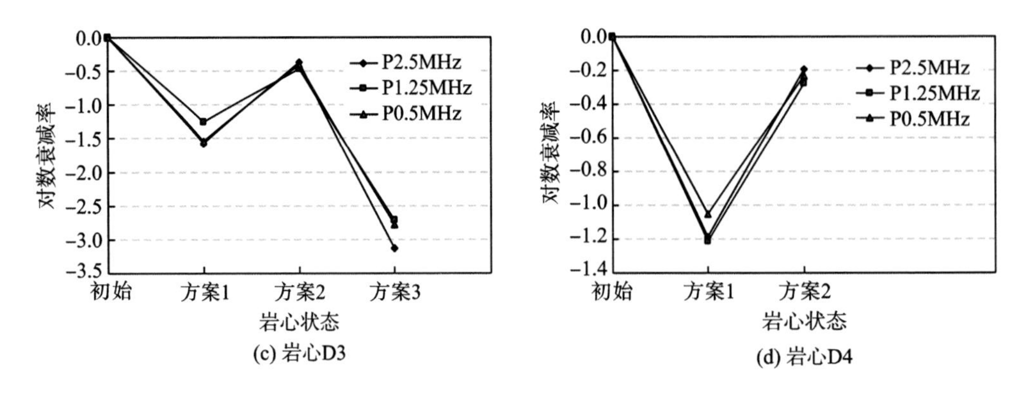

(c) 岩心D3　　(d) 岩心D4

图 1.13　不同裂缝形态对纵波对数衰减率的影响

1.1.2　含气饱和度对碳酸盐岩声学特性的影响

1.1.2.1　实验方案

实验岩心取自四川盆地川东北地区飞仙关组和长兴组海相碳酸盐岩，钻井取心深度范围为 4697.36～6126.69m，岩样的基础物性如表 1.4 所示。从表中可以看出，岩性为鲕粒溶孔云岩和鲕粒灰岩，孔隙度变化范围为 3.1%～17.3%，大部分岩样的渗透率小于 1mD。

实验过程中设置 7 个含气饱和度点，分别为 0%、10%、30%、50%、60%、80%和 100%。对每个饱和度点的岩心进行多频超声波透射实验，纵波探头频率分别为 50kHz、250kHz 和 1000kHz，横波探头频率分别为 50kHz、260kHz 和 1000kHz，研究碳酸盐岩在不同含气饱和度下的声波传播特征。采取抽真空加压饱和地层水的方法建立岩心 100%含水饱和点，再通过风干法逐步建立岩心的不同含水饱和度 S_w。含气饱和度 S_g 可通过式(1.2)和式(1.3)计算：

$$S_w=(岩心部分饱水重量-岩心干重)/(岩心完全饱水重量-岩心干重) \tag{1.2}$$

$$S_g=1-S_w \tag{1.3}$$

表 1.4　实验用岩心的基本物性参数

岩心编号	岩性	孔隙度(%)	渗透率(mD)	长度(mm)	直径(mm)	密度(g/cm^3)
1#	鲕粒溶孔云岩	3.3	0.0476	38.38	26.09	2.68
2#	鲕粒灰岩	3.3	0.0148	38.39	26.02	2.68
3#	鲕粒灰岩	3.2	0.0209	38.91	26.03	2.66
4#	鲕粒灰岩	3.1	0.0029	38.67	26.05	2.68
5#	鲕粒溶孔云岩	17.3	2.5147	38.51	26.17	2.47
6#	鲕粒灰岩	8.9	0.0963	37.3	26.32	2.62

1.1.2.2　含气饱和度对碳酸盐岩声波传播特性的影响

1.含气饱和度对不同频率声波时差的影响

不同纵波、横波频率下，碳酸盐岩岩心声波时差随含气饱和度的变化如图 1.14 所示(图例中 S 代表横波)。从图中可以看出，对低孔低渗碳酸盐岩岩心，在同一频率下，纵波、横波速度对其含气饱和度的变化不敏感，但受孔隙结构非均质性的影响，相同含气饱和度的声波时差表现出了频散特性。在所采用的测试频率内，1000kHz 的纵波时差与 50kHz、250kHz 的纵波时差差异显著；1000kHz 的横波时差与 50kHz、260kHz 的横波时差也表现出了明显不同。

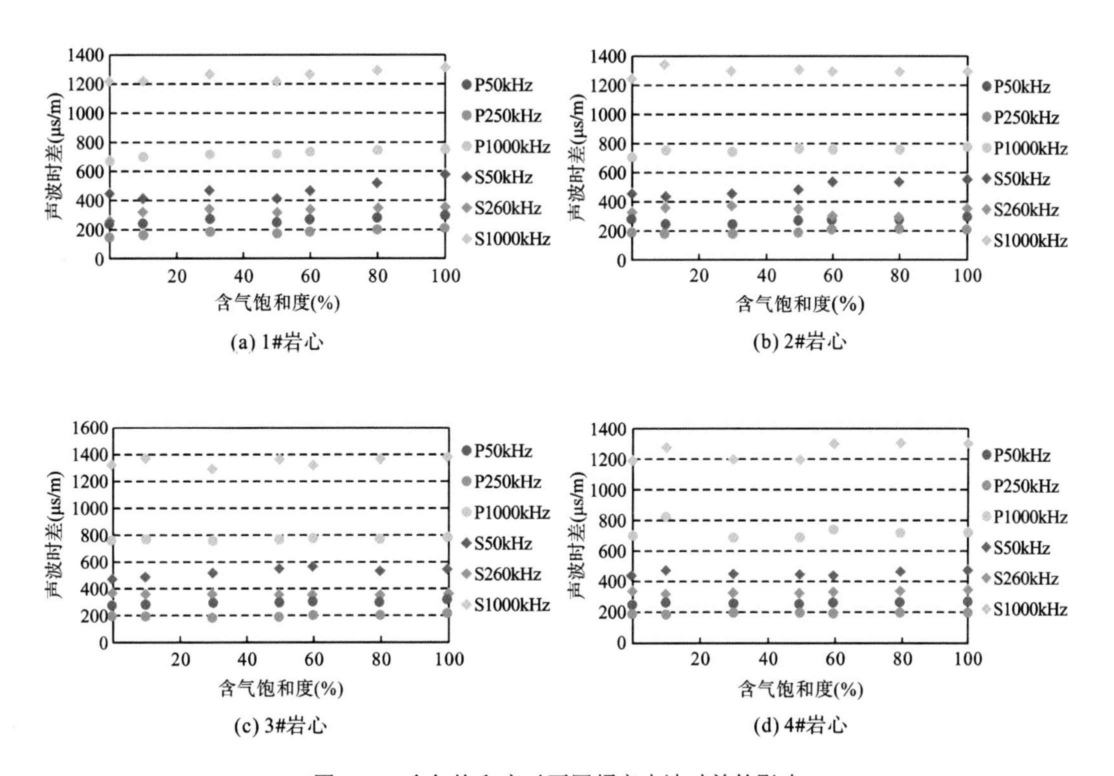

图 1.14　含气饱和度对不同频率声波时差的影响

2.含气饱和度对不同频率声波衰减的影响

本部分采用品质因子对岩石的声波衰减进行分析。不同纵波、横波频率下，碳酸盐岩声波衰减随含气饱和度的变化如图 1.15～图 1.17 所示，图中品质因子 $Q^{-1}=\Delta E_n/2\pi E_n$，表示一个周期的声波信号通过介质时所发生的的能量损耗ΔE_n与其初始能量的比值。品质因子 Q^{-1} 越大，衰减越大。从图 1.15～图 1.17 可以看出，随着含气饱和度增加，纵波、横波的衰减表现出不同的变化规律，其中纵波衰减呈先增加后减小的趋势，且在含气饱和度为 40%～60%时出现一个峰值拐点；横波衰减呈缓慢减小的趋势。基于上述规律，综合利用纵波、横波资料可对储层含气性进行预测。当含气饱和度较高时，纵波、横波的衰减变化幅度较小；当含气饱和度较低时，纵波衰减的变化幅度较小，而横波衰减的变化幅度较大。同时，从图中还注意到在相同饱和度下，随着声波频率的增大，纵波衰减呈上升趋势，而横波衰减呈下降趋势。

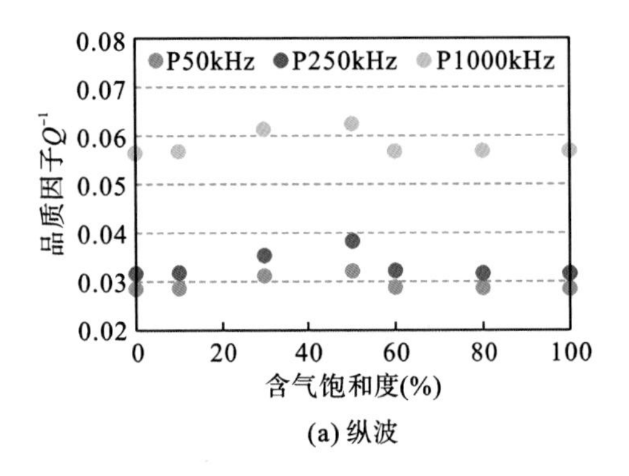

(a) 纵波

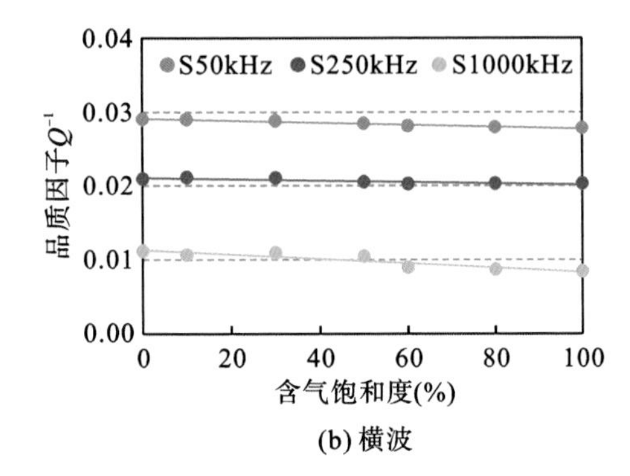

(b) 横波

图 1.15　1#岩心含气饱和度对不同频率声波衰减的影响

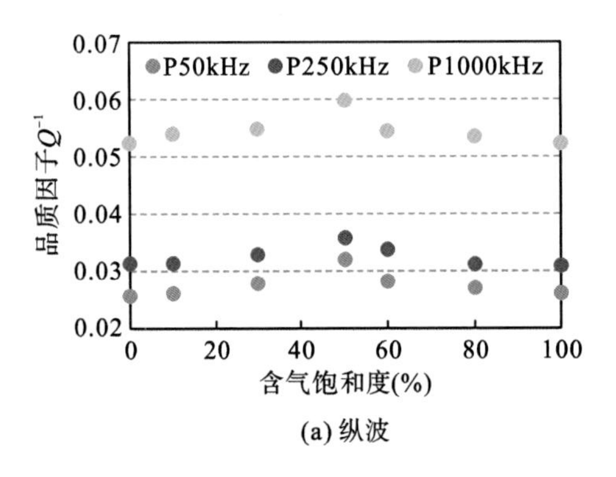

(a) 纵波

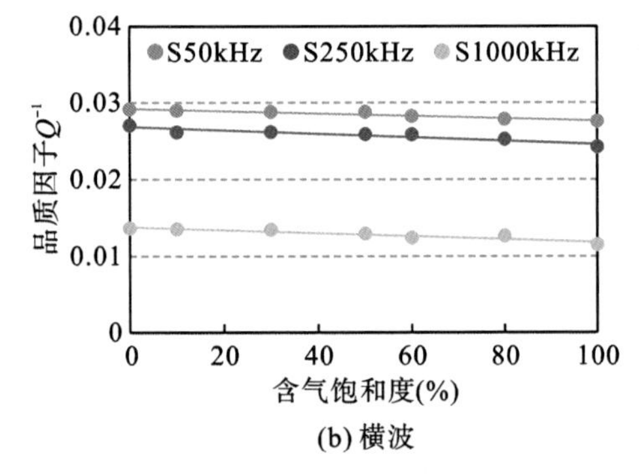

(b) 横波

图 1.16　2#岩心含气饱和度对不同频率声波衰减的影响

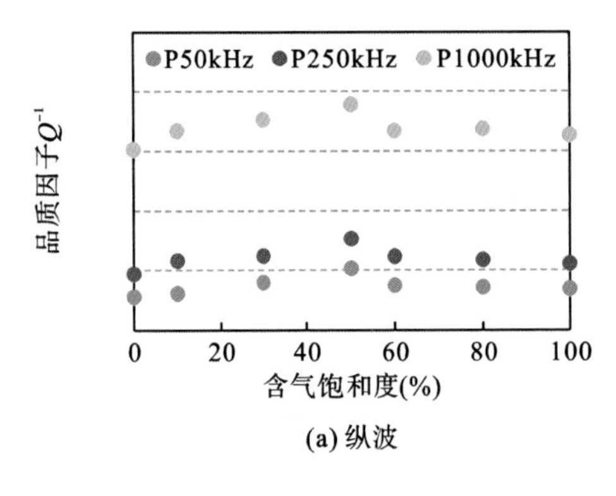

(a) 纵波

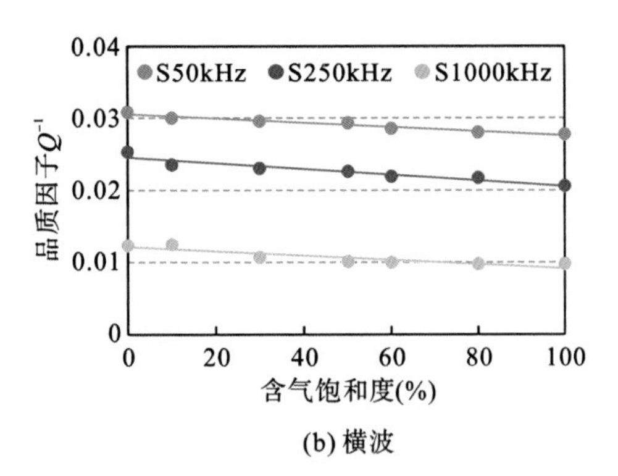

(b) 横波

图 1.17　4#岩心含气饱和度对不同频率声波衰减的影响

岩石孔隙中部分含气时引起声波衰减变化的原因主要有两方面。一方面，声波通过岩石裂隙处时裂纹接触面发生滑动摩擦，粒状充填介质与缝洞边缘也发生摩擦。当岩石干燥时，因气体黏滞性小，此时声波衰减主要是由颗粒间的滑动摩擦产生，且这一机制产生的衰减较小。当有液相进入缝洞后，因气、水黏度的差异很大，即使少量的水也会改变原来的平衡状态和缝洞表面的黏滞性，并且流体进入岩石后湿润裂缝表面和颗粒边缘，在岩石颗粒的接触面上积聚，使声波传播时的摩擦阻力增大，表现为岩石对声波的黏滞性吸收增大，衰减也增大，衰减程度与润湿面积成正比。另一方面，声波作为一种机械波传播，通过缝洞时对缝洞内流体产生扰动，形成一个微弱的激励压力，使流体在缝洞内膨胀压缩，流体的往复运动既会引起摩擦损耗的增加，也会使温度升高，使能量以热能的方式耗散掉。

横波是一种剪切波，不能在流体中存在，衰减主要由第一种原因导致。随含气饱和度减小，缝洞表面被液相润湿的面积逐渐增大，表现出随含气饱和度增加，衰减呈减小的趋势，但横波振动方式较纵波更复杂，对不同频率表现出的差异还有待研究。纵波的衰减主要由第二种原因导致，相对于砂岩地层而言，缝洞发育碳酸盐岩地层孔隙尺寸较大，流体膨胀压缩的空间也更大，由此引起的能量损耗也更大，这是碳酸盐岩含气地层纵波衰减的主要原因。这也解释了为什么当缝洞内的含气饱和度处于 40%～60%时的衰减最大，这个范围内的含气量大且流体膨胀空间也大，声波频率越高，声波在介质内由传播引起的机械振动越强，对缝洞内流体产生的扰动越强，造成流体流动性增强，从而导致声波衰减增加。

图 1.18 所示为不同孔隙度下含气饱和度对声波衰减的影响。从图中可以看出，含气饱和度对纵波衰减的影响随孔隙度的增加而增加；对横波而言，当含气饱和度大于 60%时，孔隙度对声波衰减的影响较小，而当含气饱和度小于 30%时，随孔隙度增大，含气饱和度对声波衰减的影响也增大。因此，可利用此认识对孔隙度进行评估。

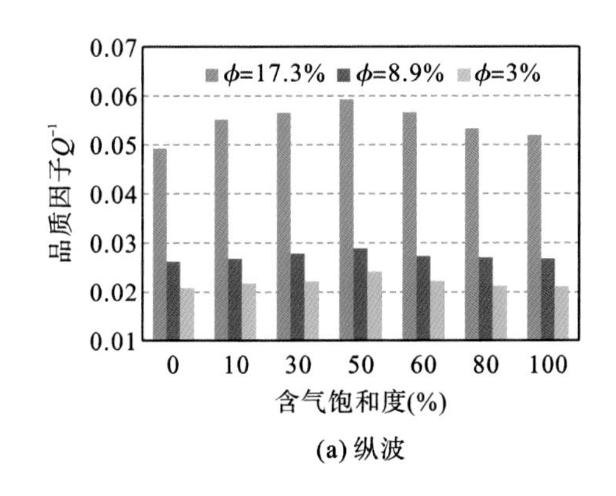

(a) 纵波

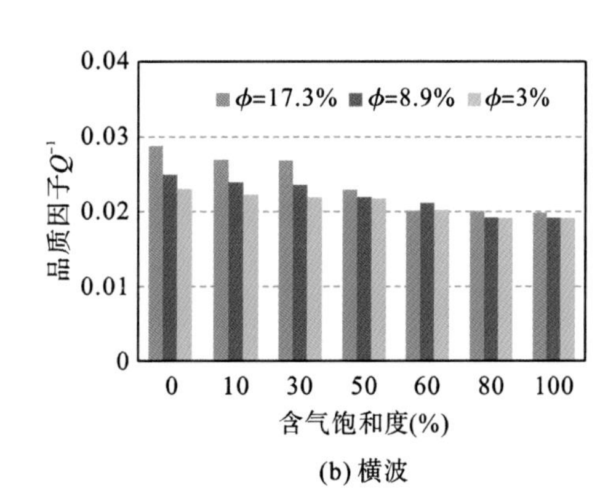

(b) 横波

图 1.18　不同孔隙度下含气饱和度对声波衰减的影响(测试频率为 250kHz)

对纵波而言，影响衰减的主要因素是流体的压缩膨胀，孔隙度越大，流体含量越多，膨胀空间越大；而对横波而言，衰减主要是由缝洞表面黏滞性的改变所致，而其响应本身比较微弱。因此，在含气饱和度较高时反映的规律性不强。随着含气饱和度减小，缝洞表面逐渐被液相润湿，而当流体积累到一定程度时，孔隙度较大的孔隙内液相含量越大，不同孔隙度条件下的润湿面积差增大，出现孔隙度越大，声波衰减越大的现象。

以上研究结果表明，地层对声波的吸收与岩石内部的流体性质及其含量密切相关，纵波衰减对岩石含气饱和度的变化较横波衰减更敏感，纵波、横波随测试频率和孔隙度的变化也呈现出不同规律。这些规律为利用地震资料和声波测井资料进行深层海相碳酸盐岩地层天然气勘探、油气层评价、剩余油气饱和度及油气水界面的确定等提供了必要的实验依据。

1.2 缝洞碳酸盐岩声学响应特征的数值模拟

1.2.1 基础理论

弹性波场的数值模拟需要对特定的地球物理问题建立适当的数学模型，然后再采用数值计算的方法获取弹性波场的响应。本节首先介绍 Wood 孔隙流体等效模型，再根据波动理论，讨论波动方程的振源及加载方式、稳定性条件和边界条件，最后给出弹性波速度和衰减系数的数值计算方法。这些内容是本篇后续研究的理论基础。

1.2.1.1 Wood 孔隙流体等效模型

Wood 模型描述了两相流介质中流体参数与弹性波响应特征参数之间的关系。Wood(1930)假设岩石及其各组分都是各向同性的，岩石的压缩系数 β 是各组压缩系数 β_i 的平均值。

$$\beta=\sum_{i=1}^{N}f_i\beta_i \tag{1.4}$$

式中，f_i为第 i 个岩石组分的体积分数；N 为岩石组分的个数。

对于悬浊液或混合流体，由 Wood 公式可以精确地给出其声波速度：

$$V=\sqrt{\frac{K_{\mathrm{R}}}{\rho}} \tag{1.5}$$

式中，K_{R}为采用罗伊斯(Reuss)平均模型计算的混合物等效体积模量(假设剪切模量为零)。

$$\frac{1}{K_{\mathrm{R}}}=\frac{1-\phi}{K_{\mathrm{ma}}}+\frac{S_{\mathrm{w}}\cdot\phi}{K_{\mathrm{BR}}}+\frac{\left(1-S_{\mathrm{w}}\right)\cdot\phi}{K_{\mathrm{HYD}}} \tag{1.6}$$

式中，ϕ为岩石的孔隙度；S_{w} 为含水饱和度；K_{ma} 为岩石骨架的体积模量；K_{BR} 为孔隙中水的体积模量；K_{HYD}为孔隙中烃类的体积模量。此时，岩石的密度可表示为

$$\rho=\left(1-\phi\right)\cdot\rho_{\mathrm{ma}}+S_{\mathrm{w}}\cdot\phi\cdot\rho_{\mathrm{BR}}+\left(1-S_{\mathrm{w}}\right)\cdot\phi\cdot\rho_{\mathrm{HYD}} \tag{1.7}$$

式中，ρ_{ma}为岩石骨架的密度；ρ_{BR}为孔隙中水的密度；ρ_{HYD}为烃类的密度。

同理，由式(1.6)可计算混合流体的等效体积模量 K_{fl}，此时令孔隙度为 1，则混合流体的等效体积模量 K_{fl} 可表示为

$$\frac{1}{K_{f_1}}=\frac{S_w}{K_{BR}}+\frac{1-S_w}{K_{HYD}} \tag{1.8}$$

孔隙流体的密度 ρ_{f_1} 为

$$\rho_{f_1}=S_w\cdot\rho_{BR}+\left(1-S_w\right)\cdot\rho_{HYD} \tag{1.9}$$

Wood 模型先计算混合物的等效体积模量，再利用其与密度的比值估算速度，模型简单，适用于估算孔隙中混合流体的等效体积模量，但无法反映混合流体中各相流体分布状态对等效体积模量的影响。

1.2.1.2　波动方程理论

1. 一阶应力-速度弹性波动方程

在 XOZ 平面内，$\frac{\partial}{\partial y}=0$，则二维非均匀各向同性介质中弹性波的一阶应力——速度方程组(Levander，1988)为

$$\begin{cases}\frac{\partial v_x}{\partial t}=\frac{1}{\rho}\left(\frac{\partial\tau_{xx}}{\partial x}+\frac{\partial\tau_{xz}}{\partial z}\right)\\ \frac{\partial v_z}{\partial t}=\frac{1}{\rho}\left(\frac{\partial\tau_{xz}}{\partial x}+\frac{\partial\tau_{zz}}{\partial z}\right)\\ \frac{\partial\tau_{xx}}{\partial t}=\left(\lambda+2\mu\right)\frac{\partial v_x}{\partial x}+\lambda\frac{\partial v_z}{\partial z}\\ \frac{\partial\tau_{zz}}{\partial t}=\left(\lambda+2\mu\right)\frac{\partial v_z}{\partial z}+\lambda\frac{\partial v_x}{\partial x}\\ \frac{\partial\tau_{xz}}{\partial t}=\mu\left(\frac{\partial v_x}{\partial z}+\frac{\partial v_z}{\partial x}\right)\end{cases} \tag{1.10}$$

1) 振源

振源加载方式不同，得到的波场也不同。等能量源和定向力源激发时会同时产生纵波和横波。如果介质是各向同性的，那么纯纵波源激发时只产生纵波，纯横波源激发时只产生横波。振源子波函数可以用最小相位子波或零相位(里克)子波等表示。

最小相位子波的数学表达式为

$$R(t)=\sin\left(2\pi f_m t\right)e^{-\left(2\pi f_m/\gamma\right)^2t^2} \tag{1.11}$$

式中，t 为时间；f_m 为子波的主频；γ 为控制波形形状的常数，γ 值越大，子波能量越向后延迟。

里克子波的数学表达式为

$$s(t)=\left(1-2\pi^2f_m^2t^2\right)\exp\left(-\pi^2f_m^2t^2\right) \tag{1.12}$$

2) 稳定性条件

采用董良国等(2000)提出的一阶弹性波方程交错网格高阶差分稳定性条件，该条件是在横观各向同性介质条件下推导的，简化后也适用于各向同性介质。稳定性条件的公式为

$$\begin{cases} 0 \leqslant \sum_{m=1}^{M} \dfrac{(-1)^{m-1}}{(2m-1)!} \left(\dfrac{c_{11}\Delta t^2}{\rho\Delta x^2} + \dfrac{c_{44}\Delta t^2}{\rho\Delta z^2} \right)^m \left[\sum_{n=1}^{N} C_n^N (-1)^{n-1} \right]^{2m} \leqslant 1 \\ 0 \leqslant \sum_{m=1}^{M} \dfrac{(-1)^{m-1}}{(2m-1)!} \left(\dfrac{c_{44}\Delta t^2}{\rho\Delta x^2} + \dfrac{c_{33}\Delta t^2}{\rho\Delta z^2} \right)^m \left[\sum_{n=1}^{N} C_n^N (-1)^{n-1} \right]^{2m} \leqslant 1 \end{cases} \tag{1.13}$$

若令 $L_x = \Delta t \sqrt{\dfrac{c_{11}}{\rho\Delta x^2} + \dfrac{c_{44}}{\rho\Delta z^2}}$，$L_z = \Delta t \sqrt{\dfrac{c_{44}}{\rho\Delta x^2} + \dfrac{c_{33}}{\rho\Delta z^2}}$，$d = \sum_{n=1}^{N} C_n^N (-1)^{n-1}$，则式(1.13)可简化为

$$\begin{cases} 0 \leqslant \sum_{m=1}^{M} \dfrac{(-1)^{m-1}}{(2m-1)!} L_x^{\ 2m} d^{2m} \leqslant 1 \\ 0 \leqslant \sum_{m=1}^{M} \dfrac{(-1)^{m-1}}{(2m-1)!} L_z^{\ 2m} d^{2m} \leqslant 1 \end{cases} \tag{1.14}$$

采用二阶时间精度和八阶空间精度，即当 $2M=2$，$2N=8$ 时，式(1.14)可简化为

$$\Delta t \sqrt{\frac{V_{\mathrm{P}}^{\ 2}}{\Delta x^2} + \frac{V_{\mathrm{S}}^{\ 2}}{\Delta z^2}} \leqslant 0.7774179 \tag{1.15}$$

式(1.15)为适用于各向同性介质的稳定性条件。

3)边界条件

将完全匹配层吸收的边界条件(Berenger，1994；Collino and Tsogka，2001)应用于人工截断边界处。在研究区域边界周围加上完全匹配层吸收介质，弹性波从研究区域经过边界进入完全匹配层时不会产生任何反射，而在吸收层内，随着传播距离的增加，弹性波呈指数规律衰减，从而达到吸收边界的效果。该方法是求解弹性波动方程组时最有效的吸收边界条件。

2. 二阶声波波动方程

采用 $U(x,z,t)$ 表示某一时刻 t 二维空间上任一点 (x,z) 处的位移，二维声波方程为

$$\frac{\partial^2 U(x,z,t)}{\partial x^2} + \frac{\partial^2 U(x,z,t)}{\partial z^2} = \frac{1}{V^2(x,z)} \frac{\partial^2 U(x,z,t)}{\partial t^2} \tag{1.16}$$

式中，$V(x,z)$ 为纵波的传播速度。

1)振源

振源的初始条件为

$$U(x,y,0) = \begin{cases} R(x_0,y_0,0), & x_0,y_0\text{确定振源位置} \\ 0\quad, & \text{其他} \end{cases} \tag{1.17}$$

振源子波函数仍采用里克子波，数学表达式见式(1.12)。

2)稳定性条件

当 $t=0$ 时，定义差分方程与微分方程的误差为

$$E_{i,j}^k = \mathrm{e}^{n \cdot 2m\pi(i+j)} \cdot q^k \tag{1.18}$$

式中，n 为虚数单位；$m=0,1,2,\cdots$；q 为一个时间步长上差分与微分方程的解的误差。如果

$|q|\leqslant 1$，差分方程的解的误差将不随时间步长的增加而增加，差分方程的解是稳定的。式(1.18)满足差分方程(Mitchell and Griffiths，1980)，代入声波波动方程显式差分近似的离散化表达式并求解，得到 q 为

$$\begin{cases} q_1 = 1-4\alpha^2\sin^2(m\pi)+\sqrt{\left[1-4\alpha^2\sin^2(m\pi)\right]^2-1} \\ q_2 = 1-4\alpha^2\sin^2(m\pi)-\sqrt{\left[1-4\alpha^2\sin^2(m\pi)\right]^2-1} \end{cases} \tag{1.19}$$

如果要满足 $|q|\leqslant 1$ 的要求，则可得

$$\alpha = \frac{V\Delta t}{\Delta x} \leqslant \frac{1}{\sqrt{2}} \tag{1.20}$$

式(1.20)表示二维声波波动方程有限差分显式格式的稳定性条件，当时间步长、空间步长和介质速度之间满足上述关系时，差分方程的解是稳定的。

3)边界条件

吸收边界条件(Reynolds，1978)的离散化差分格式如下。

左边界：

$$U_{0,j}^{k+1} = U_{0,j}^{k} + U_{1,j}^{k} - U_{1,j}^{k-1} + \alpha_{i,j}\left(U_{1,j}^{k} - U_{0,j}^{k} - U_{2,j}^{k-1} + U_{1,j}^{k-1}\right) \tag{1.21}$$

右边界：

$$U_{i-1,j}^{k+1} = U_{i-1,j}^{k} + U_{i-2,j}^{k} - U_{i-2,j}^{k-1} + \alpha_{i,j}\left(U_{i-2,j}^{k} - U_{i-1,j}^{k} - U_{i-3,j}^{k-1} + U_{i-2,j}^{k-1}\right) \tag{1.22}$$

上边界：

$$U_{i,0}^{k+1} = U_{i,0}^{k} + U_{i,1}^{k} - U_{i,1}^{k-1} + \beta_{i,j}\left(U_{i,1}^{k} - U_{i,0}^{k} - U_{i,2}^{k-1} + U_{i,1}^{k-1}\right) \tag{1.23}$$

下边界：

$$U_{i,j-1}^{k+1} = U_{i,j-1}^{k} + U_{i,j-2}^{k} - U_{i,j-2}^{k-1} + \beta_{i,j}\left(U_{i,j-2}^{k} - U_{i,j-1}^{k} - U_{i,j-3}^{k-1} + U_{i,j-2}^{k-1}\right) \tag{1.24}$$

1.2.1.3 弹性波速度计算精度评价

设计一无裂缝的均匀岩样，尺寸为 50mm(长度)×50mm(宽度)，密度为 2700kg/m^3，设岩样的纵波速度为 6200m/s，横波速度为 3800m/s，采样时间步长为 10ns。将岩样纵向剖面区域划分成 250×250 的网格，空间网格步长为 0.2mm。

振源子波函数采用里克子波，在正应力场直接配置单点振源即可产生纯纵波源，纯纵波振源位于点(25mm，0mm)处，接收探头位于点(25mm，50mm)处。为了便于观测，对纵波传播时间的提取采用质点振动速度垂直分量 V_z 的初至时刻。纯横波源难以在切应力分量上直接配置单点振源产生，但可以在模型网格内构成圆形的质点振动速度分量上配置振源来实现(陈可洋，2012)。每个振源网格由 8 个节点完成，其中质点振动速度的垂直分量和水平分量各占 4 个节点，因此，可将振源网格构成圆形的 8 个节点对应的圆心处看作振源位置，纯横波振源位于点(25mm，0.6mm)处，接收探头仍位于点(25mm，50mm)处。为了便于观测，对横波传播时间的提取采用质点振动速度水平分量 V_x 的初至时刻。纵波波场和横波波场在相同时刻(6μs)的波场快照如图 1.19 所示，其中★代表振源位置，▲代表接收探头位置，其相应的接收端波形如图 1.20 所示。从图 1.20(a)接收端得到的纵波波

形图上提取首波初至时刻即为纵波传播时间，为 8.07μs，计算得到纵波速度为 6195.8m/s，与设定的纵波速度(6200m/s)相比，两者误差较小，相对误差仅为 0.067%。同时，由图 1.20(b)接收端得到的横波波形图上提取首波初至时刻即为横波传播时间，为 12.99μs，计算得到横波速度为 3802.9m/s，与设定的横波速度(3800m/s)相比，两者误差较小，相对误差仅为 0.076%。说明数值模拟的波速计算精度较高，能够满足研究要求。

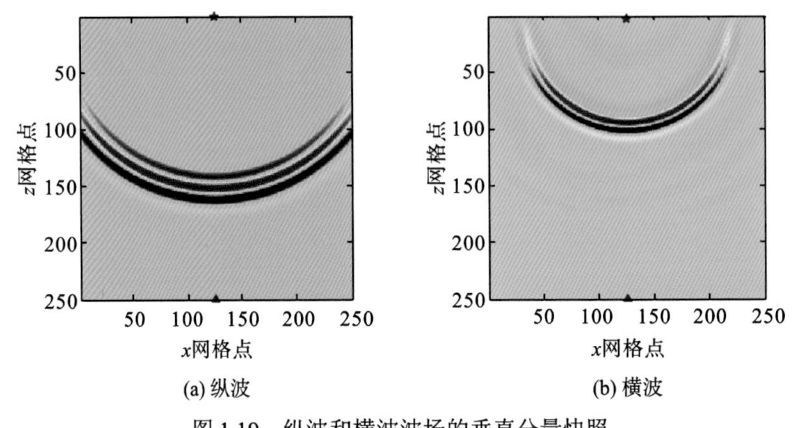

图 1.19　纵波和横波波场的垂直分量快照

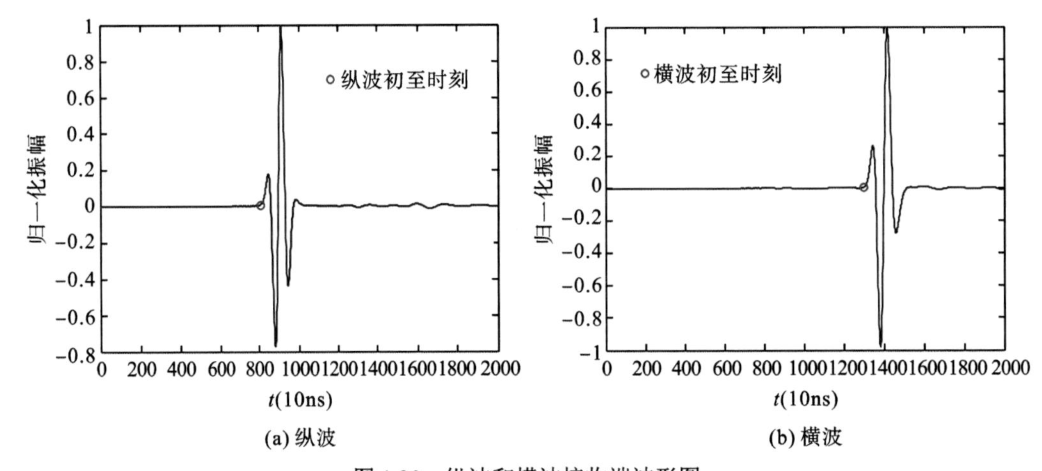

图 1.20　纵波和横波接收端波形图

1.2.1.4　声波传播特性表征

此处的声波传播特性主要指声波速度特性和衰减特性。通常，采用平面波在介质中的变化来量度介质的声波衰减。设弹性波振幅为 A_0，传播一段距离 x 后，其振幅为

$$A = A_0 \mathrm{e}^{-\alpha x} \tag{1.25}$$

式中，α 为介质的声波衰减系数，单位为 Np/m 或 dB/m，1dB/m=8.686Np/m。

数值模拟中采用标准样品对比法来表征岩石声波衰减系数。将铝块作为标准样品，再取一块与铝块长度相同的岩样作为待测样品，分别提取铝块和岩样的声波首波振幅，利用式(1.26)计算岩样的声波衰减系数。

$$\alpha = \left(\ln A_0 - \ln A\right) / L + \alpha_0 \tag{1.26}$$

式中，A_0 和 A 分别为铝块和岩样的声波首波振幅；α_0 为铝块的声波衰减系数(实际计算时可近似为 0)；L 为岩样长度。

1.2.2　裂缝型碳酸盐岩的声学特性

基于数字图像处理技术，首先建立一种具有空间统计分布的随机离散裂缝介质模型。在此基础上，基于弹性波动理论，采用纯波振源加载方式对裂缝介质模型的纵、横波场进行交错网格有限差分数值模拟，分析不同裂缝密度、裂缝长宽比、裂缝倾角、裂缝分布等裂缝结构参数对纵波、横波速度的影响，并讨论各参数对声波衰减系数的影响。

1.2.2.1　随机离散裂缝模型的建立

基于数字图像处理技术，通过设置裂缝参数(孔隙度 ϕ、裂缝密度 d、裂缝长宽比 r 和裂缝倾角 θ)，采用邻点融合方法(段茜等，2020)可产生随机裂缝介质，构建步骤包括：

(1) 选定裂缝模型参数，包括孔隙度 ϕ、裂缝密度 d、裂缝长宽比 r 和裂缝倾角 θ。

(2) 根据设置的孔隙度 ϕ 和裂缝密度 d 计算给定模型范围的裂缝面积 s 和裂缝条数 n。

(3) 随机生成 n 个像素点作为 n 条裂缝分布区的中心 $M_n(x_n, z_n)$，按如下步骤逐个融合其邻域内像素，直到模型区域内的所有裂缝面积达到 s 为止。

①将裂缝像素点构成的图像子集记为 P，将 P 的邻点构成的图像子集记为 $N'(P)$，其中 $N'(P)$ 与 P 无公共像素点。初始时，每条裂缝只包含一个像素点，$P=\{M_n\}$。

②由裂缝长宽比 r 确定 P 中像素点 4 个邻域方向上(上、下、左、右)的融合概率 c_j。

③按照融合概率 c_j 随机地将 $N'(P)$ 中的像素点 M' 加入 P 中。$M' \in N'(P)$，$P = P + \{M'\}$

④若 P 面积达到 s，则将图像旋转角度 θ，否则转步骤③。

只要选择 4 个裂缝参数，就可以按以上步骤构造出各种不同形式的随机裂缝介质模型。模拟参数包括：岩心的纵向剖面尺寸为 50mm×50mm，采样时间步长为 10ns；岩心的纵向剖面区域划分成 250×250 网格，空间网格步长为 0.2mm。设岩心骨架密度为 2700kg/m^3，纵波速度为 6200m/s，横波速度为 3800m/s。裂缝中气的密度为 0.72kg/m^3，纵波速度为 340m/s，横波速度为 0m/s。振源子波函数采用里克子波，对纵波速度的计算采用纯纵波源激发，对横波速度的计算采用纯横波源激发。在纵波振源的情况下，初至纵波一般要比转换横波和反射纵波传播得快，同时其波场能量也较强，纵波传播时间仍采用质点振动速度垂直分量 V_z 的初至时刻。在横波振源的情况下，能量较弱的转换纵波超前初至横波传播，故对横波传播时间的提取改用质点振动速度水平分量 V_x 的首波峰值传播时刻。为了获得统计认识，对同一参数的岩样开展 10 次随机数值实验。

1.2.2.2　孔隙度对声学参数的影响

设裂缝密度为 6000 条/m^2，裂缝长宽比均值为 10，裂缝倾角为 0°，孔隙度分别为 2%、4%、6%、8%和 10%，共随机生成 50 个岩样模型。岩样孔隙度均为裂缝孔隙度。通过改变单条裂缝尺度获得不同孔隙度的岩样，同一孔隙度岩样中裂缝的尺度均相同。

1. 孔隙度对弹性波速度的影响

孔隙度分别为 2%、6%和 10%岩样模型的纵波波场垂直分量和横波波场水平分量在 8μs 时的波场快照图分别如图 1.21 和图 1.22 所示。纵波、横波速度和孔隙度的关系曲线如图 1.23 所示。从图中可以看出，对裂缝型碳酸盐岩地层，当裂缝密度一定时，声波速

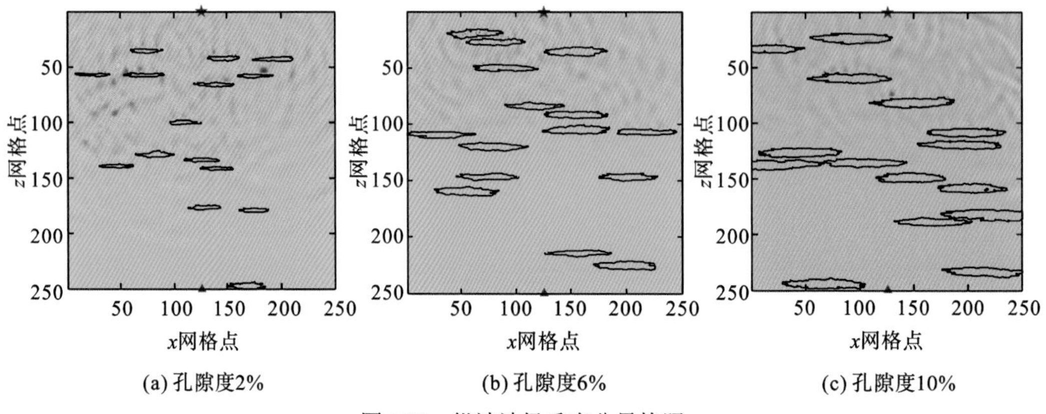

(a) 孔隙度2%　(b) 孔隙度6%　(c) 孔隙度10%

图 1.21　纵波波场垂直分量快照

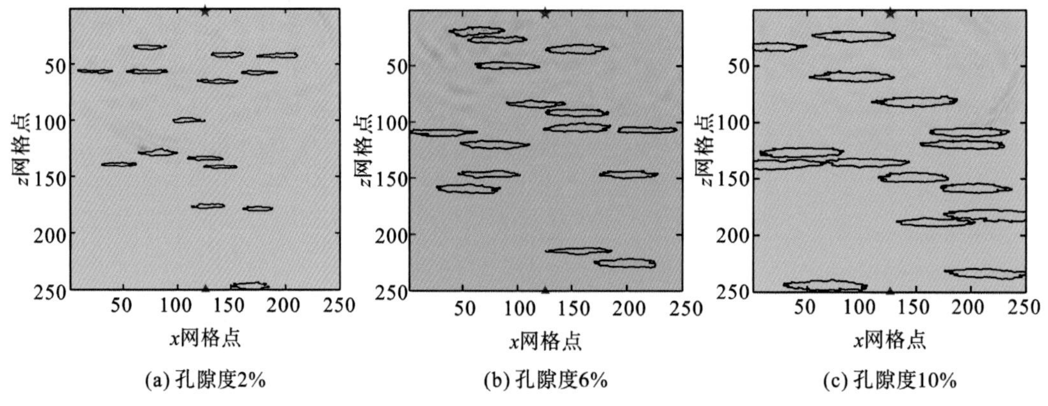

(a) 孔隙度2%　(b) 孔隙度6%　(c) 孔隙度10%

图 1.22　横波波场水平分量快照

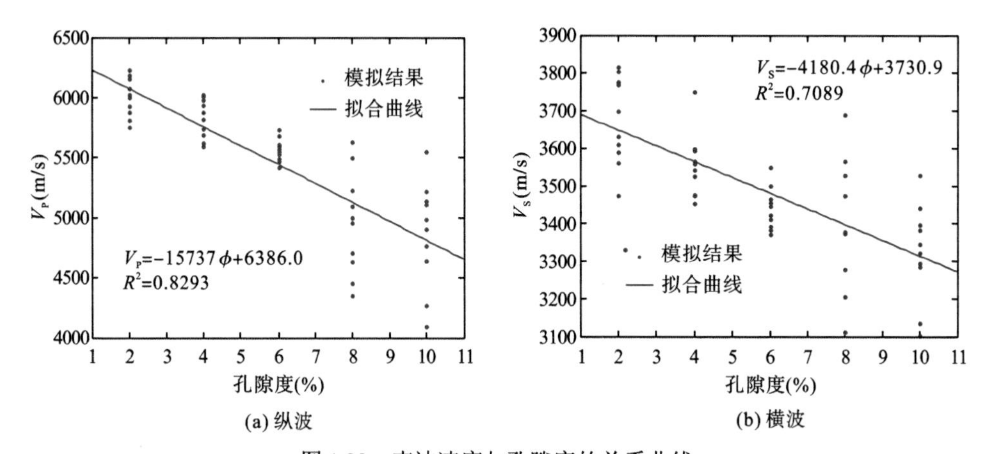

(a) 纵波　(b) 横波

图 1.23　声波速度与孔隙度的关系曲线

度与裂缝孔隙度之间总体呈负相关关系，随裂缝孔隙度增大，碳酸盐岩声波速度明显下降。同时，由孔隙度相同、裂缝分布不同的岩心的声波速度模拟结果可见，裂缝分布会显著影响岩石的声波速度，导致同一裂缝孔隙度值对应多个不同的波速值，裂缝孔隙度与波速之间不是单一函数关系。波速受裂缝孔隙度、单条裂缝尺度、裂缝分布等多因素控制。裂缝孔隙度越大、单条裂缝面积越大，裂缝空间分布特征对波速的影响越显著。

2. 孔隙度对纵波衰减系数的影响

孔隙度分别为 2%、6%和 10%岩样模型的纵波位移在 8μs 时的波场快照图如图 1.24 所示。纵波衰减系数和孔隙度的关系曲线如图 1.25 所示。从图中可看出，当裂缝密度一定时，纵波衰减系数与裂缝孔隙度之间呈正相关关系，随裂缝孔隙度增大、单条裂缝面积增大，纵波衰减系数增大。相同孔隙度、不同裂缝分布岩心的模拟结果可见，纵波衰减系数受裂缝分布影响显著，分布差异导致同一裂缝孔隙度值对应的纵波衰减系数差异大，说明裂缝分布特征与裂缝孔隙度都是影响纵波衰减系数的关键参数。相比于声波速度，衰减系数对裂缝孔隙度、裂缝分布更敏感，衰减系数差异可达一倍，说明声波衰减系数相比于声波速度能更好地反映碳酸盐岩裂缝孔隙度、裂缝分布特征。因此，如何综合应用波速、衰减信息获取地层各种参数还亟待深入研究。

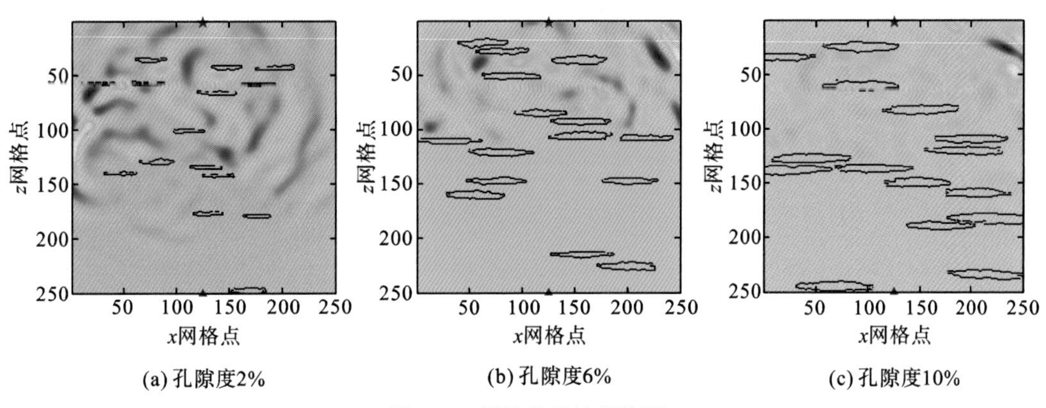

图 1.24　纵波位移波场快照

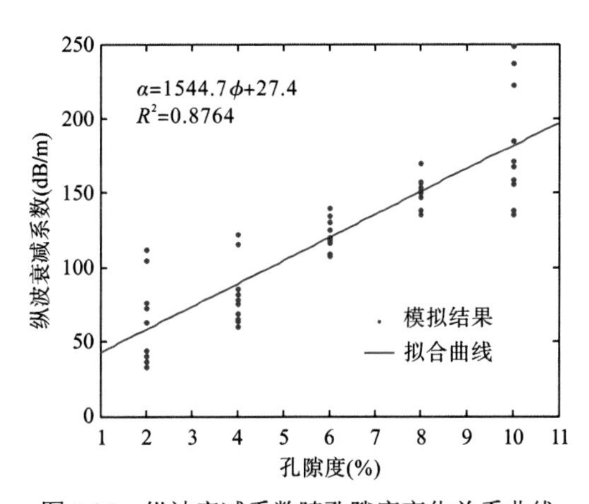

图 1.25　纵波衰减系数随孔隙度变化关系曲线

1.2.2.3 裂缝密度对声学参数的影响

设裂缝孔隙度为 4%，裂缝长宽比均值为 10，裂缝倾角均为 0°，裂缝条数分别为 5、10、15、20 和 25，对应的裂缝密度分别为 2000 条/m^2、4000 条/m^2、6000 条/m^2、8000 条/m^{2}和 10000 条/m^2，共随机生成 50 个岩样模型。

1. 裂缝密度对弹性波速度的影响

裂缝密度分别为 2000 条/m^2、6000 条/m^{2}和 10000 条/m^{2}岩样模型的纵波波场垂直分量和横波波场水平分量在 8μs 时的波场快照图分别如图 1.26 和图 1.27 所示。纵波、横波速度和裂缝密度的关系曲线如图 1.28 所示。从图中可看出，当孔隙度一定时，裂缝密度与声波速度之间总体呈负相关关系，随裂缝密度增加，弹性波信号在骨架和裂缝间的散射次数增多，传播路径变长，使得接收端纵波、横波的初至时间均延后，纵波速度和横波速度都降低。同时，随裂缝密度增加，同一裂缝密度对应的声波速度的变化范围逐渐变宽，即裂缝空间分布对声波速度的影响增加，说明裂缝型碳酸盐岩中若仅发育少量大尺度裂缝，裂缝分布特征对波速的影响较小，波速主要受裂缝密度、孔隙度等参数的影响。若以微裂缝为主，碳酸盐岩声波速度与裂缝密度之间关系更复杂，受微裂缝的分布特征影响大。

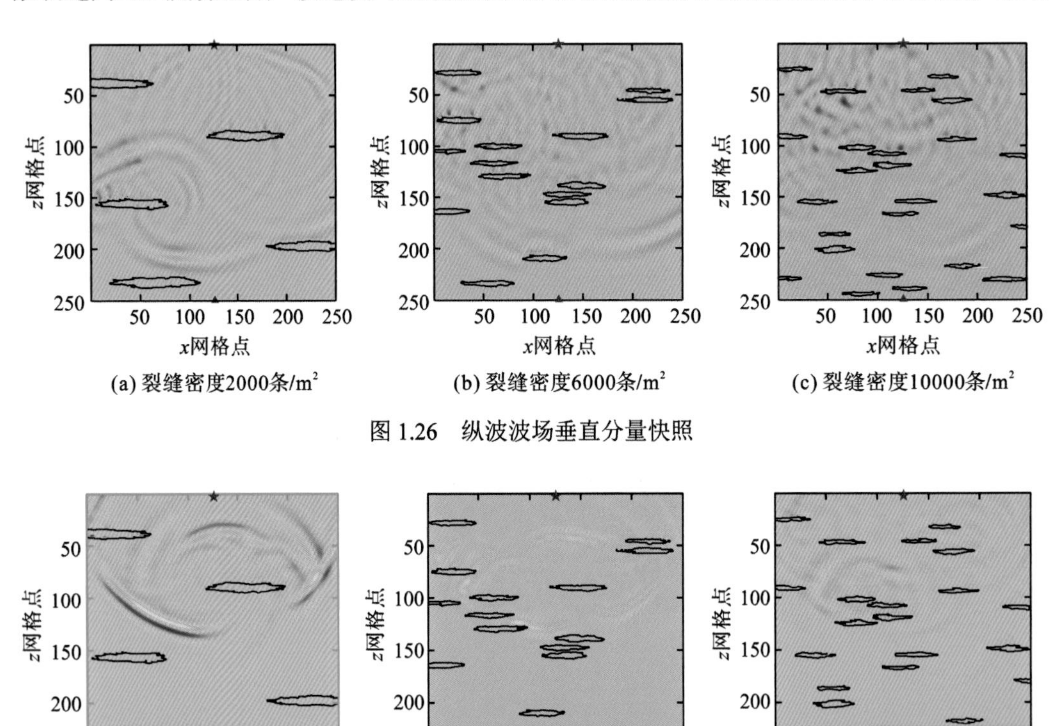

(a) 裂缝密度2000条/m^2　(b) 裂缝密度6000条/m^2　(c) 裂缝密度10000条/m^2

图 1.26 纵波波场垂直分量快照

(a) 裂缝密度2000条/m^2　(b) 裂缝密度6000条/m^2　(c) 裂缝密度10000条/m^2

图 1.27 横波波场水平分量快照

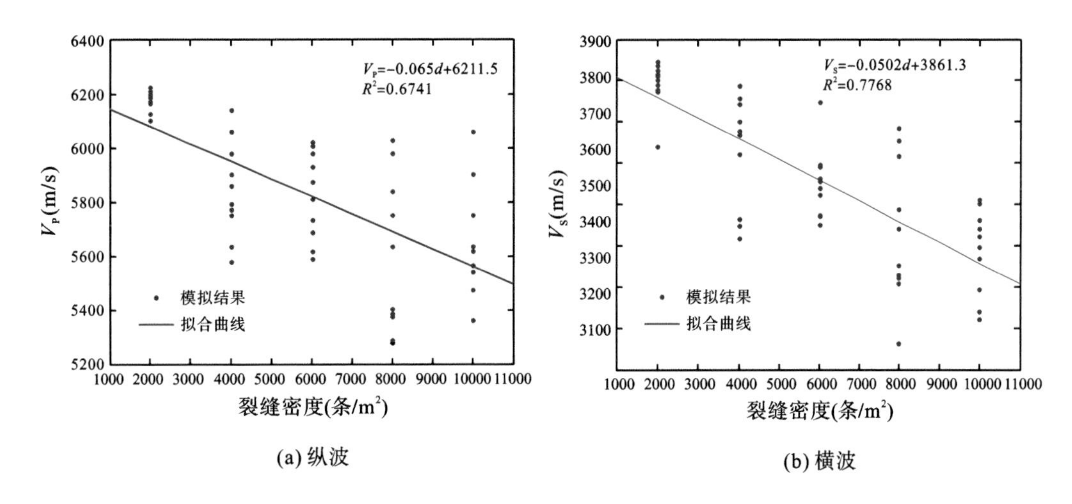

(a) 纵波　　(b) 横波

图 1.28　声波速度与裂缝密度的关系曲线

2. 裂缝密度对纵波衰减系数的影响

裂缝密度分别为 2000 条/m²、6000 条/m² 和 10000 条/m² 岩样模型的纵波位移在 8μs 时的波场快照图如图 1.29 所示。纵波衰减系数和裂缝密度的关系曲线如图 1.30 所示。从图中可以看出，当孔隙度一定时，随着裂缝密度增加，裂缝由少量大尺度裂缝转变为众多小尺度裂缝，纵波信号在骨架和裂缝间的散射次数增多，传播路径变长，衰减系数呈增大趋势。同时，当裂缝密度相同时，在低裂缝密度和高裂缝密度条件下，纵波衰减系数分布范围都较宽，裂缝型碳酸盐岩中无论是发育大尺度裂缝还是微裂缝，纵波衰减系数都受裂缝空间分布影响明显，但在低裂缝密度段，尽管裂缝分布影响显著，但衰减的上升趋势更明显，说明以大尺度裂缝为主时，衰减相比于波速能更好地反映裂缝密度特征。

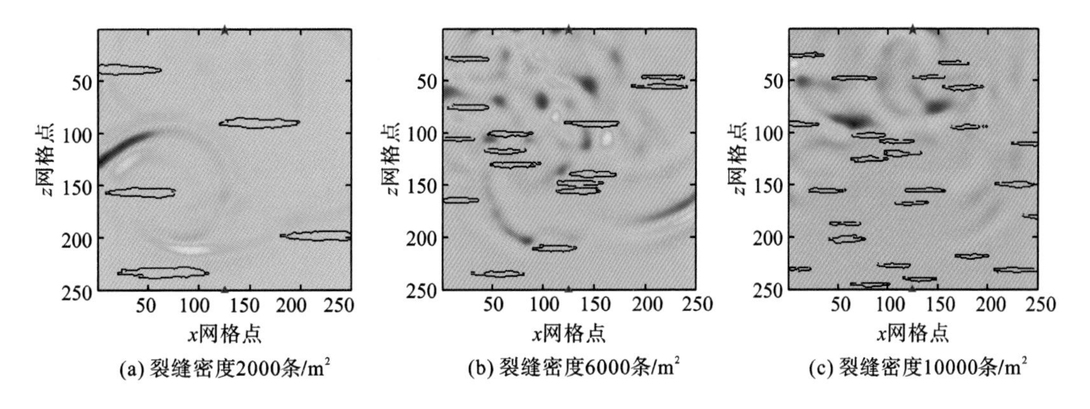

(a) 裂缝密度2000条/m²　(b) 裂缝密度6000条/m²　(c) 裂缝密度10000条/m²

图 1.29　纵波位移波场快照

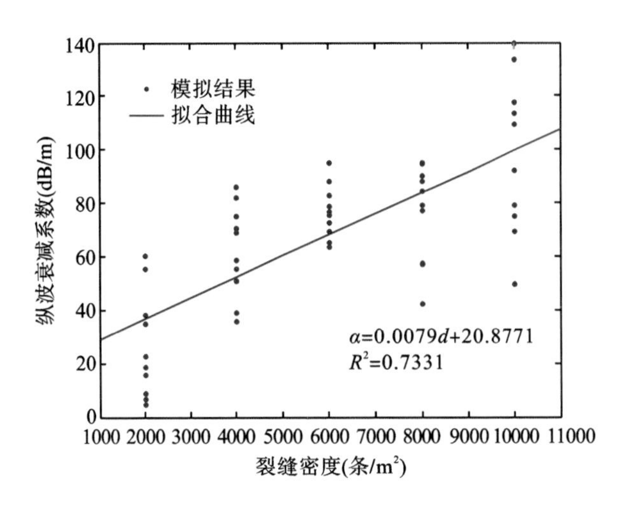

图 1.30 纵波衰减系数随裂缝密度变化关系曲线

1.2.2.4 裂缝长宽比对声学参数的影响

设裂缝密度为 6000 条/m^2，孔隙度为 4%，裂缝倾角均为 0°，裂缝长宽比均值分别为 3、5、10、15 和 20，共随机生成 50 个岩样模型。岩样的孔隙度均为裂缝孔隙度。

1. 裂缝长宽比对弹性波速度的影响

裂缝长宽比均值分别为 10、15 和 20 岩样模型的纵波波场垂直分量和横波波场水平分量在 8μs 时的波场快照图分别如图 1.31 和图 1.32 所示。纵波、横波速度和裂缝长宽比的关系曲线如图 1.33 所示。从图中可看出，当裂缝孔隙度、裂缝密度一定时，水平裂缝长宽比与声波速度之间总体呈负相关关系，随裂缝长宽比增加，一方面裂缝对声波传播路径的阻碍增强，另一方面裂缝的柔度增加，使得岩石整体刚度下降，纵波和横波速度都降低，说明长宽比是影响裂缝型碳酸盐岩声波速度的主要因素之一。同时，随裂缝长宽比增加，同一裂缝长宽比对应的声波速度的变化范围逐渐变宽，即裂缝空间分布对声波速度的影响增加，说明裂缝型碳酸盐岩中裂缝长宽比越大，形态越扁平，单条裂缝对绕射波的路径影响越大，裂缝分布特征对声波速度的影响越大。

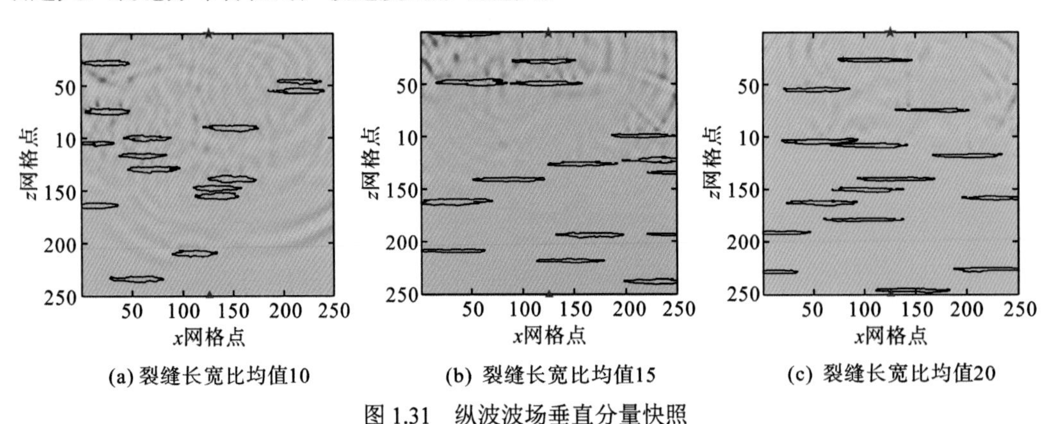

(a) 裂缝长宽比均值10　(b) 裂缝长宽比均值15　(c) 裂缝长宽比均值20

图 1.31 纵波波场垂直分量快照

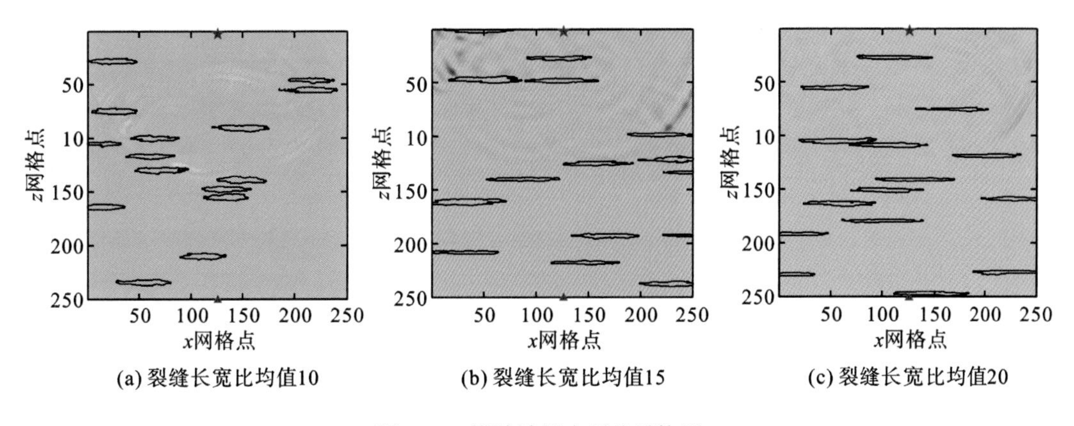

(a) 裂缝长宽比均值10　(b) 裂缝长宽比均值15　(c) 裂缝长宽比均值20

图 1.32　横波波场水平分量快照

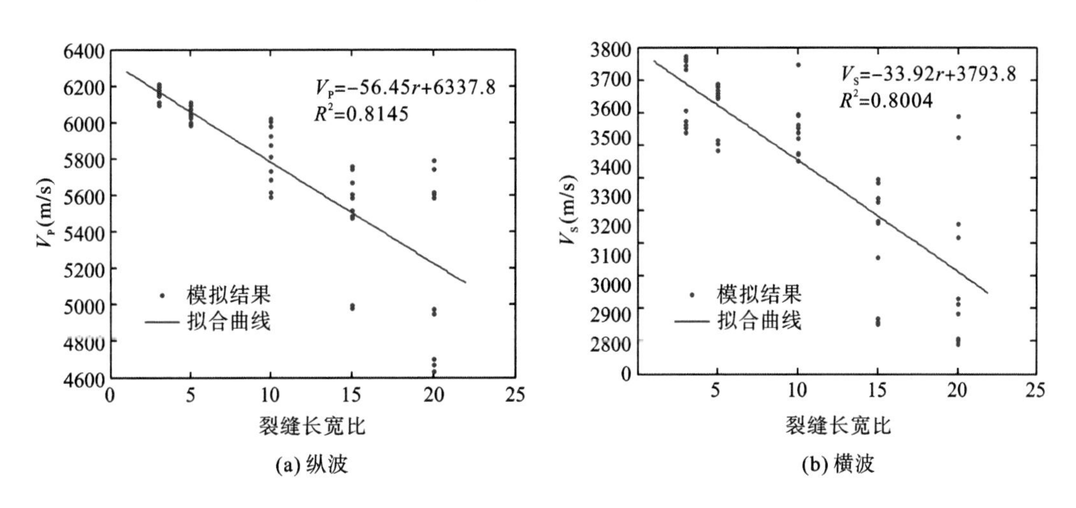

(a) 纵波　(b) 横波

图 1.33　声波速度与裂缝长宽比的关系曲线

2. 裂缝长宽比对纵波衰减系数的影响

裂缝长宽比均值分别为 10、15 和 20 岩样模型的纵波位移在 8μs 时的波场快照图如图 1.34 所示。纵波衰减系数和裂缝长宽比的关系曲线如图 1.35 所示。从图中可看出，当

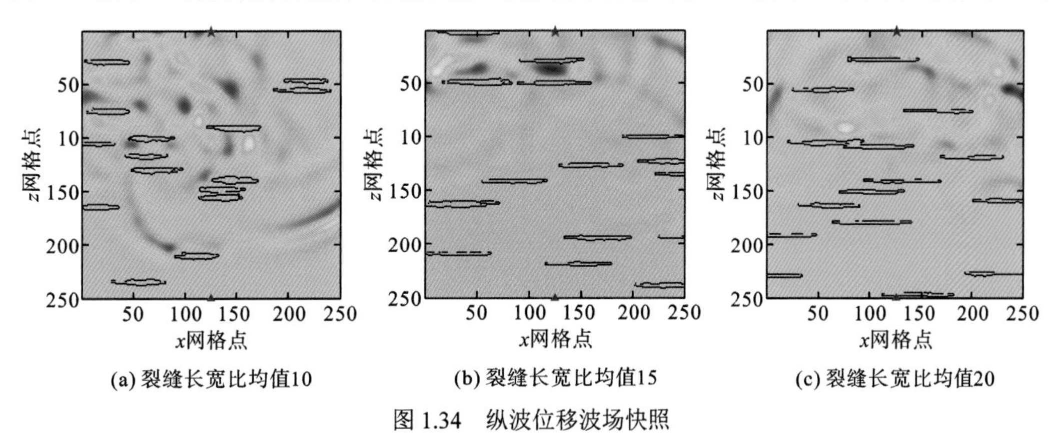

(a) 裂缝长宽比均值10　(b) 裂缝长宽比均值15　(c) 裂缝长宽比均值20

图 1.34　纵波位移波场快照

孔隙度和裂缝密度一定且裂缝呈水平分布时，随着裂缝长宽比增加，一方面声波传播路径增长，另一方面随纵横比增加，裂缝的柔度增加，使得相同孔隙度下裂缝的衰减增强，综合使得衰减系数呈增大趋势。同时，随裂缝长宽比增加，同一裂缝长宽比对应的声波衰减的变化范围逐渐变宽，说明裂缝型碳酸盐岩中裂缝长宽比越大，形态越扁平，裂缝分布特征对声波衰减的影响越大。

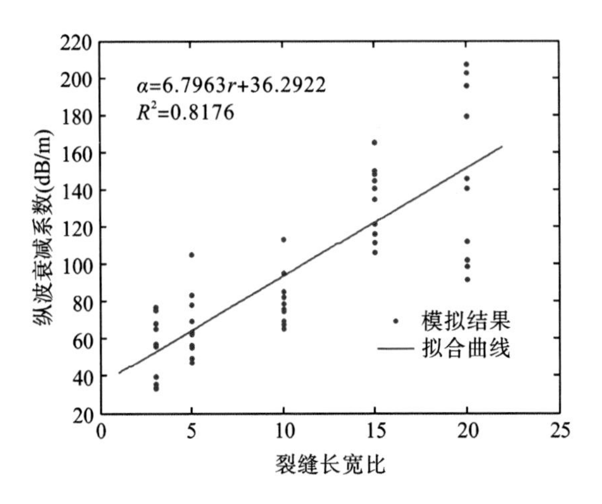

图 1.35 纵波衰减系数随裂缝长宽比变化关系曲线

1.2.2.5 裂缝产状对声学参数的影响

设裂缝密度为 6000 条/m^2，孔隙度为 4%，裂缝长宽比均值为 10，裂缝倾角分别为 0°，25°、45°、65°和 90°，共随机生成 50 个岩样模型。岩样的孔隙度均为裂缝孔隙度。

1. 裂缝产状对弹性波速度的影响

裂缝倾角分别为 0°、45°和 90°岩样模型的纵波波场垂直分量和横波波场水平分量在 8μs 时的波场快照图分别如图 1.36 和图 1.37 所示。纵波、横波速度和裂缝倾角的关系曲线如图 1.38 所示。从图中可看出，在孔隙度、裂缝密度和裂缝长宽比一定条件下，当裂

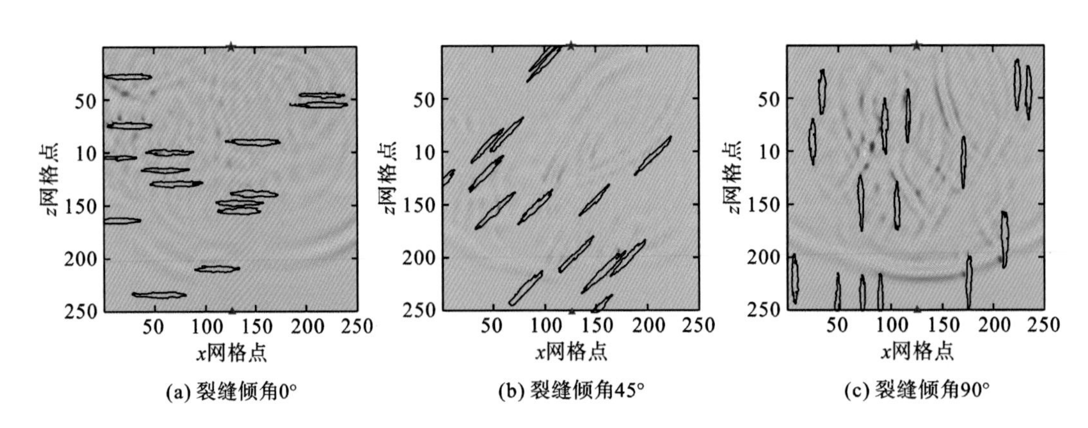

(a) 裂缝倾角0°　(b) 裂缝倾角45°　(c) 裂缝倾角90°

图 1.36 纵波波场垂直分量快照

缝倾角增加时，一方面阻碍传播路径的反射界面范围也越来越小，纵波、横波的传播路径变短，使得接收端纵波、横波的初至时间均提前；另一方面，平行裂缝使得岩石声学特性具有各向异性特征，随着裂缝倾角增加，声波传播方向从垂直裂缝方向逐步转变为平行裂缝方向，此过程中岩石的等效弹性模量逐步增加，纵波和横波速度随之增加。同时，由于低角度裂缝对声波传播路径的影响更显著，使得低角度缝的分布特征对声波速度的影响显著高于高角度裂缝，说明在低角度裂缝型碳酸盐岩地层中裂缝分布特征是建立声波速度与裂缝特征参数关系的重要因素之一，而在高角度裂缝型碳酸盐岩地层中裂缝分布对波速的影响较弱。

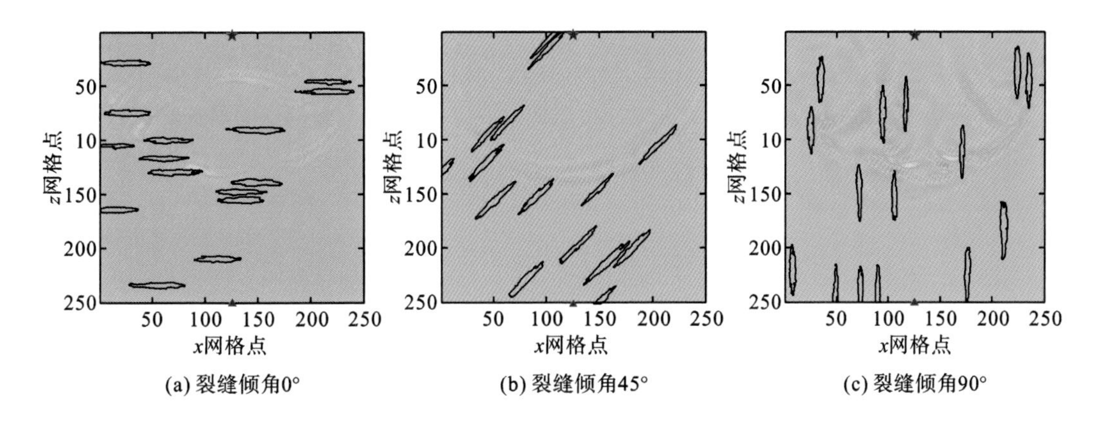

(a) 裂缝倾角0°　(b) 裂缝倾角45°　(c) 裂缝倾角90°

图 1.37　横波波场水平分量快照

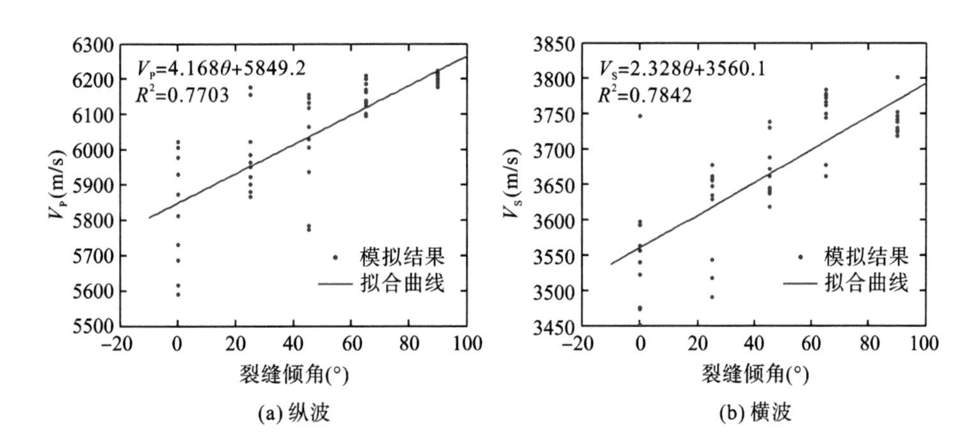

(a) 纵波　(b) 横波

图 1.38　声波速度与裂缝倾角的关系曲线

2. 裂缝产状对纵波衰减系数的影响

裂缝倾角分别为 0°、45°和 90°岩样模型的纵波位移在 8μs 时的波场快照图如图 1.39 所示，纵波衰减系数和裂缝倾角的关系曲线如图 1.40 所示。从图中可看出，在孔隙度、裂缝密度和裂缝长宽比一定条件下，随着裂缝倾角增加，沿传播方向裂缝的截面减小，对纵波传播路径的阻碍减小，传播路径变短、反射减弱，衰减减弱。同时，由于低角度裂缝对声波传播路径的影响更显著，使得低角度缝的分布特征对声波衰减的影响显著高于高角度裂缝。

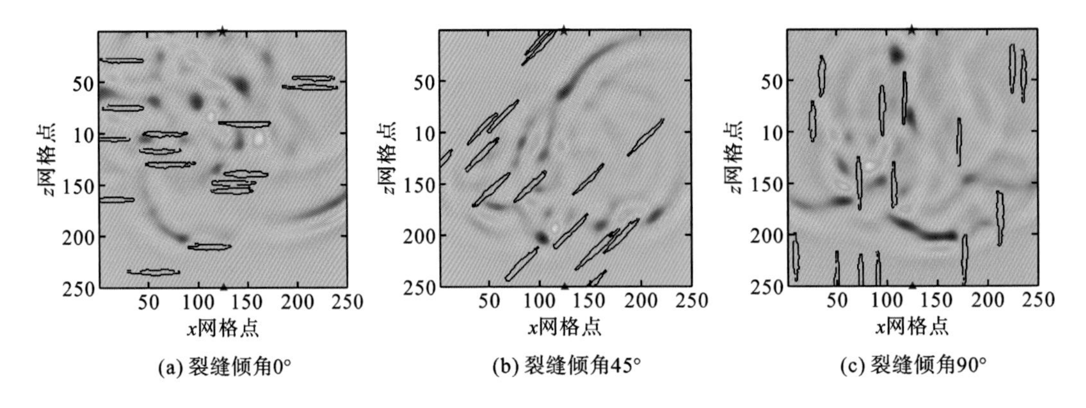

(a) 裂缝倾角0°　(b) 裂缝倾角45°　(c) 裂缝倾角90°

图 1.39　纵波位移波场快照

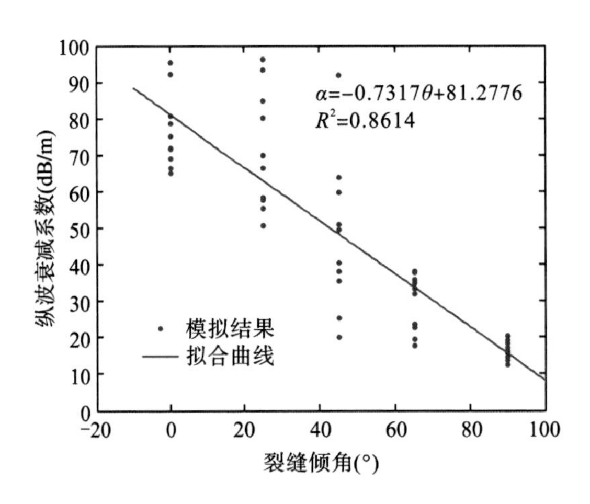

图 1.40　纵波衰减系数随裂缝倾角变化关系曲线

1.2.2.6　含水饱和度对气水两相裂缝型碳酸盐岩纵波传播的影响

已有研究表明，随含水饱和度增高，纵波速度先减小再增大。当含水饱和度较低时，随着含水饱和度的增加，纵波速度先减小至最低值；当含水饱和度大于某个值时，纵波速度随含水饱和度增加而逐渐增大；当含水饱和度达到 80%时，纵波速度急剧增大(Domenico，1974；Shi et al.，2003)。纵波速度随饱和度的变化规律不完全由孔隙流体的饱和度决定，还与孔隙流体在孔隙尺度范围内的微观分布有关。因此，如何表征流体在岩石中的分布状态及其对岩石弹性性质的影响已成为地球物理领域的重点研究内容。基于波动理论，对气水两相缝洞介质的声波波场进行有限差分数值模拟，并讨论含水饱和度对纵波传播的影响。模拟参数包括：岩心纵向剖面尺寸为 50mm×50mm，采样时间步长为 10ns；岩心的纵向剖面区域划分成 250×250 的网格，空间网格步长为 0.2mm；设岩心骨架密度为 2700kg/m^3，纵波速度为 6200m/s，横波速度为 3800m/s。设裂缝孔隙流体中气和水的密度分别为 0.72kg/m^3 和 1000kg/m^3，体积模量分别为 0.1GPa 和 2.1GPa，给定孔隙流体含水饱和度即可按照 Wood 孔隙流体模量模型计算得到孔隙流体密度和体积模量，从而得到裂缝孔隙流体中的纵波速度。

1. 当裂缝长宽比小时，含水饱和度对纵波传播的影响

裂缝位置随机分布。设裂缝密度为 6000 条/m^2，孔隙度为 4%，裂缝与水平线之间的倾角均为 0°，裂缝长宽比均值为 3，含水饱和度分别为 15%、30%、45%、60%、75%、90%、95%和 100%。含水饱和度分别为 60%、95%和 100%时纵波位移在 8μs 的波场快照图如图 1.41 所示。纵波速度和纵波衰减系数随含水饱和度的变化分别如图 1.42 和图 1.43 所示。

从模拟结果可以看出，当裂缝的长宽比较小时，随着含水饱和度的增加，纵波速度基本不变。当岩心中存在多裂缝分布时，纵波会在骨架与裂缝之间发生多次散射，但因裂缝的长宽比较小，纵波到达接收端的绕射时间小于其透射时间，到达接收端的首波是绕射波，透射波对首波初至的影响也非常小，由于裂缝孔隙形状一定，故纵波绕射路径不变，纵波速度基本不变。随着含水饱和度的增加，尤其是当含水饱和度高于 90%时，裂缝内流体和岩心骨架声阻抗的差距明显减小，纵波的绕射能量减弱，造成首波峰值减小，几何衰减略增强，使得衰减系数略有增加。

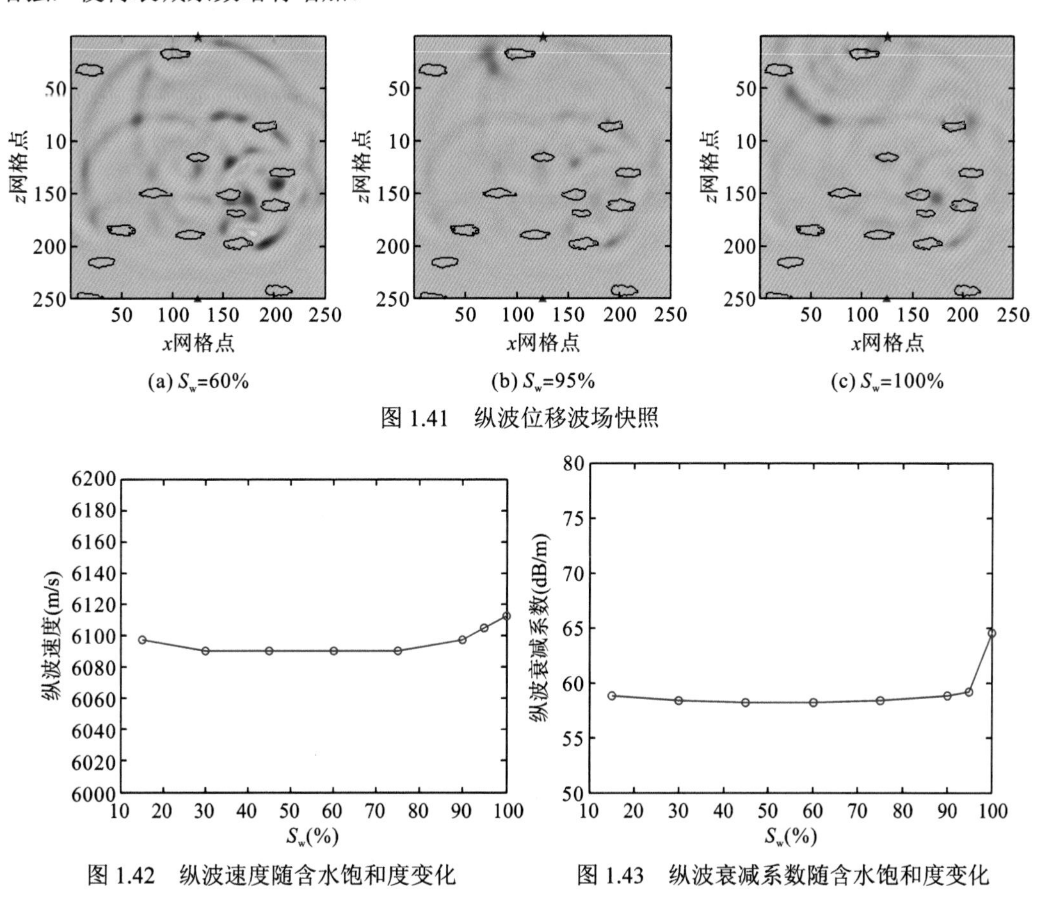

(a) S_w=60%　(b) S_w=95%　(c) S_w=100%

图 1.41　纵波位移波场快照

图 1.42　纵波速度随含水饱和度变化

图 1.43　纵波衰减系数随含水饱和度变化

2. 当裂缝长宽比较大时，含水饱和度对纵波传播特性的影响

裂缝位置随机分布。设裂缝密度为 6000 条/m^2，孔隙度为 4%，裂缝与水平线之间的倾角均为 0°，裂缝长宽比均值为 20，裂缝内孔隙流体的含水饱和度分别为 15%、30%、45%、60%、75%、90%、95%和 100%。含水饱和度分别为 60%、95%和 100%时纵波位移在 8μs 时的波场快照图如图 1.44 所示。纵波速度和纵波衰减系数随含水饱和度的变化分别如图 1.45 和图 1.46 所示。从图中可看出，随着含水饱和度增加，纵波速度呈先下降后上升的趋势，纵波衰减系数呈先上升后下降的趋势，即在含水饱和度增加初期，纵波速度缓慢降低，并出现最低值，纵波衰减系数略微增大；随着含水饱和度继续增加，纵波速度逐渐增大，当含水饱和度高于 90%时，纵波速度迅速增加，纵波衰减系数则表现出迅速减小的趋势。当含水饱和度较低时，随含水饱和度增加，裂缝中等效流体的体积模量和剪切模量不断增加，但受密度的影响，可能出现声波速度减小、衰减增大现象。岩心中存在多裂缝分布时，纵波在骨架与裂缝之间将发生多次散射。当裂缝长宽比较大时，纵波透射通过裂缝的时间较短，透射波与绕射波再次相遇，并发生相互作用，从而导致波场变化。随着含水饱和度增加，纵波透射的能量增强，透射通过裂缝的时间越短，透射波对首波初至的影响越明显，致使纵波速度增加，纵波衰减系数减小。

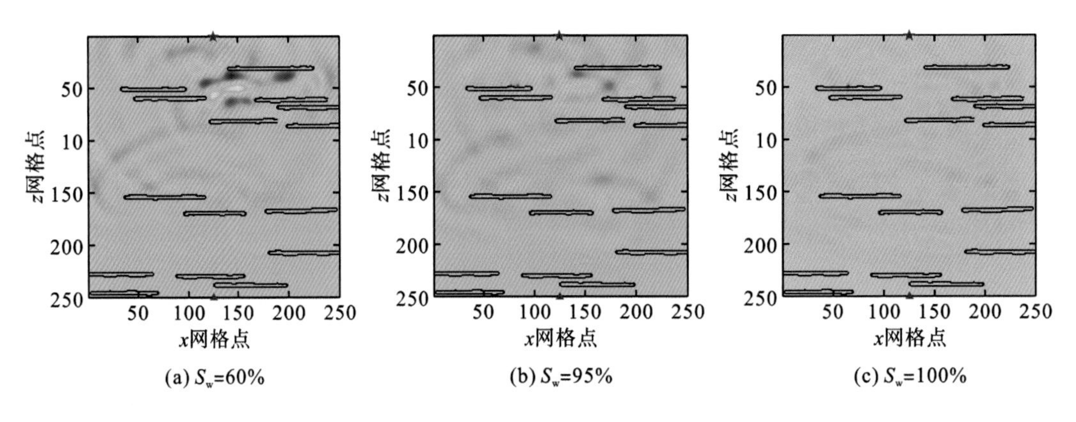

(a) S_w=60%　(b) S_w=95%　(c) S_w=100%

图 1.44　纵波位移波场快照

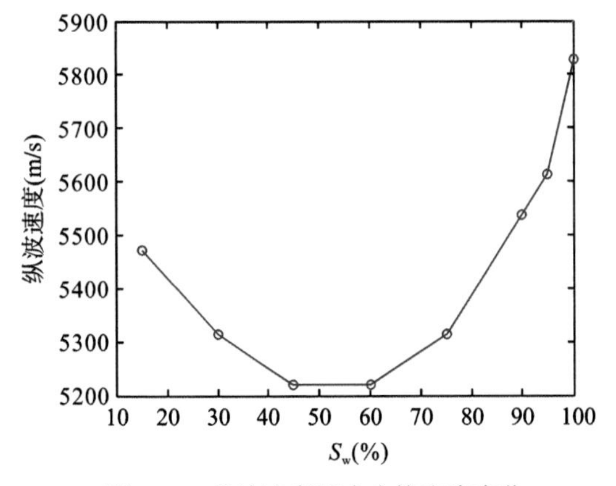

图 1.45　纵波速度随含水饱和度变化

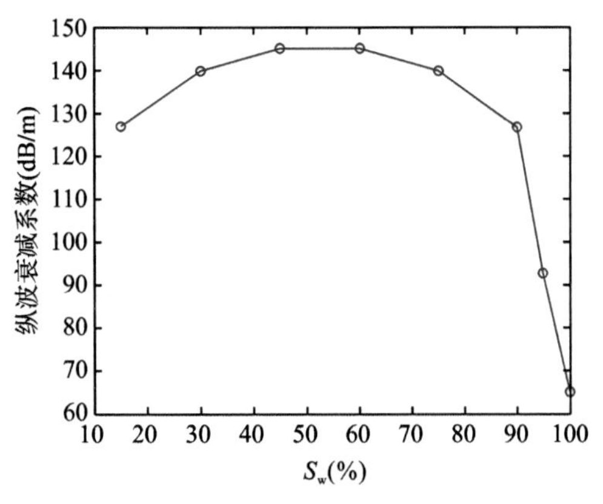

图 1.46　纵波衰减系数随含水饱和度变化

综合对比图 1.42、图 1.43、图 1.45、图 1.46 可得，对气水两相介质，流体饱和度对裂缝型碳酸盐岩声波速度和衰减特征的影响机理复杂，不能简单地归纳为随含水饱和度增高，波速增强、衰减减弱，流体的影响与碳酸盐岩自身的裂缝结构特征紧密相关，影响规律、机理复杂。分析高角度裂缝中流体饱和度的影响时，要结合其空间分布特征。若高角度裂缝分布在声波传播路径上，因其截面较小，对传播路径的干扰有限，声波多以绕射方式通过，裂缝中流体饱和度的变化对声波速度和衰减的影响小。若高角度裂缝分布在传播路径两侧，则会反射两侧的声场，对声场能量有一定的聚集作用，因而随流体中含水饱和度升高，裂缝与基质之间波阻抗差异减弱，对两侧声场能量的反射减弱，使得接收信号的总能量减弱，声衰减增强。低角度裂缝的截面较大，对声波传播路径的阻碍大，声波多透射过低角度裂缝，因而携带了低角度裂缝的信息，当其中流体饱和度变化时，会明显改变声波的速度和衰减属性。可见，裂缝结构特征是分析裂缝型碳酸盐岩声学属性的关键因素，岩石中以低角度裂缝为主时，裂缝型碳酸盐岩声学属性能较好地反映裂缝中的流体性质，而高角度裂缝中流体对声波速度和衰减的影响机制和规律较复杂，使得高角度裂缝中的流体性质难以识别。

1.2.2.7　频率对纵波传播特性的影响

裂缝位置随机分布，设裂缝密度为 12000 条/m^2，裂缝长宽比均值为 10，裂缝倾角均为 0°，振源主频分别为 125kHz、250kHz、500kHz、750kHz、1MHz、1.25MHz、1.5MHz 和 2MHz，孔隙度为 1%～10%，共随机生成 40 个岩样模型。以孔隙度为 2.5%、6.5%和 8.5%的岩样模型为例，其在振源主频分别为 250kHz、500kHz 和 1.5MHz 激发下的纵波位移在 9μs 时的波场快照分别如图 1.47～图 1.49 所示，纵波速度(V_p)和衰减系数(α)随频率的变化关系分别如图 1.50 和图 1.51 所示。从图中可看出，当裂缝密度和纵波频率一定时，随着孔隙度增加，单条裂缝尺度增加，纵波反射增强，透射减弱，纵波绕射通过裂缝到达接收端的距离增加，速度减小，衰减系数增大；当裂缝密度和孔隙度一定时，随着频率增加，纵波速度均呈幂次规律增加，速度频散主要出现在 125～500kHz。这是因为纵波在岩心骨架中的传播速度一定，频率越低，波长越长，首波峰值绕射通过裂缝到达接收端的路程也越长，因此速度越小。当频率低于 500kHz 时(主要指 125～500kHz)，各频率对应的纵波波长之间差异显著，速度频散现象明显；当频率高于 500kHz 时，各频率对应的纵波波长之间差异较小，速度频散现象微弱。当裂缝密度和孔隙度一定时，随着频率增加，纵

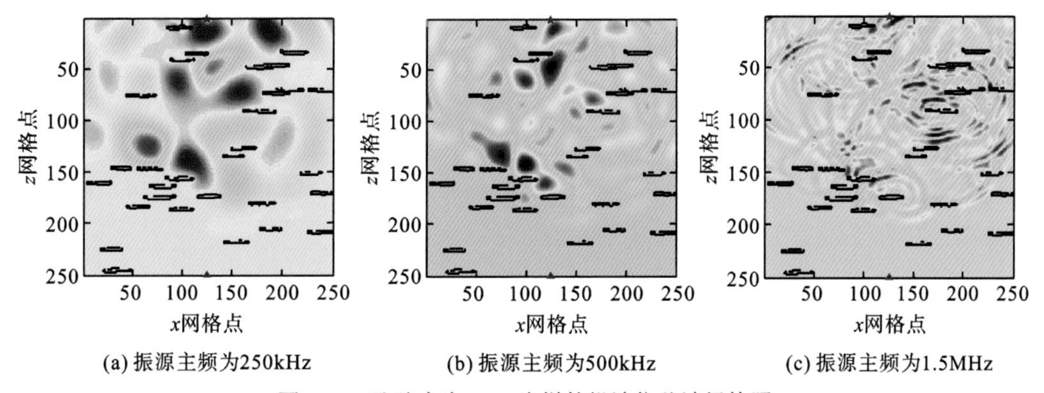

(a) 振源主频为250kHz　(b) 振源主频为500kHz　(c) 振源主频为1.5MHz

图 1.47　孔隙度为 2.5%岩样的纵波位移波场快照

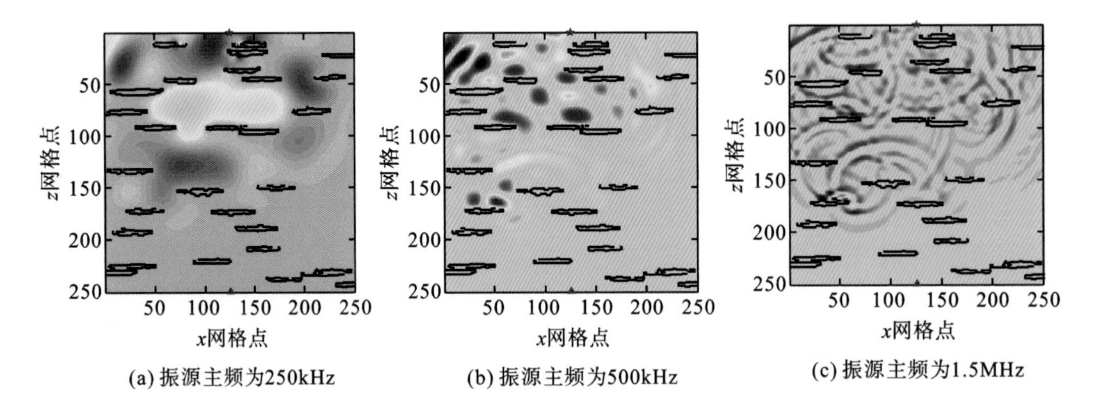

图 1.48　孔隙度为 6.5%岩样的纵波位移波场快照

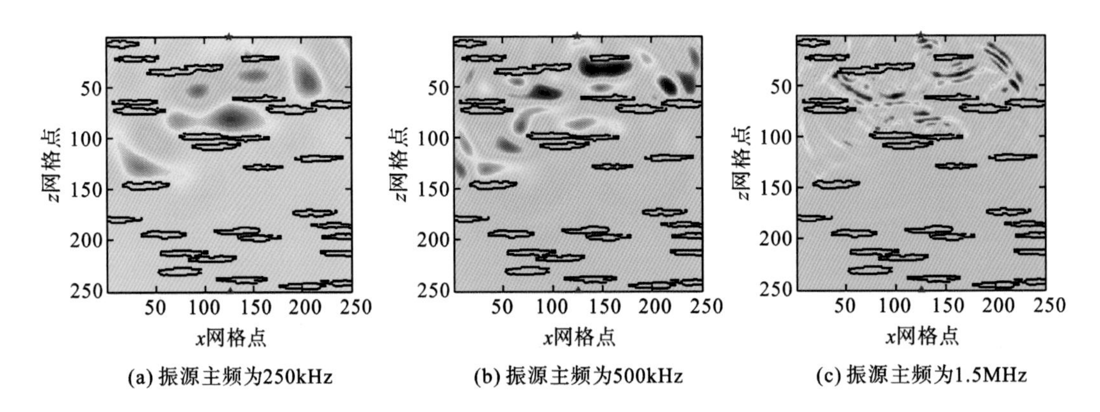

图 1.49　孔隙度为 8.5%岩样的纵波位移波场快照

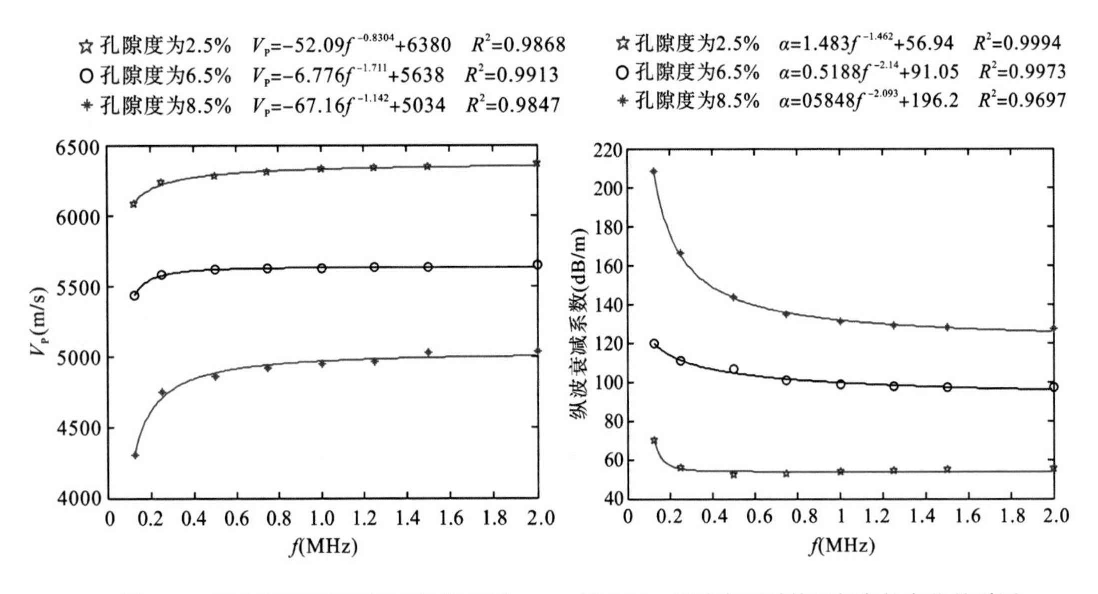

图 1.50　纵波速度随频率的变化关系图

图 1.51　纵波衰减系数随频率的变化关系图

波衰减系数均呈幂次规律减小，由于岩样中存在多条裂缝，纵波会在各裂缝间不断地发生反射和折射，所以到达接收端的是首波多次散射波与某条(些)裂缝强反射波相互干涉后再传输至接收端的结果。因此，随着频率增加，裂缝的反射作用增强，纵波衰减系数减小。

裂缝型碳酸盐岩的声波速度和衰减属性受裂缝孔隙度、裂缝空间分布、裂缝密度、裂缝长宽比、裂缝倾角、流体饱和度、频率等多因素的共同影响。相比于声波速度，声衰减对裂缝特征参数的变化更敏感。裂缝特征参数与声波属性之间不存在单一函数关系，在建立两者之间关系时，综合采用声波速度、衰减、频散等多属性参数能更好地反映裂缝型碳酸盐岩的裂缝结构特征。

1.2.3 孔洞型碳酸盐岩的声学特性

孔洞的非均质结构同样会引起声波的折射、反射、绕射等现象，波成分非常丰富。下面分别讨论孔洞数量和孔洞半径对岩样声学参数的影响。模拟参数如下：岩心的纵向剖面尺寸为 50mm×50mm，采样时间步长为 10ns；岩心纵向剖面区域划分成 250×250 的网格，空间网格步长为 0.2mm。设岩心的骨架密度为 2700kg/m^3，纵波速度为 6200m/s，横波速度为 3800m/s。孔洞中气的密度为 0.72kg/m^3，纵波速度为 340m/s，横波速度为 0m/s。

1.2.3.1 孔洞数量对声学参数的影响

1. 孔洞数量对弹性波速度的影响

设孔洞半径为 1.26mm，孔洞数量在原有孔洞分布不变的基础上依次增加，分别为 5、15、25、35 和 45，相应的孔隙度分别为 1%、3%、5%、7%和 9%。其中孔隙度为 1%、5%和 9%时纵波波场垂直分量和横波波场水平分量在 8μs 时的波场快照图如图 1.52 和图 1.53 所示。纵波、横波速度随孔洞数量的变化曲线如图 1.54 所示。从图中可看出，当孔洞半径一定时，随着孔洞数量的增加，纵波速度、横波速度均减小。当孔洞数量增加时，孔洞分布在振源与接收探头间连线上的概率增加，声波的传播路径因受到阻碍而变长，所以接收端纵波、横波的初至时间均延后。

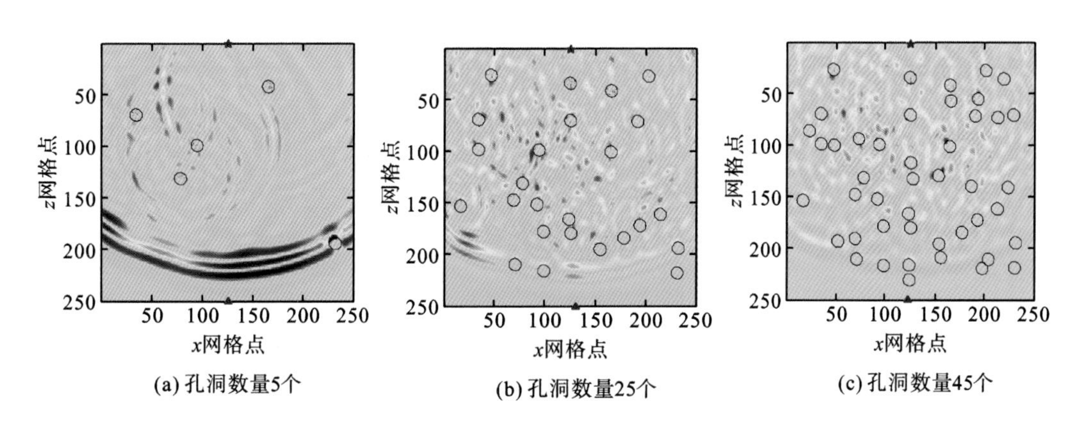

图 1.52 纵波波场垂直分量快照

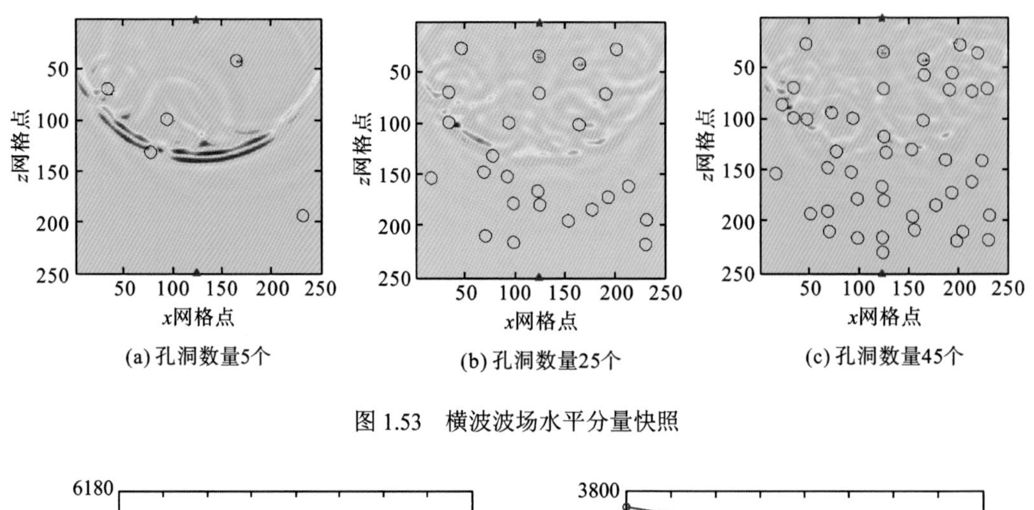

(a) 孔洞数量5个　(b) 孔洞数量25个　(c) 孔洞数量45个

图 1.53　横波波场水平分量快照

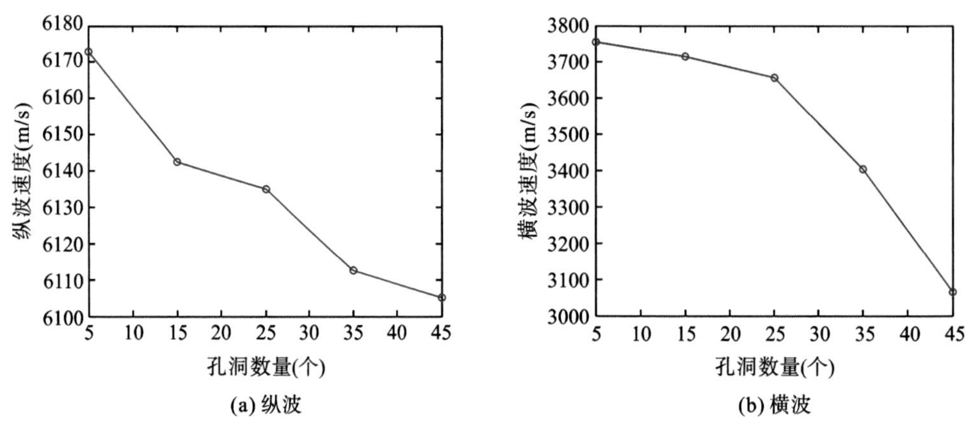

(a) 纵波　(b) 横波

图 1.54　声波速度与孔洞数量的关系曲线

2. 孔洞数量对纵波衰减系数的影响

孔隙度为 1%、5%和 9%时纵波位移在 8μs 时的波场快照图如图 1.55 所示。纵波衰减系数随孔洞数量的变化曲线如图 1.56 所示，从图中可看出，随着孔洞数量增加，纵波的反射作用增强，首波传播路径变长，衰减系数增大。

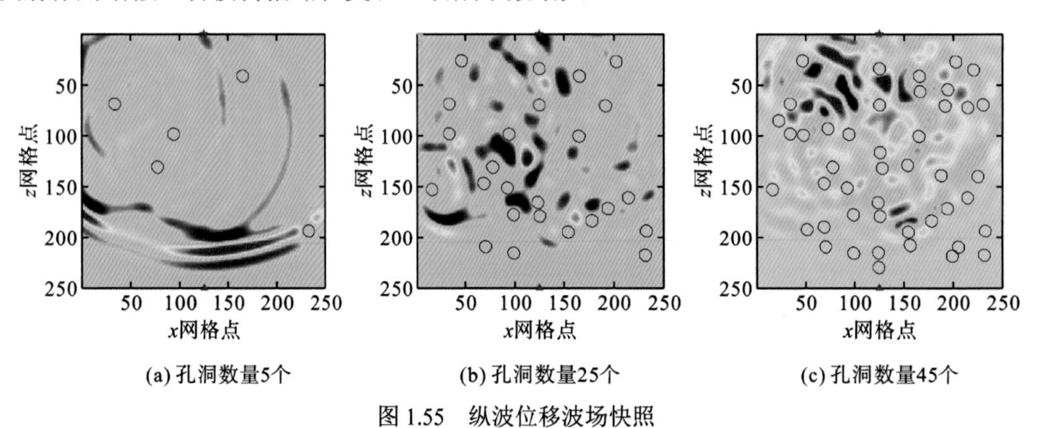

(a) 孔洞数量5个　(b) 孔洞数量25个　(c) 孔洞数量45个

图 1.55　纵波位移波场快照

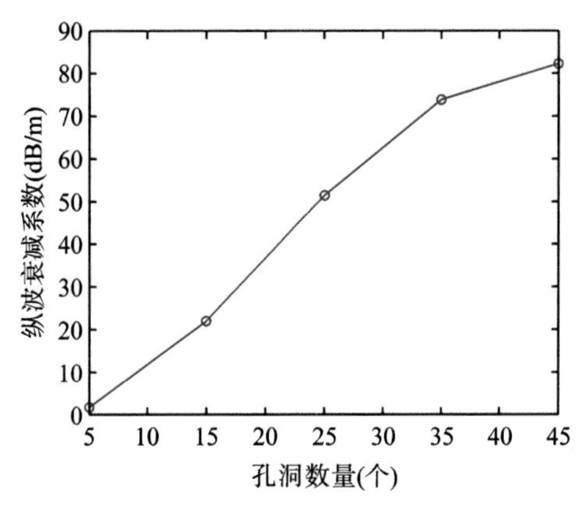

图 1.56　纵波衰减系数随孔洞数量的变化曲线

1.2.3.2　孔洞半径对声学参数的影响

1. 孔洞半径对弹性波速度的影响

设孔洞分布位置一定，孔洞数量为 10，半径分别为 0.89mm、1.55mm、2.00mm、2.36mm 和 2.68mm，相应的孔隙度分别为 1%、3%、5%、7%和 9%。其中，孔洞半径为 0.89mm、2.00mm 和 2.68mm 时纵波波场垂直分量和横波波场水平分量在 8μs 时的波场快照图如图 1.57 和图 1.58 所示，纵波、横波速度随孔洞半径的变化曲线如图 1.59 所示。

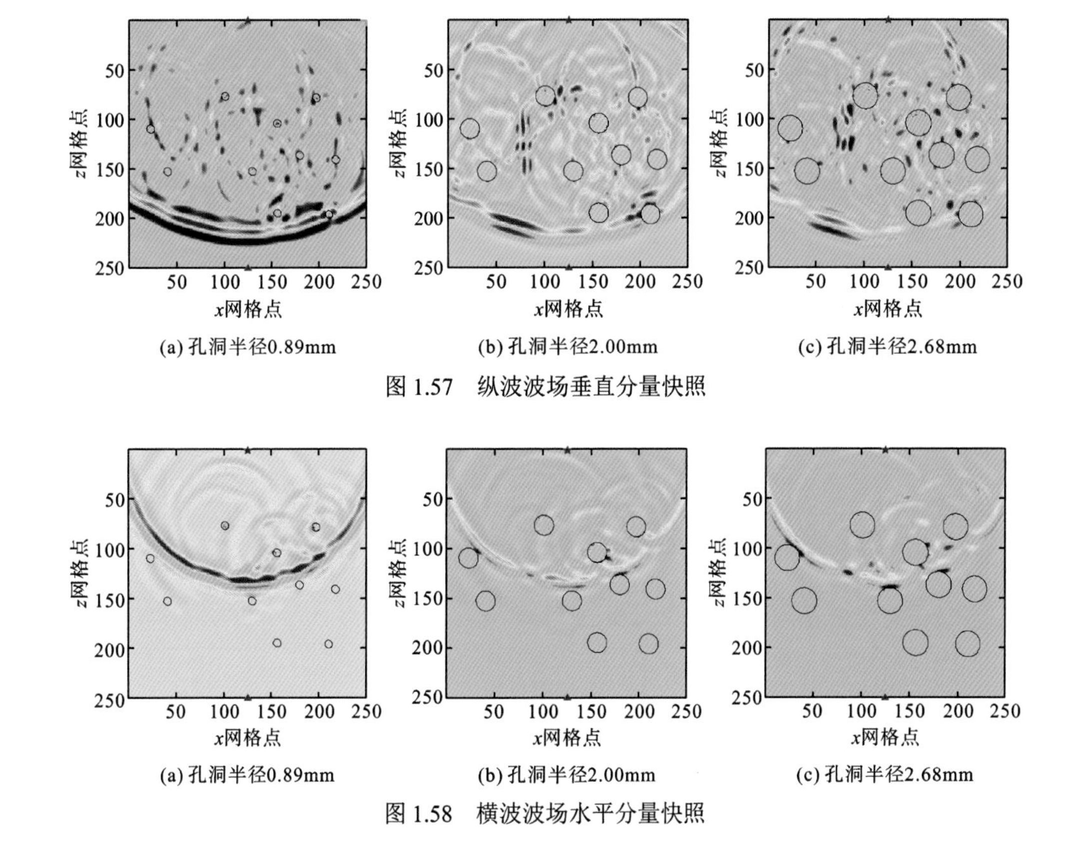

(a) 孔洞半径0.89mm　(b) 孔洞半径2.00mm　(c) 孔洞半径2.68mm

图 1.57　纵波波场垂直分量快照

(a) 孔洞半径0.89mm　(b) 孔洞半径2.00mm　(c) 孔洞半径2.68mm

图 1.58　横波波场水平分量快照

从图中可看出，当孔洞的分布位置和数量一定时，随着孔洞半径增加，纵波、横波速度均减小。这是因为当孔洞半径增加时，阻碍纵波、横波场传播的反射界面范围越来越大，纵波、横波传播路径变长，所以接收端纵波、横波的初至时间均延后。

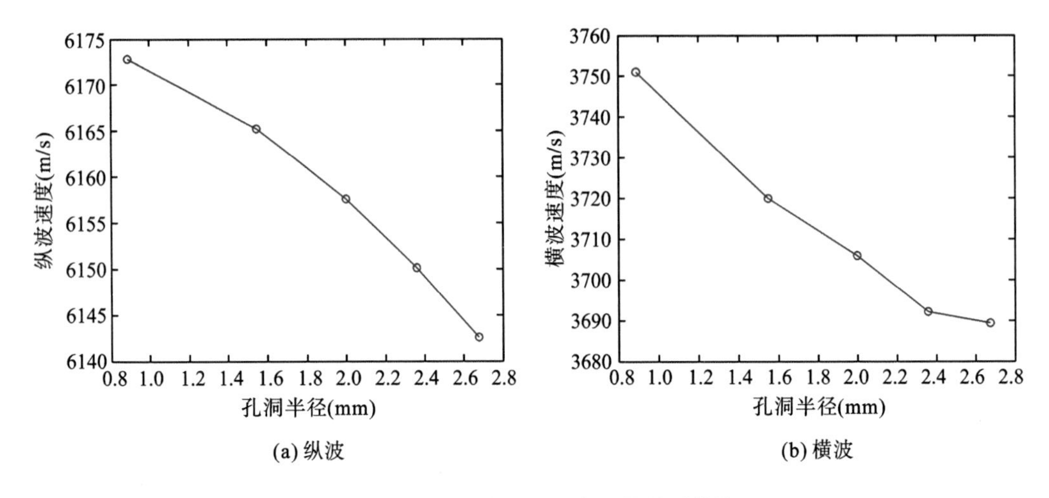

(a) 纵波 (b) 横波

图 1.59 声波速度与孔洞半径的关系曲线

2. 孔洞半径对纵波衰减系数的影响

孔洞半径分别为 0.89mm、2.00mm 和 2.68mm 时纵波位移在 8μs 时的波场快照图如图 1.60 所示，纵波衰减系数随孔洞半径的变化曲线如图 1.61 所示。从图中可看出，随着孔洞半径增加，单个孔洞尺度增加，纵波的反射作用显著增强，首波传播路径也略有变长，衰减系数增大。

孔洞型碳酸盐岩的声波属性受孔洞孔隙度、孔洞半径、孔洞密度、孔洞分布特征等因素的综合影响。与裂缝型碳酸盐岩类似，孔洞特征参数与声波属性之间也不存在单一函数关系，综合采用声波速度、衰减、频散等多属性参数，能更好地反映孔洞型碳酸盐岩的孔洞结构特征。

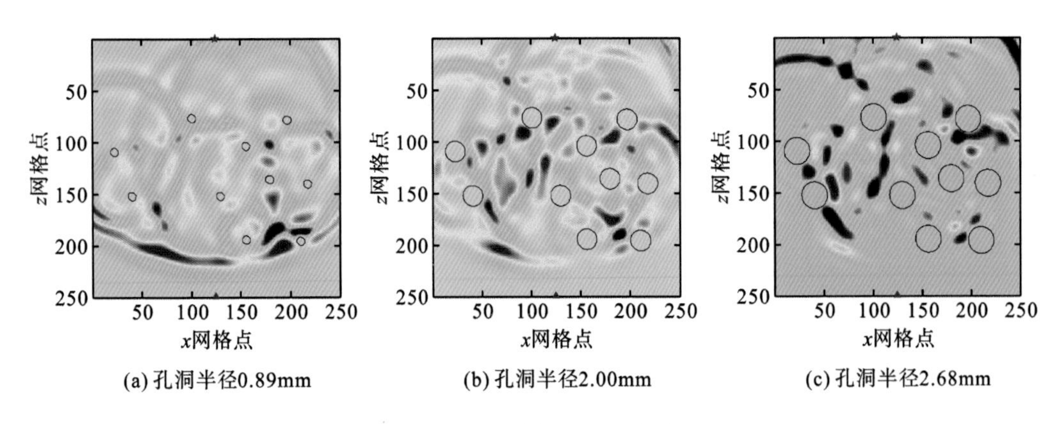

(a) 孔洞半径0.89mm (b) 孔洞半径2.00mm (c) 孔洞半径2.68mm

图 1.60 纵波位移波场快照

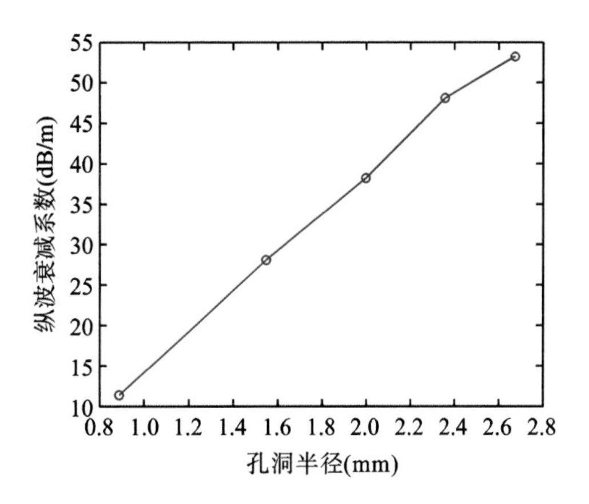

图 1.61 纵波衰减系数随孔洞半径的变化曲线

1.2.4 基于数字岩心的纵波传播特性模拟

岩心 CT 扫描可对岩石内部的微观孔隙结构进行精细表征，是获取碳酸盐岩内部孔隙结构的有效方法之一。将真实岩心的 CT 扫描图像用作碳酸盐岩缝洞模型，并在此基础上进行声波波场有限差分数值模拟，再将模拟计算得到的声波速度值与实测结果进行对比。

1.2.4.1 岩心 CT 扫描

基于岩心 CT 扫描获得的某碳酸盐岩岩样二维灰度图像如图 1.62 所示，图中黑色区域为孔隙空间(低密度)，灰色、白色区域为岩石骨架(高密度)。岩心 CT 扫描分析设备为德国蔡司公司生产的 X 射线 MicroCT 实验分析系统。与声波传播方向一致，过岩心端面中心每旋转 20°获取一幅纵向切片图像，共获取 9 幅纵向切片图像，80°和 140°的纵向切片图分别如图 1.62(b)和图 1.62(c)所示。从图中可看出，岩心孔、洞和裂缝发育，具有较强的非均质性。

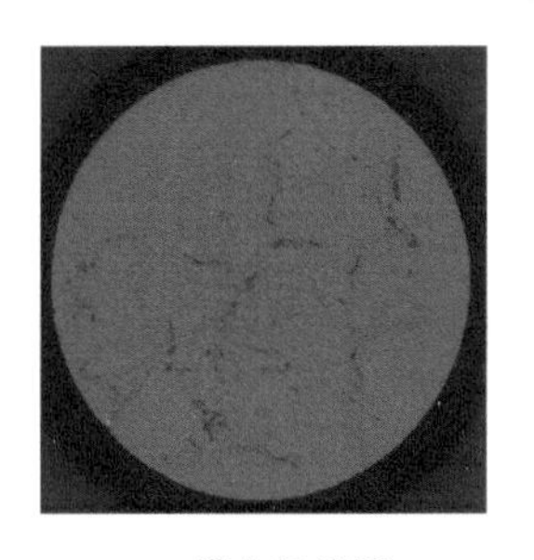

(a) 横向切片图

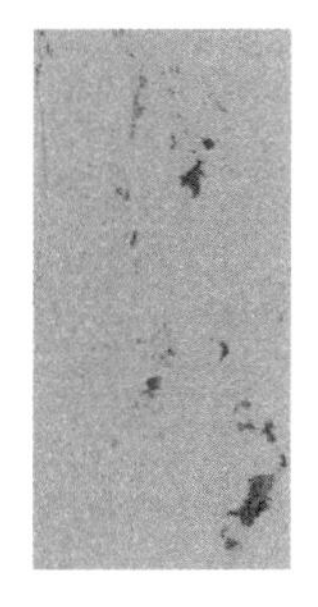

(b) 80° 纵向切片图

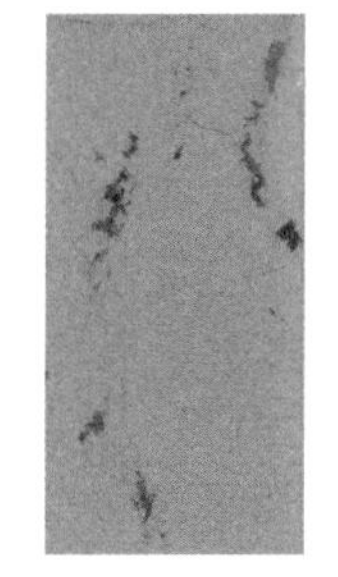

(c) 140° 纵向切片图

图 1.62 碳酸盐岩岩心 CT 扫描二维图像

1.2.4.2 纵向切片图像的预处理

CT 扫描获得的灰度图像中存在各种类型的噪声，这些噪声对图像孔隙的识别有所干扰，从而影响数据分析的准确性。因此，需要对图像进行预处理，预处理主要包括非局部均值滤波去噪、顶底帽变换、二值化及二次滤波等操作。通过对原始二维 CT 图像进行预处理，压制噪声，增强信噪比，可较好地保留图像的细节特征及边缘信息，并将孔隙和基质进行准确分离。

1. 非局部均值滤波

采用非局部均值滤波对岩心灰度图像进行滤波降噪处理。非局部均值滤波算法是对传统邻域滤波方法的一个重大改进。首先，非局部考虑了图像的自相似性，突破了邻域滤波只进行局部滤波的限制。因为相似的像素点并不一定在空间位置上挨得很近，所以在更大范围内寻找相似像素更有优势。其次，它将相似像素点定义为具有相同邻域模式的像素，利用像素周围固定窗口内的信息表征该像素的特征比仅利用单个像素本身信息得到的相似性更加可靠和稳健。非局部均值滤波对高斯噪声有非常好的效果，但该计算方法复杂，算法耗时较长。非局部均值滤波后的图像如图 1.63 所示，滤波后的图像降低了图像噪声，同时也较好地保留了图像的细节特征及边缘信息。

2. 顶底帽变换

顶帽变换和底帽变换是形态学处理中两个重要的算法形式，能够提取灰度图像在多尺度下的亮暗细节特征，通过调整提取的细节特征或扩大图像亮暗灰度的反差来达到增强图像对比度的目的。其本质是形态学变换中开闭运算的组合，其中开运算能消除灰度图像中较亮的细节，闭运算能消除较暗的细节。顶底帽变换效果如图 1.64 所示，从图中可看出，顶底帽变换使背景趋于一致，目标和背景对比度更清晰，保留了缝洞的边缘细节，使从 CT 图像中提取的孔隙结构更加合理准确。

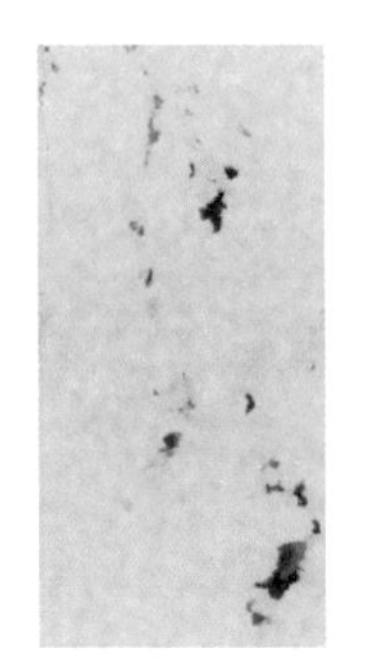

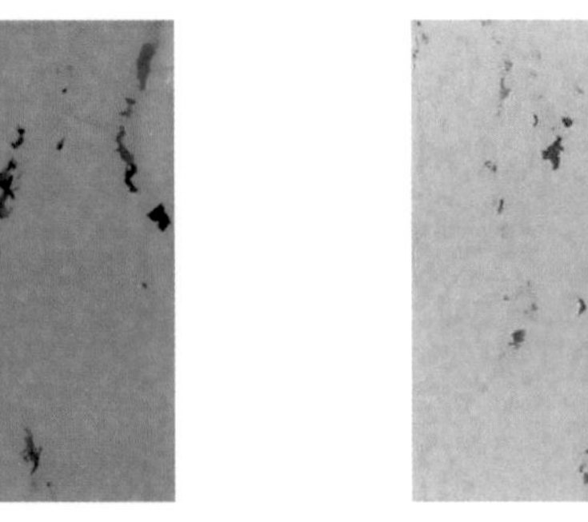

(a) 80° 纵向切片 (b) 140° 纵向切片

图 1.63 非局部均值滤波增强后图像

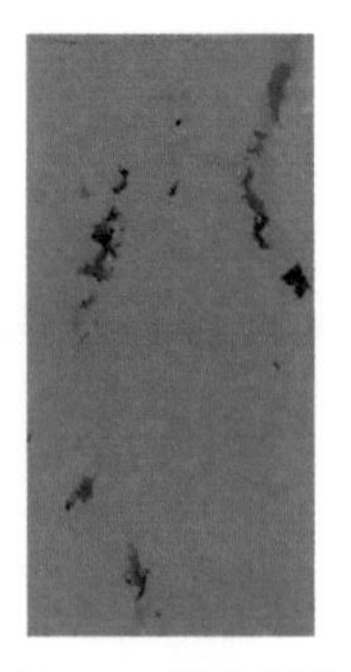

(a) 80° 纵向切片 (b) 140° 纵向切片

图 1.64 顶底帽变换增强后图像

3. 二值化及二次滤波

基于阈值的图像二值化分割方法是图像分割中非常有效的方法，其本质是根据图像的灰度直方图信息获得用于分割图像的阈值。在提取孔隙目标时，将岩石基质部分视为背景，因此关键点在于二值化过程中阈值的选取。若能确定一个合理的阈值，就可将岩心灰度图像中的绝大多数孔隙准确地分割开来以表征实际的孔隙结构。岩心纵向切片图像的二值化效果如图 1.65 所示，从图中可看出，孔隙空间中的孔洞能够较好地提取出来。由于裂缝隐没于相近高灰度值区域而难以识别，相对溶孔和孔洞而言的响应比较弱，所以常用的阈值分割方法无法将裂缝有效地提取出来。如果通过调整阈值将裂缝强行提取，那么又会导致溶孔、孔洞体积“溢出”，即大于真实图像展示的体积，并伴随噪声，图形需要进行二次滤波。二次滤波后的图像如图 1.66 所示，经过二次滤波操作后，图像中的孔隙能够较好地提取出来。本研究中二值化阈值是通过计算二次滤波后纵向切片图像的孔隙度均值并与实验结果对比，从而不断优化调整，使孔隙度的计算结果与实测结果的相对误差均不超过 5%，以保证二值化阈值选取的合理性和可靠性。不同岩心纵向切片孔隙度与实测孔隙度的对比如图 1.67 所示，从图中可看出，相同岩样不同角度纵向切片的孔隙度差异较大，这与岩样的孔洞分布不均有关；不同岩心纵向切片的孔隙度均值与岩心实测结果相近，两者的相对误差较小，均小于 4.47%。

(a) 80° 纵向切片 (b) 140° 纵向切片

图 1.65　二值化后图像

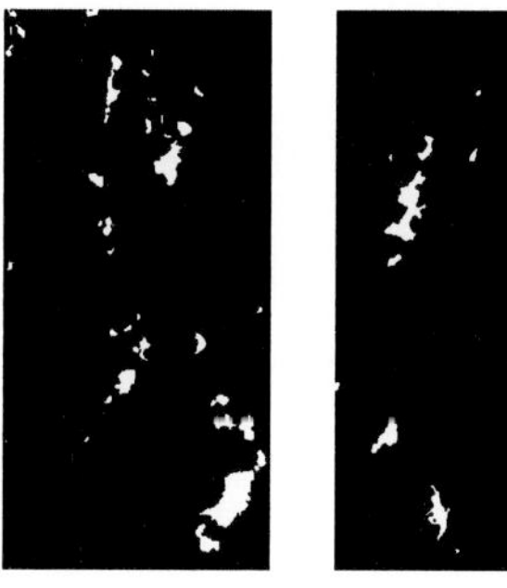
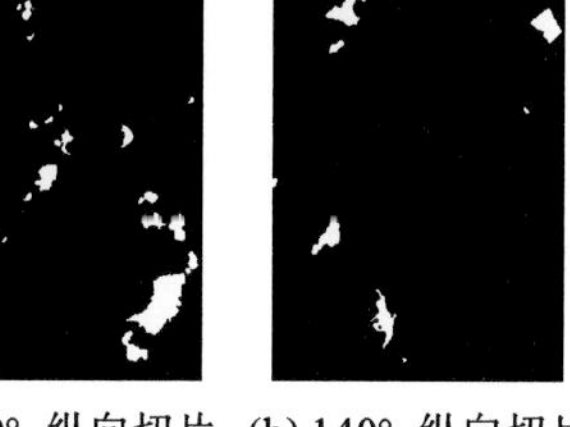

(a) 80° 纵向切片 (b) 140° 纵向切片

图 1.66　二次滤波后图像

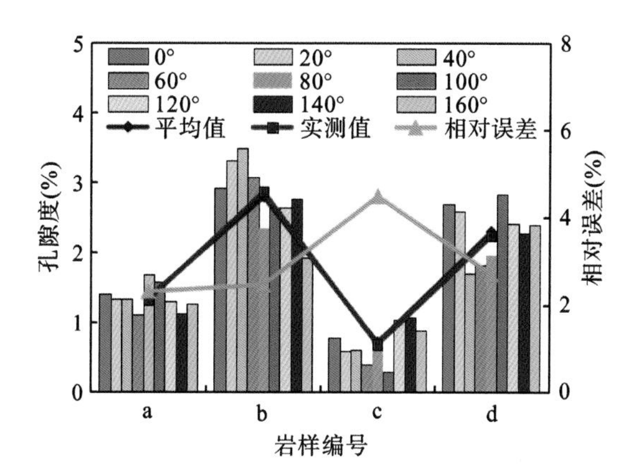

图 1.67　岩心纵向切片孔隙度与实测孔隙度的对比(图中角度代表不同角度纵向切片)

1.2.4.3　纵波速度计算结果

对二值化后的岩心切片进行声波数值模拟，设岩样骨架中的纵波速度为 6200m/s，孔隙为气体饱和，孔隙内流体的声波速度为 340m/s。某岩心纵向切片的纵波波场快照如图 1.68 所示，从接收端得到的振幅波形图上提取岩样首波初至时刻，可计算得到各角度纵向切片的纵波速度，结果如图 1.69 所示。从图 1.69 可看出，相同岩样在不同角度纵向切片的波速差异较大，这是因为岩样中孔、洞分布的差异会使纵波反射、绕射等作用不同，造成首波传播路径存在差异，导致不同角度纵向切片的波速存在差异；不同岩心纵向切片的波速最大值与岩心实测结果相近，两者的相对误差较小，均小于 5.21%。

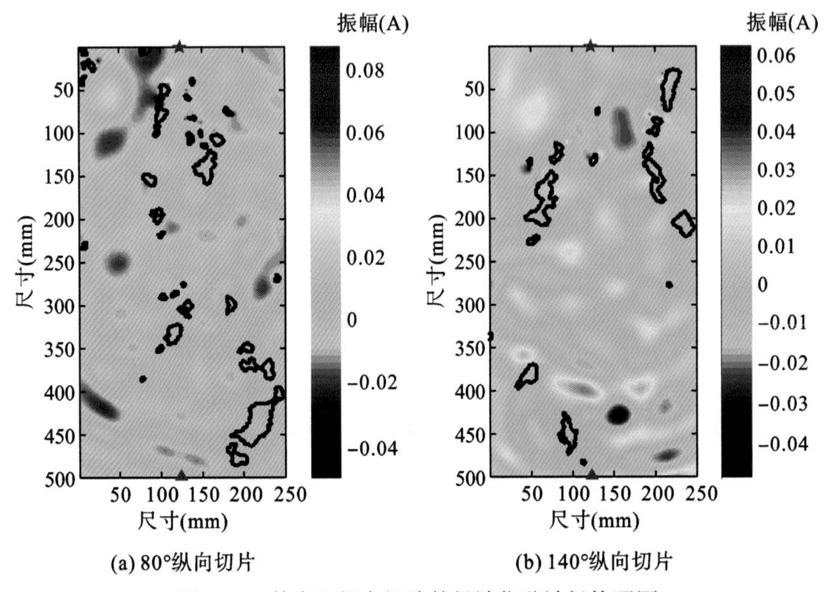

(a) 80°纵向切片 (b) 140°纵向切片

图 1.68 某岩心纵向切片的纵波位移波场快照图

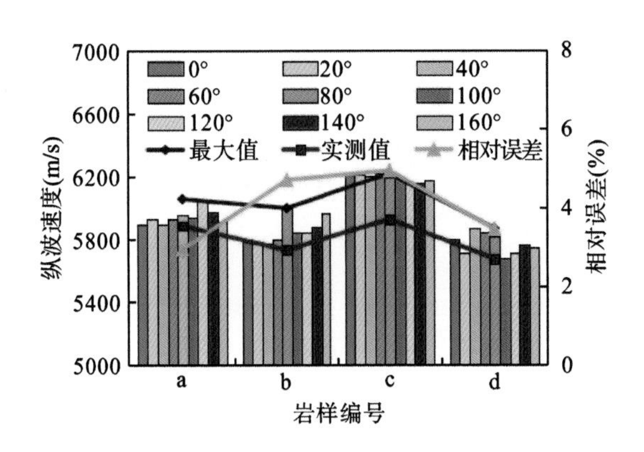

图 1.69 岩心纵向切片的纵波速度与实测纵波速度的对比(图中角度代表不同角度纵向切片)

1.2.4.4 碳酸盐岩的纵波速度频散特征

基于二阶声波波动方程，对 5 块岩心的声波波场进行有限差分数值模拟。同时考虑计算精度和计算速度的影响，将所有岩心 CT 切片图像的空间分辨率统一调整为 500×250，空间步长为 0.1mm，采样的时间步长为 5ns，振源位于点(12.5mm，0mm)处，接收探头位于点(12.5mm，50mm)处，边界采用吸收边界条件。设岩样骨架中的纵波速度为 6200m/s，孔隙流体为气饱和，孔隙流体的声波速度为 340m/s。以岩心 1#60°纵向切片图像为例，其在振源主频分别为 500kHz、100kHz 和 200Hz 激发下的纵波位移波场快照(5μs)如图 1.70 所示，其中★代表振源位置，▲代表接收探头位置。岩样中发育大量孔洞，当频率较高时，声波在各孔洞间多发生反射和折射；当频率较低时，声波在各孔洞间多发生衍射。不同频率声波在缝洞发育岩石中传播机制不同。

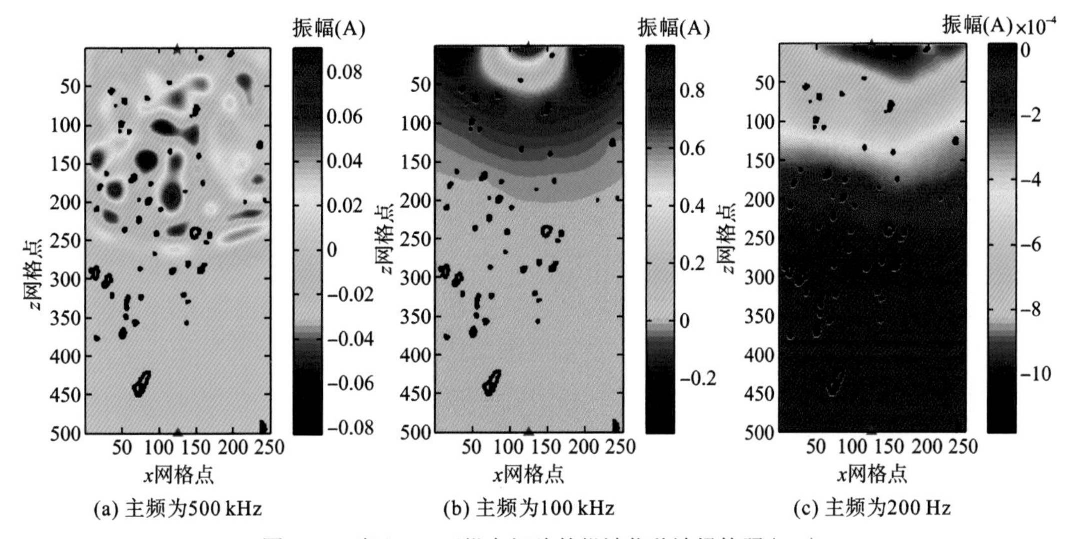

图 1.70　岩心 1#60°纵向切片的纵波位移波场快照(5μs)

岩心 1#60°纵向切片纵波速度随频率的变化关系如图 1.71 所示。从图中可看出，随着频率增加，纵波速度呈幂次规律增加，速度频散主要出现在低于 500kHz 的频率范围内。这是因为纵波在岩心骨架中的传播速度一定，但频率越低，波长越长，首波峰值绕射通过裂缝到达接收端的路程也越长，因此纵波在岩心中的传播时间越长，速度越小。当频率低于 500kHz 时，各频率对应的纵波波长之间差异显著，速度频散现象明显；当频率高于 500kHz 时，各频率对应的纵波波长之间差异较小，速度频散现象微弱。

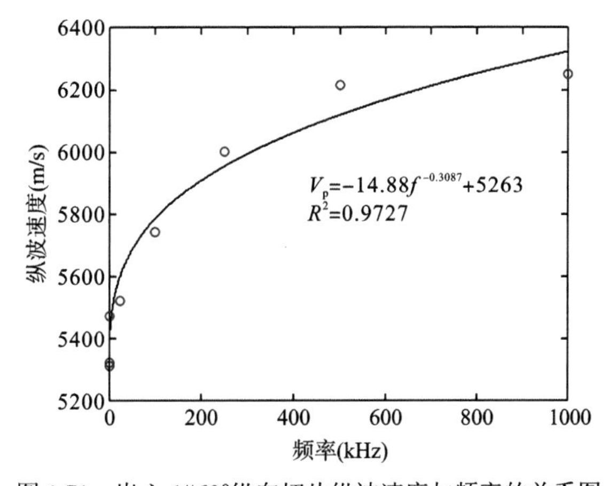

图 1.71　岩心 1#60°纵向切片纵波速度与频率的关系图

1.3 缝洞碳酸盐岩声学特性的应用

数值模拟和岩石物理模拟的实验结果表明，当声波在缝洞碳酸盐岩地层岩石中传播时，速度的变化、幅度的衰减与孔洞结构参数(孔洞分布、孔洞密度、孔洞尺度、孔洞形状等)、裂缝结构参数(裂缝长度、裂缝宽度、裂缝密度、裂缝产状等)关系密切。声波速度对地层中随机分布的少量的缝洞不敏感，但声波衰减系数敏感。缝洞的存在将使不同频率的声波出现频散现象。以此为基础，可以进一步开展缝洞碳酸盐岩地层岩石孔隙度、力学参数等的预测方法研究。

1.3.1 缝洞碳酸盐岩地层孔隙度预测

相同裂缝密度和孔洞密度条件下，缝洞介质的孔隙度与纵波时差的关系如图 1.72 所示，图中孔径分布为 0.6～2.0mm，孔隙密度为 16000 个/m^2，裂缝密度为 20 条/m。从两个频率下纵波时差随孔隙度变化的图中可看出，纵波时差与缝洞孔隙度之间没有明显的响应关系。图 1.73 是在不同孔洞密度下的数值仿真计算结果，从图中可以看出，相同孔隙度条件下，随着孔洞尺寸减小、孔洞密度增加，纵波时差与孔隙度之间的关系逐渐趋于 Wyllie 时间平均关系(王森等，2015；刘向君等，2015)。

相同裂缝密度和孔洞密度条件下，缝洞介质的孔隙度与纵波衰减系数的关系如图 1.74 所示，图中孔径分布为 0.6～2.0mm，孔隙密度为 16000 个/m^2，裂缝密度为 20 条/m。从图中可看出，不同频率下的纵波衰减系数和孔隙度呈显著的正相关性，即随着缝洞介质的孔隙度增加，纵波衰减系数呈上升趋势。综合图 1.72 和图 1.74 的数值模拟结果可以看出，纵波衰减系数对缝洞碳酸盐岩孔隙度的响应更敏感。

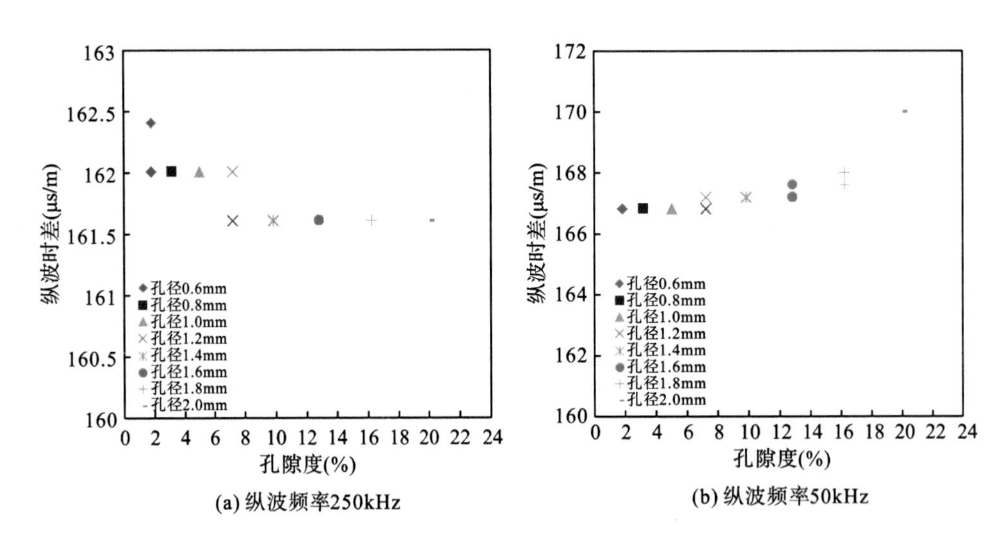

图 1.72 不同频率下孔隙度与纵波时差的关系

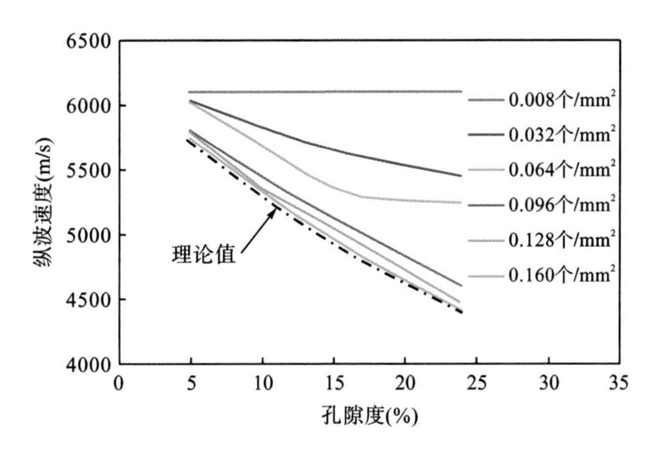

图 1.73 孔隙度-纵波速度关系图(黑色虚线为 Wyille 理论计算值)(刘向君和梁利喜，2015)

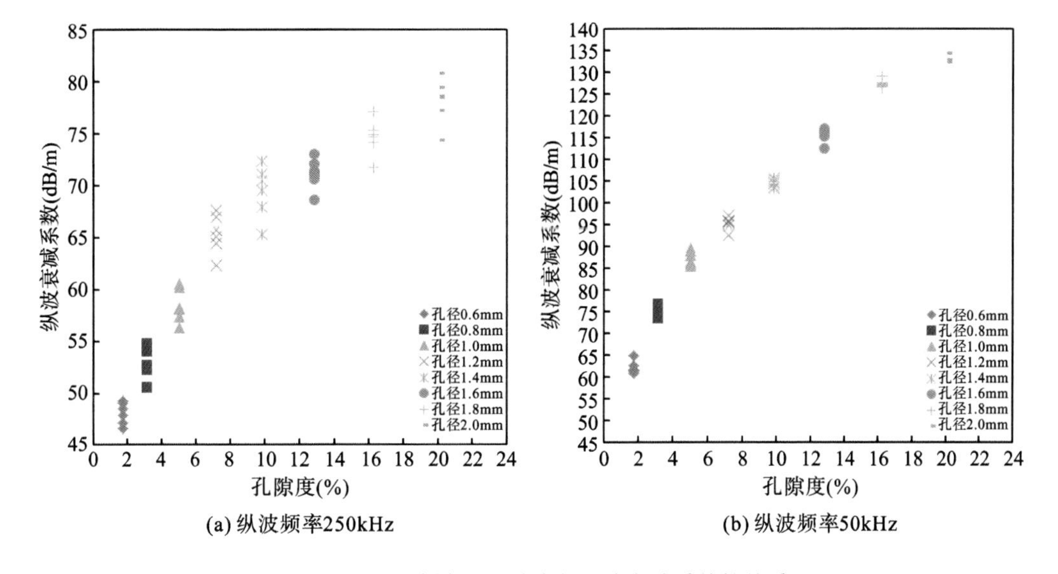

(a) 纵波频率250kHz (b) 纵波频率50kHz

图 1.74 不同频率下孔隙度与纵波衰减系数的关系

图 1.75 为数值模拟分析得到的在不同孔径、裂缝密度、裂缝倾角条件下缝洞碳酸盐岩地层孔隙度与纵波衰减系数的关系，可见缝洞碳酸盐岩孔隙度与衰减系数之间的关系可表征为三种形式。第一种为孔径较大(1.6～1.8mm)时，孔隙度(ϕ)与纵波衰减系数(α)预测方程为

$$\phi=8.9057\ln\alpha-27.199,\quad R^2=0.7503 \tag{1.27}$$

第二种为孔径分布为 1.0～1.6mm 时，孔隙度与纵波衰减系数预测方程为指数方程。当孔径分布为 1.2～1.6mm 时，预测方程为

$$\phi=1.8537e^{0.0207\alpha},\quad R^2=0.6915 \tag{1.28}$$

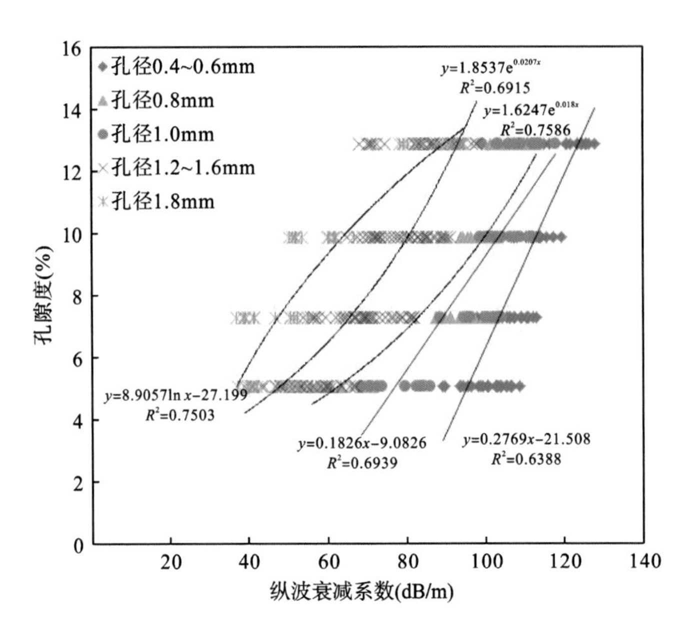

图 1.75 孔隙度与纵波衰减系数的关系(纵波频率 P50kHz)

当孔径分布为 1.0～1.2mm 时，预测方程为

$$\phi=1.6247e^{0.018\alpha}\text{，}R^2=0.7586 \tag{1.29}$$

第三种为孔径较小(0.4～1.0mm)时，孔隙度与纵波衰减系数预测方程为线性方程。当孔径分布为 0.8～1.0mm 时，预测方程为

$$\phi=0.1826\alpha-9.0826\text{，}R^2=0.6939 \tag{1.30}$$

当孔径分布为 0.4～0.8mm 时，预测方程为

$$\phi=0.2769\alpha-21.508\text{，}R^2=0.6388 \tag{1.31}$$

1.3.2 缝洞碳酸盐岩地层岩石力学参数预测

缝洞碳酸盐岩地层的岩石孔隙结构复杂，声波特性和岩石力学参数受孔隙形状、尺寸、分布等多因素的综合影响。本节将通过缝洞介质声波传播和单轴压缩同步仿真实验模拟以及室内岩心测试分析，对缝洞碳酸盐岩抗压强度、弹性模量、泊松比与声波特性间的响应关系开展研究，探索建立复杂结构岩石力学参数的预测方法。本书中，凡未特别进行说明的岩石弹性模量、泊松比等参数均指静态参数，如静态弹性模量和静态泊松比。

1.3.2.1 岩石强度参数与岩石声学特性相关性数值计算分析

1. 岩石单轴抗压强度

图 1.76 和图 1.77 为两个频率下得到的某缝洞数值岩样的纵波时差、纵波衰减系数与其单轴抗压强度的响应特征。图中孔径分布在 1.0～1.6mm。从图中可看出，不同频率

下，缝洞介质的单轴抗压强度与纵波时差的相关性较差，而与纵波衰减系数呈良好的负相关性，即缝洞碳酸盐岩的单轴抗压强度随纵波衰减系数的增加而减小。实验表明，纵波时差可能会对缝洞碳酸盐岩单轴抗压强度的变化不敏感，而纵波衰减系数对其变化则较敏感。

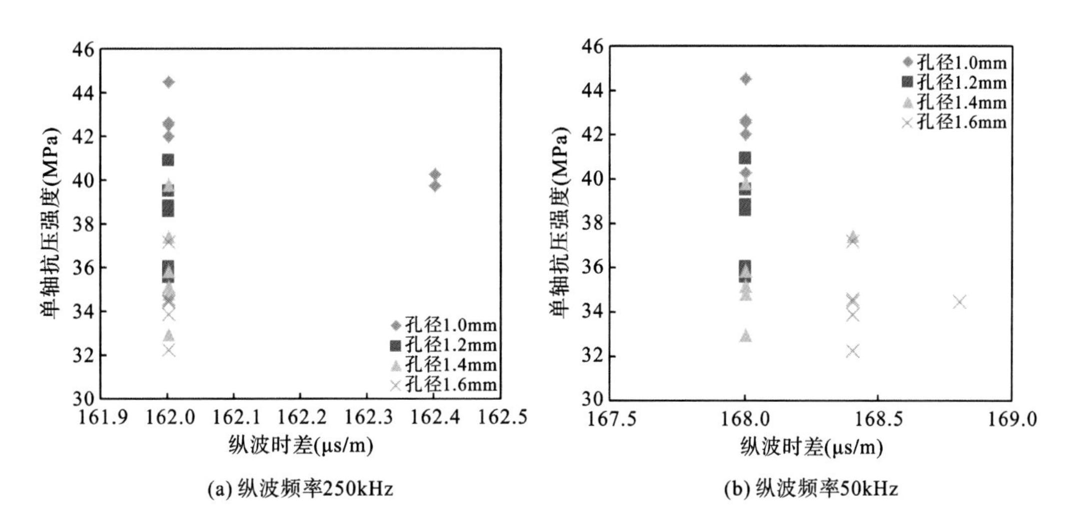

(a) 纵波频率250kHz　　(b) 纵波频率50kHz

图 1.76　不同频率下纵波时差与单轴抗压强度的关系

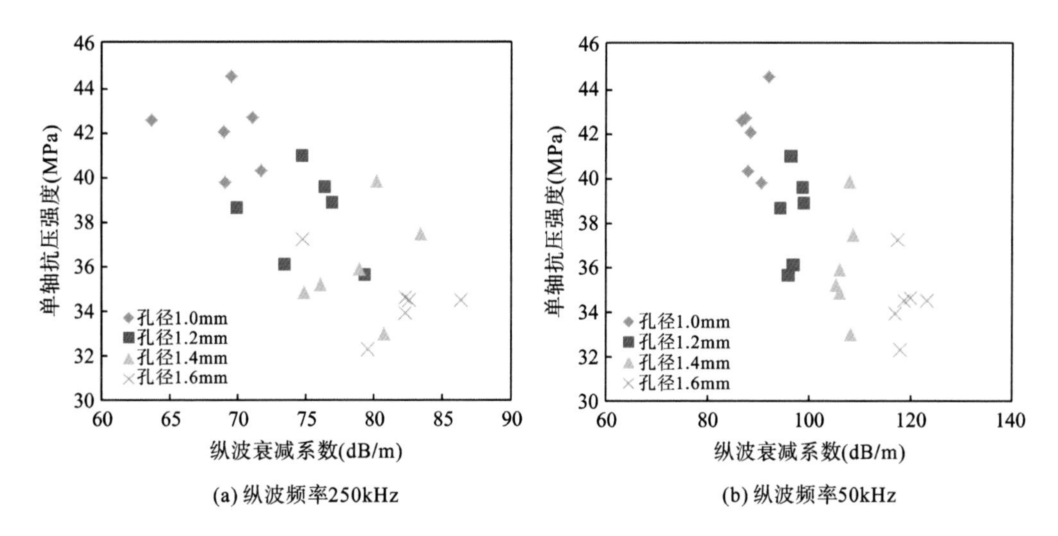

(a) 纵波频率250kHz　　(b) 纵波频率50kHz

图 1.77　不同频率下纵波衰减系数与单轴抗压强度的关系

综合考虑不同孔径、缝密度、缝倾角条件下纵波数值模拟实验和单轴抗压强度模拟实验的结果可以得到缝洞介质的单轴抗压强度与衰减系数的关系，如图 1.78 所示。从图中可看出，缝洞介质的单轴抗压强度随衰减系数的增加而减小，两者呈良好的线性关系：

$$\mathrm{UCS} = -0.2746\alpha + 66.062\text{ ，}R^2=0.69 \tag{1.32}$$

式中，UCS 为单轴抗压强度，MPa。

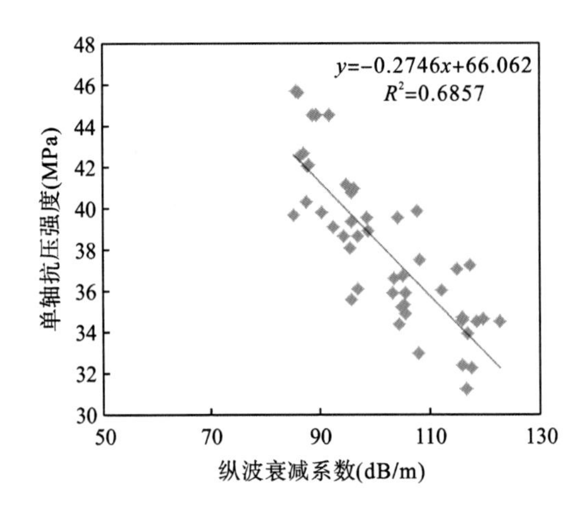

图 1.78 单轴抗压强度与纵波衰减系数的关系(纵波频率 50kHz)

2. 岩石弹性模量

两个频率下某缝洞数值岩样的纵波时差、纵波衰减系数与其弹性模量间的响应特征，如图 1.79 和图 1.80 所示。从图中可看出，不同频率下，缝洞介质的弹性模量与纵波时差的相关性较差，而与纵波衰减系数呈良好的负相关性，即缝洞碳酸盐岩的弹性模量随纵波衰减系数的增加而减小。实验表明，纵波时差可能对缝洞碳酸盐岩弹性模量的响应不敏感，而纵波衰减系数对其较敏感。

综合考虑不同孔径、裂缝密度、裂缝倾角条件下纵波数值模拟实验和单轴抗压强度模拟实验的结果可以得到缝洞介质的弹性模量与纵波衰减系数的关系，如图 1.81 所示。从图中可看出，缝洞介质的弹性模量随纵波衰减系数的增加而减小，两者呈良好的线性关系：

$$E_s = -193.27\alpha + 44169 \quad R^2=0.9676 \tag{1.33}$$

式中，E_s 为静态弹性模量，MPa。

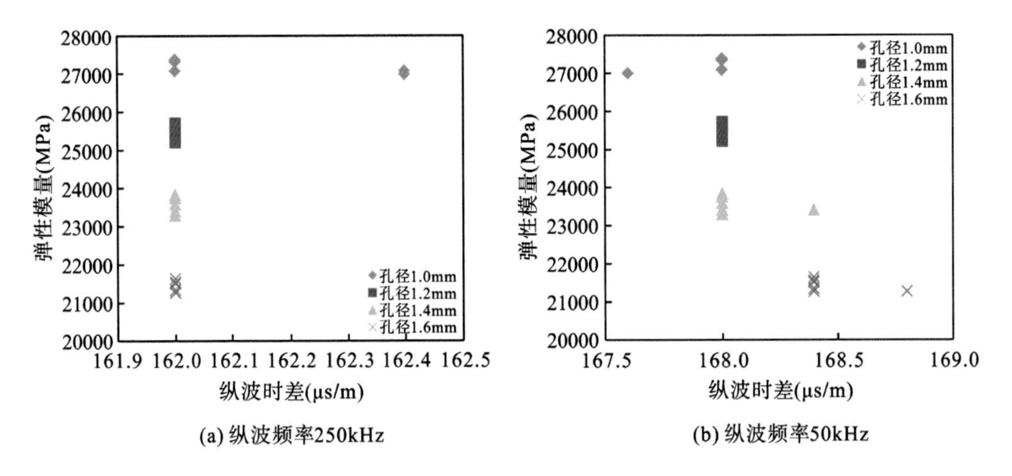

(a) 纵波频率250kHz　(b) 纵波频率50kHz

图 1.79 不同频率下纵波时差与弹性模量的关系

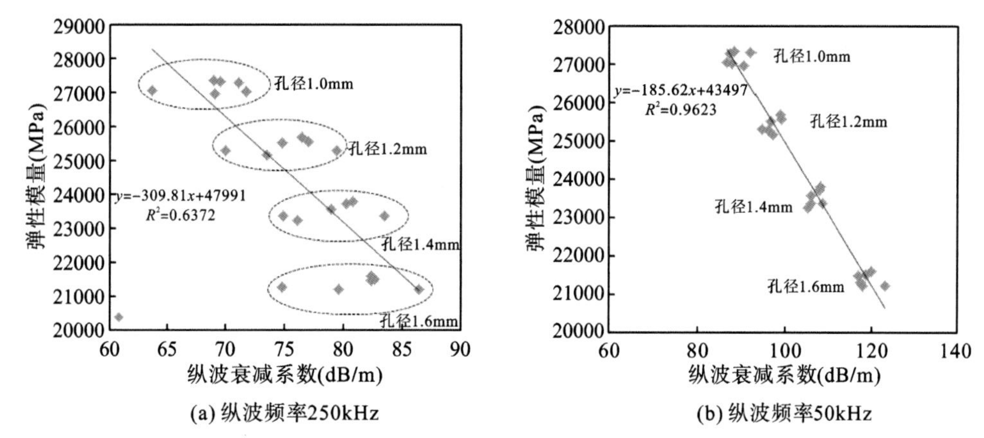

(a) 纵波频率250kHz　　(b) 纵波频率50kHz

图 1.80　不同频率下纵波衰减系数与弹性模量的关系

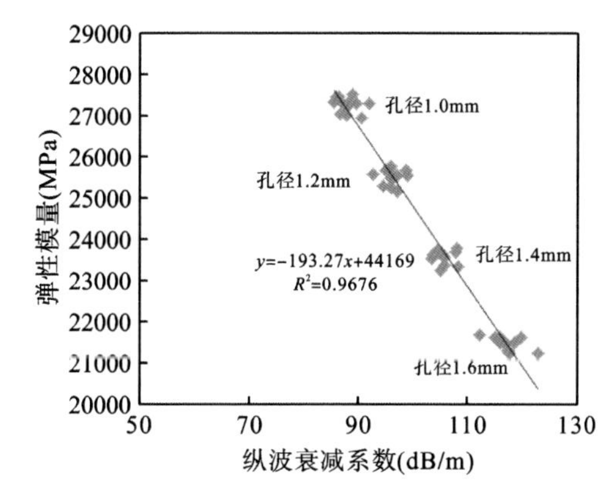

图 1.81　弹性模量与纵波衰减系数的关系(纵波频率 50kHz)

3. 岩石的泊松比

两个频率下某缝洞数值岩样的纵波时差、纵波衰减系数与其泊松比间的响应特征，如图 1.82 和图 1.83 所示。从图中可看出，不同频率下，缝洞介质的泊松比与纵波时差的相

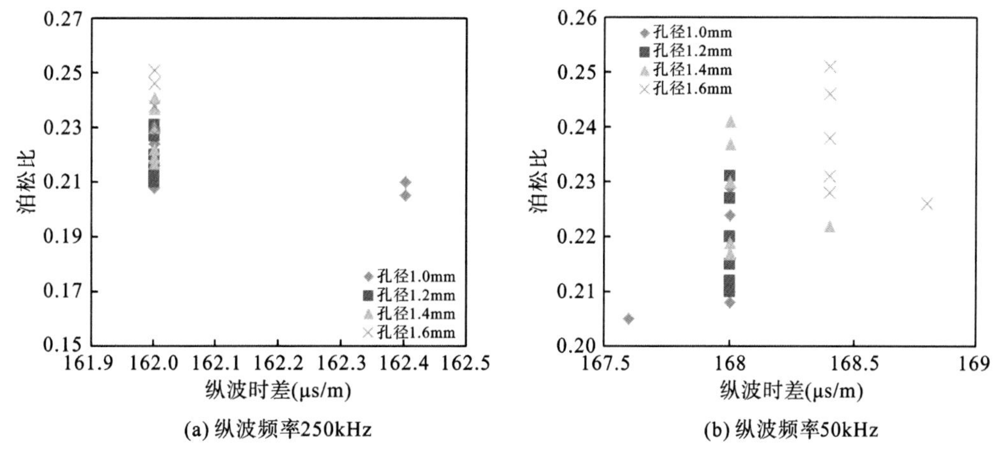

(a) 纵波频率250kHz　　(b) 纵波频率50kHz

图 1.82　不同频率下纵波时差与泊松比的关系

关性较差，而与纵波衰减系数呈良好的正相关性，即缝洞碳酸盐岩的泊松比随纵波衰减系数增加而增大。实验表明，纵波时差对缝洞碳酸盐岩泊松比的响应不敏感，而纵波衰减系数对其较敏感。

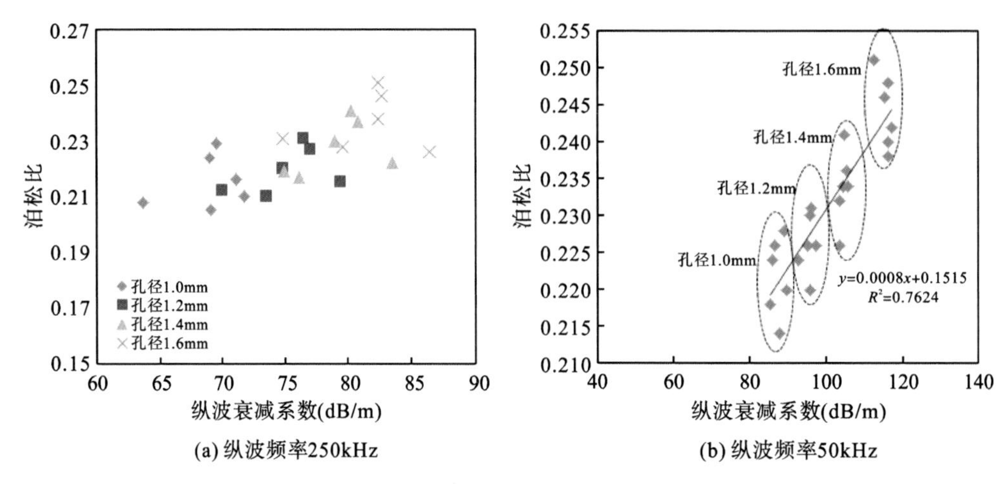

(a) 纵波频率250kHz (b) 纵波频率50kHz

图 1.83 不同频率下纵波衰减系数与泊松比的关系

综合考虑不同孔径、缝密度、缝倾角条件下纵波数值模拟实验和单轴抗压强度模拟实验结果，缝洞介质泊松比与纵波衰减系数的关系如图 1.84 所示。从图中可看出，缝洞介质的泊松比随衰减系数增加而增大，两者呈良好的线性关系：

$$\nu_s = 0.0007\alpha + 0.1535, \quad R^2=0.507 \tag{1.34}$$

式中，ν_s 为静态泊松比。

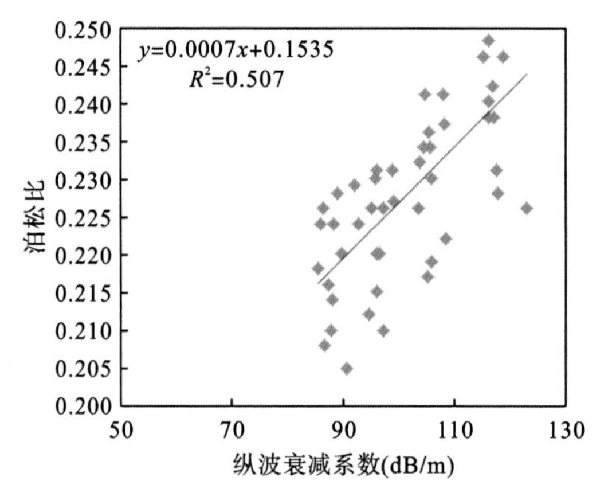

图 1.84 泊松比与纵波衰减系数的关系(纵波频率 50kHz)

1.3.2.2 岩石强度参数与岩石声学特性相关性室内岩心测试分析

选取 14 块缝洞碳酸盐岩岩样，在室内同步开展岩石的纵波和力学强度测试。岩石强度参数(单轴抗压强度、弹性模量、泊松比)与纵波时差、纵波衰减系数间的关系分别如图 1.85～图 1.87 所示。从图中可看出，缝洞碳酸盐岩的单轴抗压强度和弹性模量均与纵波时差、纵波衰减系数呈负相关性；泊松比与纵波时差、纵波衰减系数呈正相关性。同时，声波纵波时差与所测试岩样的单轴抗压强度具有较好的相关性，弹性模量、泊松比的相关性均较差，但相较于纵波时差，缝洞碳酸盐岩的单轴抗压强度、弹性模量、泊松比与纵波衰减系数的相关性均较好，说明衰减系数对岩石中的缝洞结构变化以及由此而引起的岩石力学参数变化更敏感。

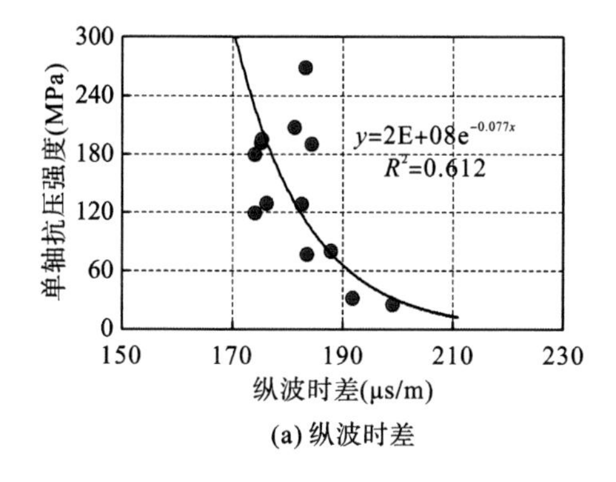

(a) 纵波时差

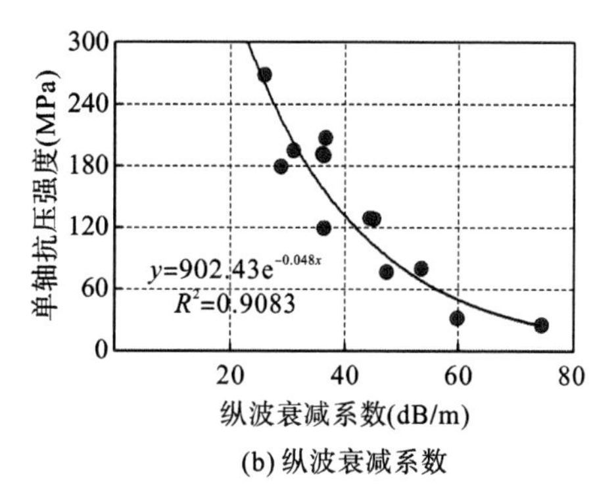

(b) 纵波衰减系数

图 1.85　岩样单轴抗压强度与声学参数间关系

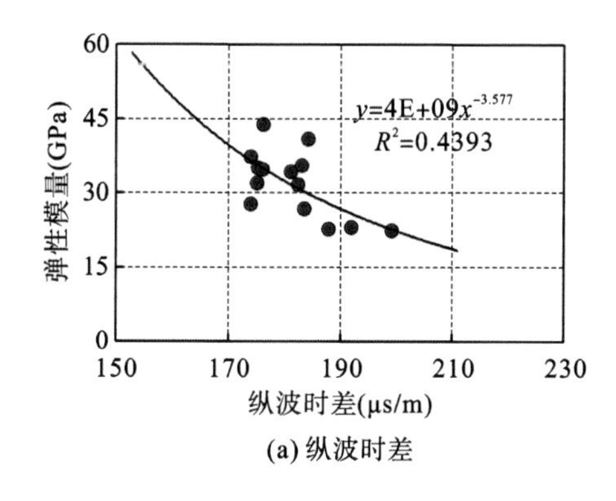

(a) 纵波时差

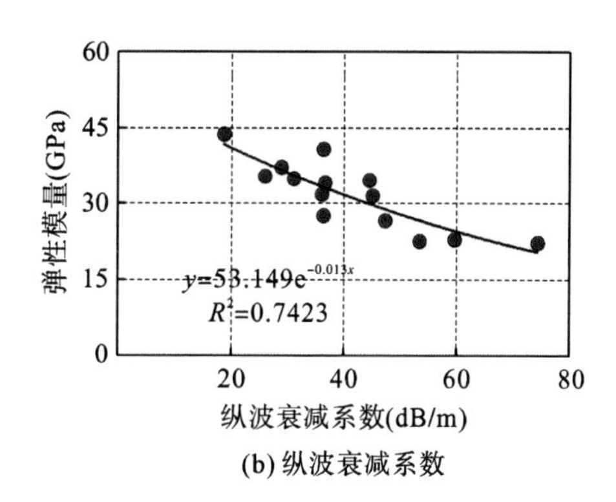

(b) 纵波衰减系数

图 1.86　岩样弹性模量与声学参数间关系

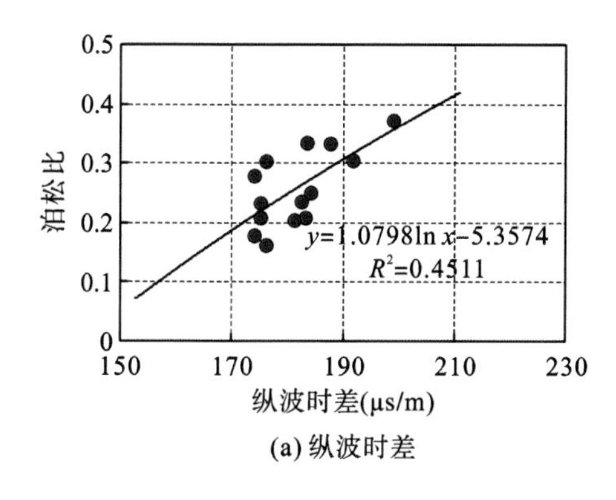

(a) 纵波时差

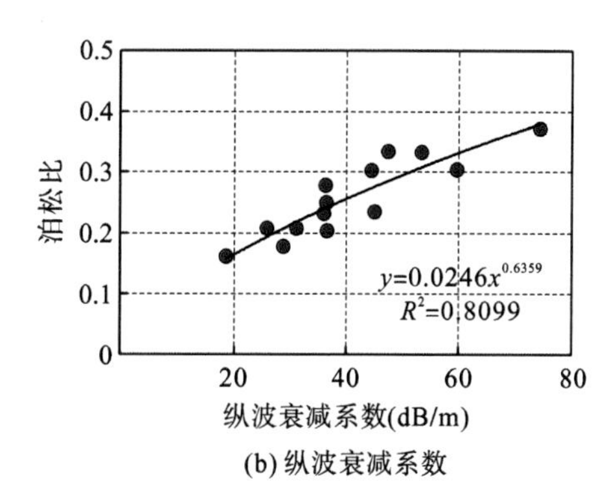

(b) 纵波衰减系数

图 1.87　岩样泊松比与声学参数间关系

综合数值模拟和室内岩心测试结果可见，缝洞碳酸盐岩的声波速度受孔隙度、缝洞结构、缝洞分布等多因素的共同影响。许多情况下缝洞碳酸盐岩声波速度的高低可能不能反映岩石强度的变化，例如，对高角度裂缝发育的碳酸盐岩地层，声波沿着最短路径传播，此时，高角度裂缝越发育，岩石的整体强度越低，但声波速度可能几乎不变。数值模拟和物理实验结果都反映出声波的频散、衰减特征能够较好地反映岩石的强度特性。因此，对缝洞碳酸盐岩等复杂结构地层，一方面应充分挖掘应用声波测井所得的速度、衰减、频散等各种属性参数，另一方面应充分运用好声波测井响应中所包含的地层岩石结构变化特征信息，综合采用声波多属性建立岩石各种力学参数的预测方法，以获得更高精度的岩石力学参数，满足工程技术需要。

第 2 章　煤岩地层声学响应特征及应用

割理发育是煤岩地层岩石最显著的特征之一，割理特征(割理密度、数量及角度)对煤岩岩石物理、岩石力学等性质都有显著影响。本章采用室内实验与数值仿真模拟相结合的研究方法，对煤岩地层声波传播特性及影响因素开展系统研究，进而探索并研究煤岩这类复杂结构地层岩石强度参数的预测方法，服务能源勘探开发。

2.1　煤岩地层岩石声学响应特征的物理模拟

如图 2.1 所示，取自不同地区的煤块虽然具有的油脂光泽不同，但从宏观上都能明显地看出其结构破碎，割理发育，面割理发育程度为 9～15 条/5cm，端割理发育程度为 9～19 条/5cm。

(a) 煤块1

(b) 煤块2

(c) 煤块3

图 2.1　煤块样品照片

煤岩扫描电镜图像如图 2.2 所示。从图中可以看出，孔隙以植物残余孔为主，晶间孔、溶蚀孔等大量分布，可见丝质体、结构丝质体保留的木质部的细胞腔组织，孔隙较为发育。煤岩显微裂隙发育，可见张性裂隙和剪性裂隙。裂隙开度主要分布为 0.7～5μm。

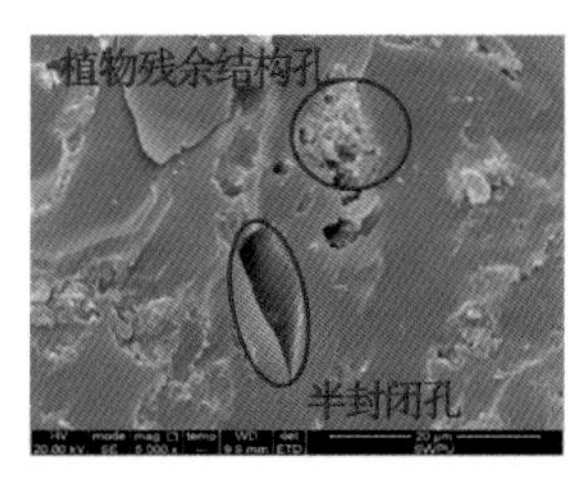

(a) 孔

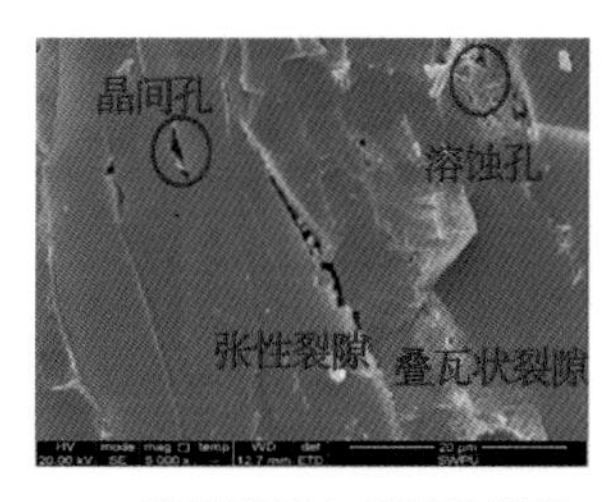

(b) 张性裂缝与叠瓦状裂隙

(c) 剪性裂隙

图 2.2　煤岩扫描电镜图像

图 2.3 为经典的割理发育示意图。从图中可以看出，割理呈均匀分布或非均匀分布。从煤岩中制取岩样时可随机获取图 2.3 中所示样品 a、b、c 或其中两者、三者的随机组合。其中，样品 a 的特征可描述为：割理分布较均匀，不同样品具有不同的割理密度；样品 b 的特征可描述为：割理发育不均匀，不同样品具有不同的割理数量；样品 c 的特征可描述为：割理分布较均匀，不同样品具有不同的割理角度。因此，对采自某地区的煤样，分别钻取具有样品 a、b、c 特征的三组实验岩样用于开展声波透射实验。

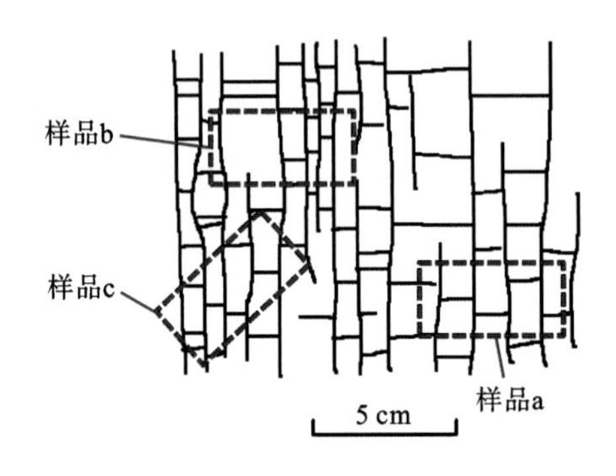

图 2.3 割理分布分类(据 Laubach，1998 修改)

基于自研的多频超声波测试系统，对煤岩进行声波测试，获取煤岩的纵波速度、衰减系数等声学特征，如图 2.4 所示。从图中可看出，煤岩样品的纵波速度分布为 2175.6～2610.5m/s，衰减系数分布为 80.23～195.95dB/m。

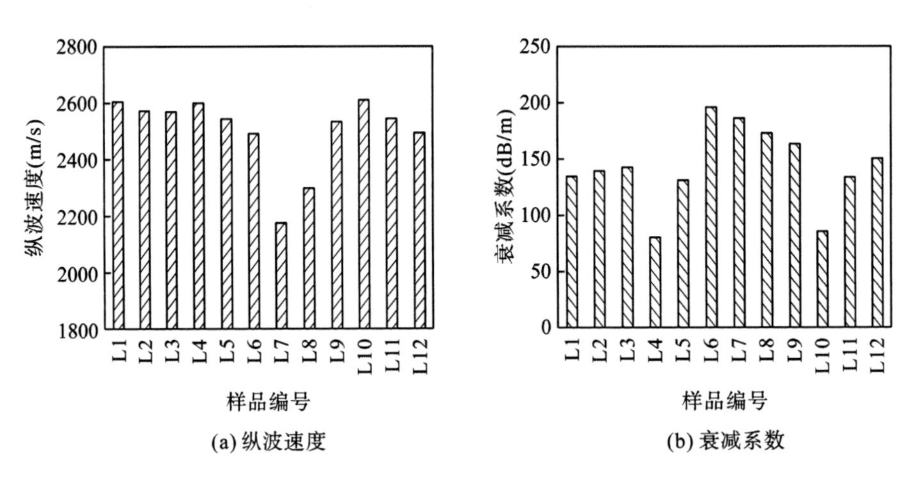

图 2.4 煤岩样品纵波速度及衰减系数

对部分随机钻取的岩样开展不同频率条件下的声波纵波透射实验，实验结果如图 2.5 所示。从图中可看出，随着纵波频率增大，煤岩岩样的纵波时差逐渐降低，表现出一定的频散性。

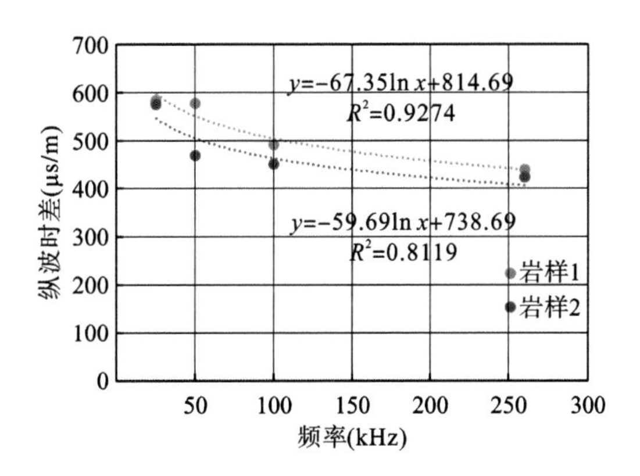

图 2.5　煤岩纵波时差随频率的变化规律

2.2　煤岩地层岩石声学响应特征的数值模拟

煤岩结构破碎，力学强度低，难以从不同角度制取完整岩样，故能够用于开展物理实验的样品数量不足，也难以系统分析割理发育特征对煤岩声波传播特征的影响。为此，基于自主研发的岩心二维声波传播数值模拟软件，开展在不同割理发育特征条件下声波透射的数值模拟研究。超声波透射模拟过程中，二维数值模型的基质部分填充各向同性的线弹性体，速度赋值为 3300m/s，割理部分填充空气，速度赋值为 340m/s，时间精度为 10ns，空间精度为 0.1mm，并采用实验室 250kHz 探头的激励信号作为数值模拟的振源。为了保证数值模型的割理发育特征与真实煤岩保持一致，按照图 2.3 的三类煤岩特征分别建立三组数值模型(图 2.6)，模型割理发育特征参数如表 2.1 所示。表中，割理数量 0.5 指半条割理。

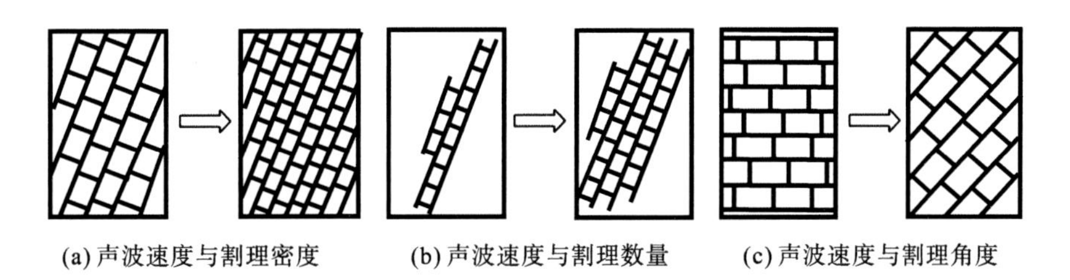

(a) 声波速度与割理密度　(b) 声波速度与割理数量　(c) 声波速度与割理角度

图 2.6　三组煤岩数值模型示意图

图 2.7 为不同割理发育特征条件下煤岩波场快照图。从图 2.7(a)(组别Ⅱ模型 g)和图 2.7(b)(组别Ⅱ模型 o)可见波幅在割理集中分布位置明显降低，波幅锐减位置几何轮廓与割理几何轮廓吻合较好。同时，随着割理数量增多，割理两侧较高波幅部分的占比越来越小。从图 2.7(c)(组别Ⅰ模型 a)可知，随着波阵面向前推移，声波幅度的衰减速率逐渐降低。对比图 2.7(c)与图 2.7(d)(组别Ⅰ模型 k)可见，随着割理密度增加，声波传播路径变得更加复杂，波幅锐减位置的几何轮廓变得更加复杂，波幅几乎降为零的边界逐渐向振

源端移动，煤样对声波的衰减作用加强。从图 2.7(e)(组别III模型 d)和图 2.7(f)(组别III模型 j)可见随着割理角度逐渐增大，声波传播方向与面割理角度的夹角变小，声波传播过程中需要穿过的面割理数量减少，穿过的端割理增多，波幅几乎降为零的边界逐渐远离振源端，割理对波幅的衰减作用逐渐降低，说明割理角度对声衰减的影响大，面割理对声波的衰减作用强于端割理。

表 2.1　数值模型割理发育特征参数表

组别 I			组别 II						组别III		
割理均匀分布，割理密度不同			割理分布不均匀，割理数量不同						割理均匀分布，割理角度不同		
模型编号	割理密度(条/5cm)	割理角度(°)	模型编号	割理数量(条)	割理角度(°)	模型编号	割理数量(条)	割理角度(°)	模型编号	割理密度(条/5cm)	割理角度(°)
a	6	80	a	3	80	q	11	80	a	15	0
b	7	80	b	3.5	80	r	11.5	80	b	15	10
c	8	80	c	4	80	s	12	80	c	15	20
d	9	80	d	4.5	80	t	12.5	80	d	15	30
e	10	80	e	5	80	u	13	80	e	15	40
f	11	80	f	5.5	80	v	13.5	80	f	15	50
g	12	80	g	6	80	w	14	80	g	15	60
h	13	80	h	6.5	80	—	—	—	h	15	70
i	14	80	i	7	80	—	—	—	i	15	80
j	15	80	j	7.5	80	—	—	—	j	15	90
k	16	80	k	8	80	—	—	—	—	—	—
l	17	80	l	8.5	80	—	—	—	—	—	—
m	18	80	m	9	80	—	—	—	—	—	—
n	19	80	n	9.5	80	—	—	—	—	—	—
o	20	80	o	10	80	—	—	—	—	—	—
p	21	80	p	10.5	80	—	—	—	—	—	—

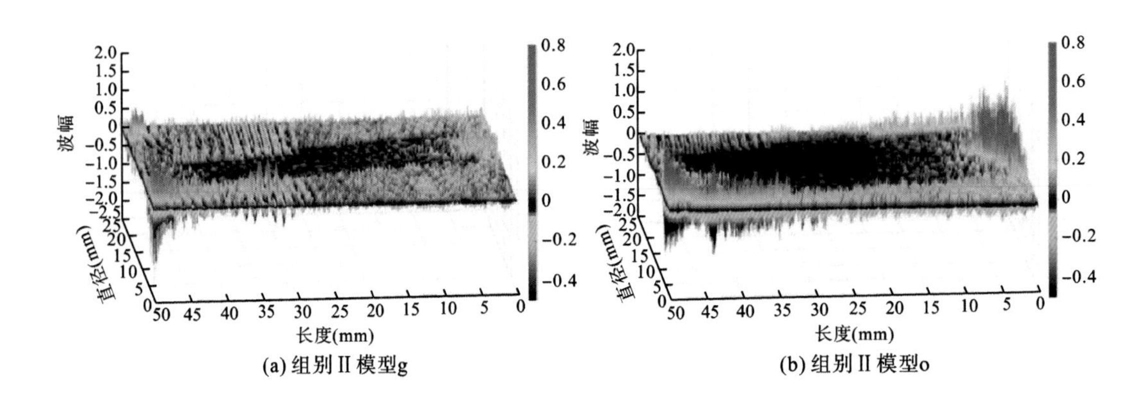

(a) 组别 II 模型g　　(b) 组别 II 模型o

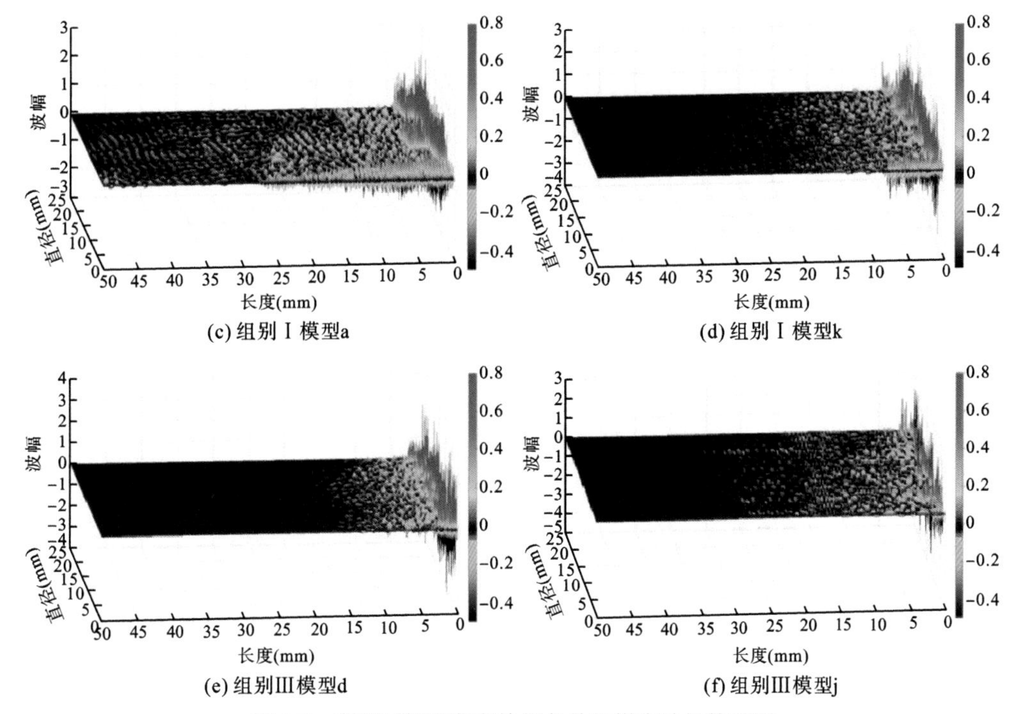

(c) 组别Ⅰ模型a　(d) 组别Ⅰ模型k

(e) 组别Ⅲ模型d　(f) 组别Ⅲ模型j

图 2.7　在不同割理发育特征条件下煤岩波场快照图

如图 2.8 和图 2.9 所示，分别为对应 3 组煤岩数值模型的纵波速度、衰减系数与割理发育特征之间的相关关系，图中红点为室内实验结果，黑色空心点为数值模拟实验结果。从图中可看出，数值模拟实验结果与室内物理实验结果较为接近，表明数值模拟实验结果可靠。

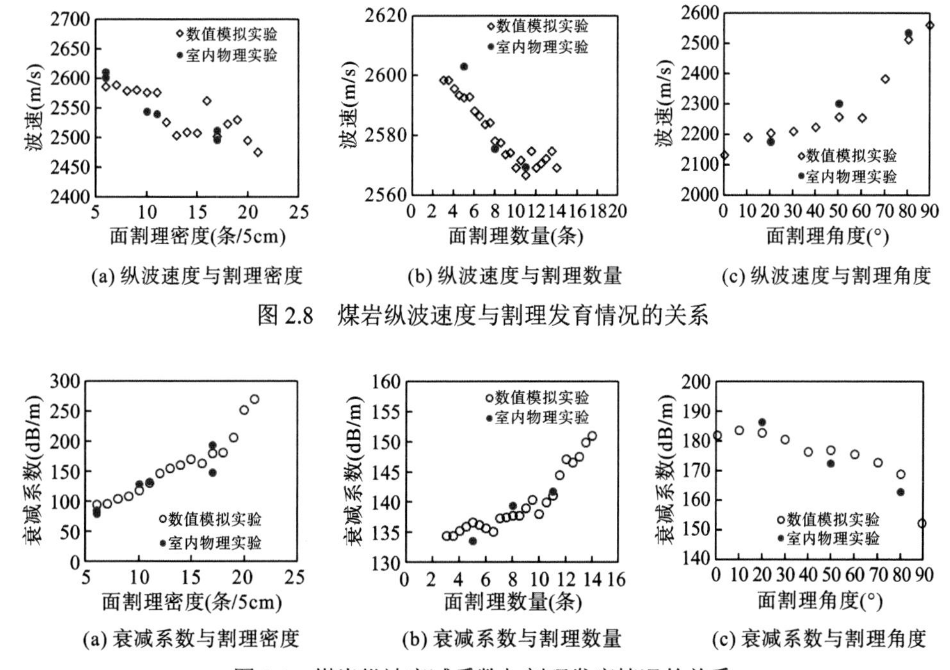

(a) 纵波速度与割理密度　(b) 纵波速度与割理数量　(c) 纵波速度与割理角度

图 2.8　煤岩纵波速度与割理发育情况的关系

(a) 衰减系数与割理密度　(b) 衰减系数与割理数量　(c) 衰减系数与割理角度

图 2.9　煤岩纵波衰减系数与割理发育情况的关系

从图 2.8 和图 2.9 可看出，纵波速度随割理密度和数量的增加均呈递减的变化趋势，随割理角度增加呈递增趋势，但纵波衰减系数随割理密度和数量的增加则均呈递增的变化趋势，随割理角度增加则呈递减趋势。为了进一步明确割理发育特征(割理密度、割理数量及割理角度)对纵波传播特性的影响，引入分形分维用于描述煤岩结构的复杂程度，并分别分析煤岩纵波速度及衰减系数与分形维数之间的关系。在计算分形维数时，首先需要确定研究对象的剖分尺寸 ε，统计在不同剖分尺寸条件下研究对象覆盖的盒子总数 $N(\varepsilon)$，在合适范围内不断地改变剖分尺寸的数值即可得到对应的盒子总数。如此，可建立一系列数据对[ε，$N(\varepsilon)$](Mostaghimi et al.，2017)，并在此基础上按照式(2.1)计算分形维数数值(Mandelbort，1982)。

$$D_0 = \frac{\log[N(\varepsilon)]}{\log(1/\varepsilon)} \tag{2.1}$$

式中，ε 为剖分尺寸；$N(\varepsilon)$为不同剖分尺寸条件下研究对象所覆盖的盒子总数；D_0 为分形维数。

煤岩不同分形剖分尺寸与割理占有剖分网格数量之间的对数关系如图 2.10 所示，图中拟合关系式斜率的负值即为对应的分形维数。从图中可看出，随着分形剖分尺度的变化，割理占有剖分网格数量呈线性降低的趋势，表明煤岩割理结构具有明显的分形特征。

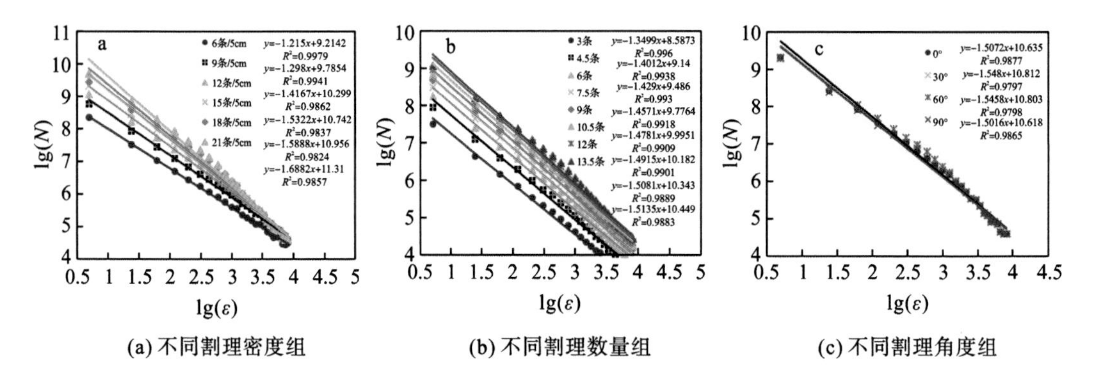

(a) 不同割理密度组　(b) 不同割理数量组　(c) 不同割理角度组

图 2.10　不同分形剖分尺度与割理占有剖分网格数量之间的关系图

割理密度、割理数量及割理角度均对煤岩纵波速度及衰减系数有显著影响，但在实际声波测井过程中，纵波同时受三个因素的影响。为此，尝试将三个影响因素统一为煤层分形维数对纵波传播特征的影响，将不同割理密度、不同割理数量及不同割理角度三种情况下的纵波速度及衰减系数与分形维数的关系分别绘制在同一张图，结果如图 2.11 所示。从图中可看出，煤岩纵波速度与分形维数之间无明显相关性，纵波速度对割理角度变化的敏感性显著高于其对割理密度及数量的敏感性。煤岩纵波衰减系数随分形维数的增大而增大，且表现出较好的线性相关性。因此，可将割理密度、割理数量及割理角度对煤岩纵波衰减系数的影响统一用分形维数来表达。

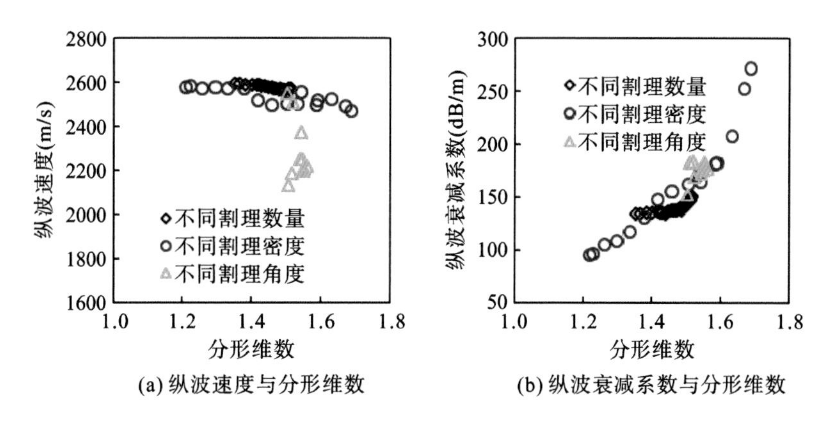

(a) 纵波速度与分形维数 (b) 纵波衰减系数与分形维数

图 2.11 煤岩纵波速度及衰减系数与分形维数的关系

通过煤岩声波传播和单轴压缩同步进行仿真实验模拟，研究煤岩抗压强度、抗张强度、弹性模量、泊松比等岩石力学参数与煤岩分形特征的响应关系，结果如图 2.12 所示。

从图 2.12(a)可看出，煤岩的单轴抗压强度随盒维数的增大而降低，即煤岩的单轴抗压强度随割理复杂度的增加而降低。然而，不同割理角度组、密度组和数量组岩心的单轴抗压强度随盒维数增大而降低的速度存在差异，其中随着盒维数的增大，不同割理角度组岩心的单轴抗压强度降低的速度最快，表明单轴抗压强度对割理角度的变化比割理数量和密度的变化更敏感；随着盒维数的增大，不同割理数量组岩心单轴抗压强度的降低速度高于不同割理密度组岩心。

从图 2.12(b)可看出，煤岩的弹性模量随盒维数的增大而降低，即煤岩的弹性模量随割理复杂性的增加而降低，其中不同割理数量组岩心的弹性模量随盒维数的增大而降低的速度快于不同割理密度组岩心。

从图 2.12(c)可看出，煤岩的泊松比随盒维数的增大而增加，即煤岩的泊松比随割理复杂性的增加而增加，其中不同割理密度组岩心的泊松比随盒维数的增大而增大的速度快于不同割理密度组岩心。

从图 2.12(d)可看出，煤岩的抗张强度随盒维数的增大而降低，即煤岩的抗拉强度随割理复杂性的增加而降低，其中不同割理数量组岩心的抗张强度随盒维数的增大而降低且速度快于不同割理密度组岩心。

从图 2.12(e)和图 2.12(f)可看出，煤岩的内聚力和内摩擦角随盒维数的增大而逐渐降低，且不同割理角度组、密度组和数量组岩心的内聚力和内摩擦角随盒维数的增大而降低的速度相近。由此可见，煤岩盒维数和岩石力学参数存在显著的响应关系，这为煤层岩石力学参数的预测奠定了基础。这里需要注意，煤岩样割理结构的复杂程度并不能等同于煤层割理结构的复杂程度，要评价煤层岩石力学参数需要首先评价煤层割理结构的复杂程度，且需要对煤岩样的盒维数进行转换(侯连浪，2018)。

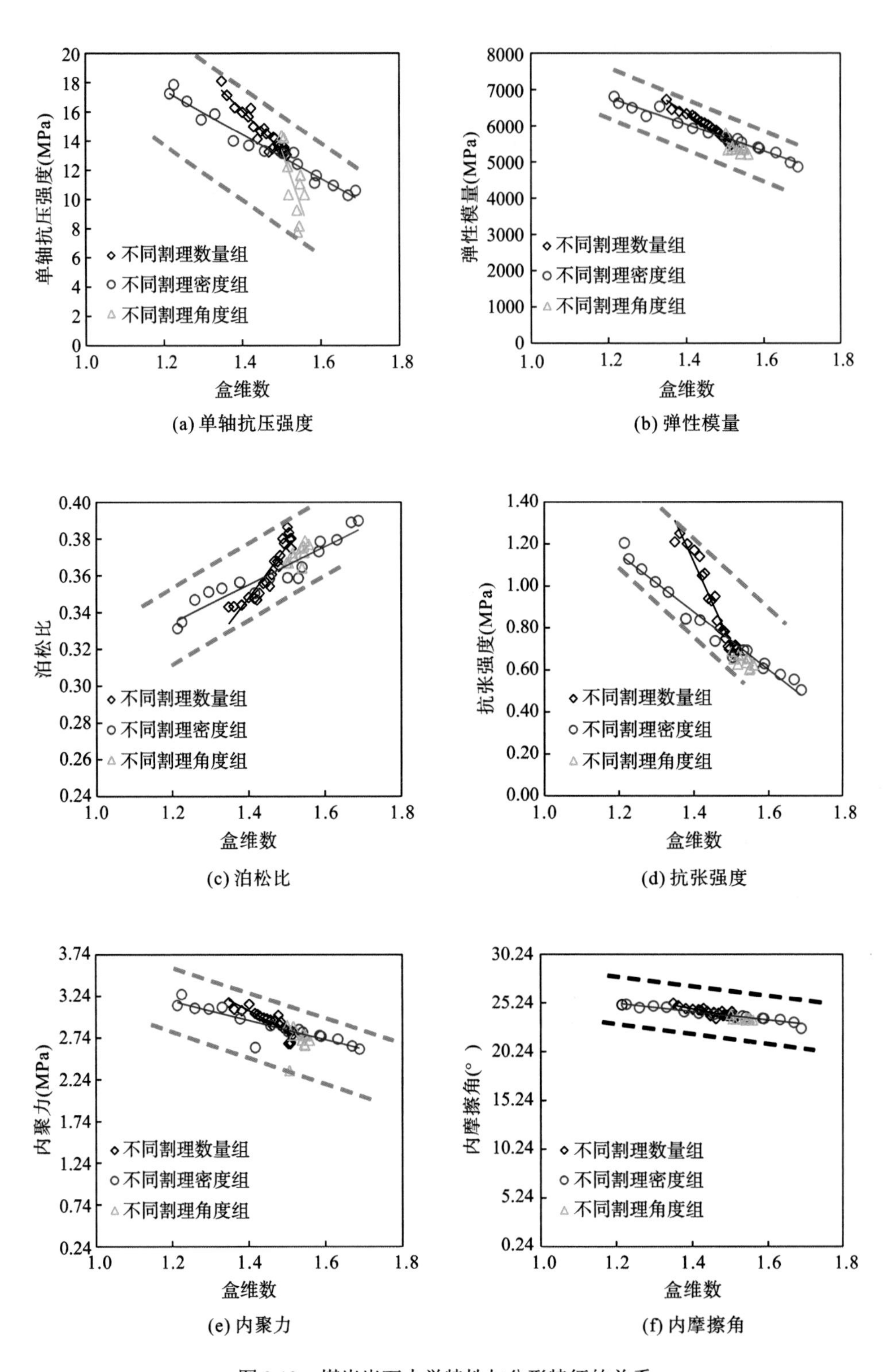

图 2.12 煤岩岩石力学特性与分形特征的关系

2.3　煤岩地层声学特性的应用

割理发育是煤岩的显著结构特征。割理发育对声波传播具有重要影响，而声学特性及参数是获取岩石强度特性的重要基础资料。为此，结合本团队已取得的煤岩岩石力学、声学等室内实验及数值仿真成果，分别基于传统方法及煤层分形维数方法开展了两类煤岩地层岩石力学参数的预测模型研究。基于传统方法建立的煤层岩石力学参数预测模型如图 2.13 和表 2.2 所示。基于煤层分形维数建立的煤层岩石力学参数预测模型如图 2.14 和表 2.3 所示，其中，*UCS* 为单轴抗压强度，MPa；*E* 为弹性模量，MPa；ν 为泊松比，无量纲；ST 为抗张强度 MPa；*D* 为煤岩割理分形维数，无量纲；V_p为纵波速度，m/s；下标 d 为动态，s 为静态。

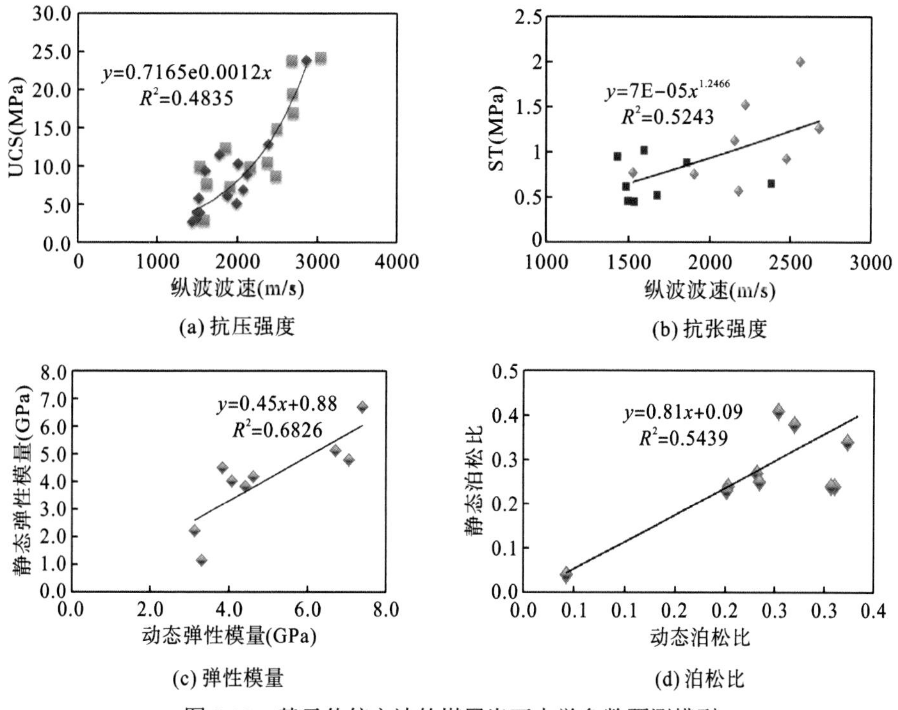

图 2.13　基于传统方法的煤层岩石力学参数预测模型

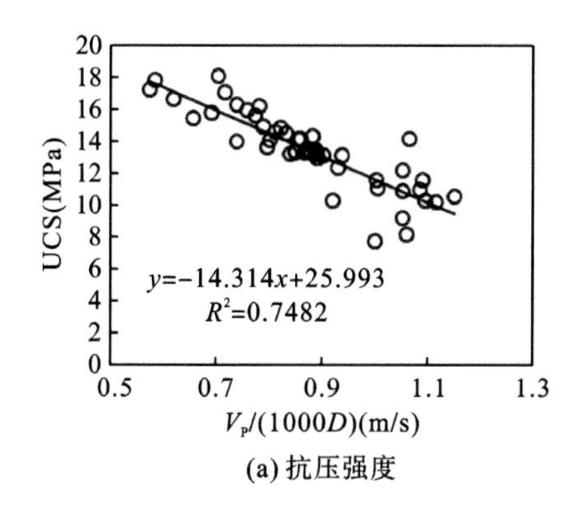

(a) 抗压强度

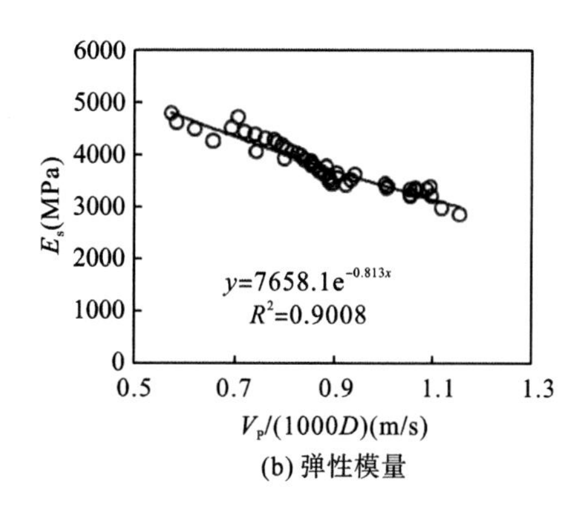

(b) 弹性模量

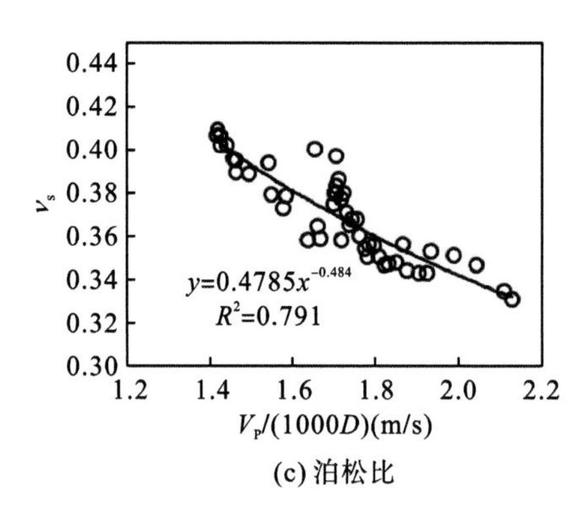

(c) 泊松比

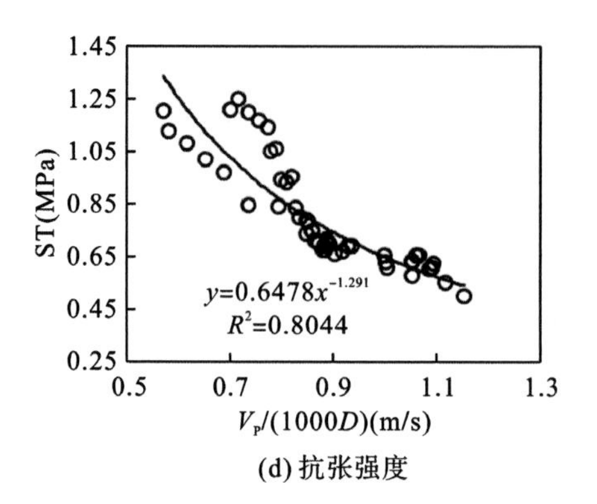

(d) 抗张强度

图 2.14　基于分形维数的煤层岩石力学参数预测模型

表 2.2　基于传统方法的煤层岩石力学参数预测模型

参数	公式	编号
单轴抗压强度预测模型	UCS=0.7165EXP$(0.0012V_P)$	(2.2)
抗张强度预测模型	ST=0.0122$(V_p/1000)^{4.87}$	(2.3)
动、静泊松比转换模型	$\nu_s = 0.81\nu_d + 0.09$	(2.4)
动、静弹性模量转换模型	$E_s = 0.45E_d + 0.88$	(2.5)

表 2.3　基于分形维数的煤层岩石力学参数预测模型

参数	公式	编号
单轴抗压强度预测模型	$\text{UCS} = -13414\dfrac{D}{V_p} + 25.993$	(2.6)
静态弹性模量预测模型	$E_s = 7658.1\text{e}^{-813\frac{D}{V_p}}$	(2.7)
静态泊松比预测模型	$\nu_s = 13.5482\left(\dfrac{D}{V_p}\right)^{0.484}$	(2.8)
抗张强度预测模型	$\text{ST} = 8.6784\left(\dfrac{V_p}{D}\right)^{1.291} \times 10^{-5}$	(2.9)

图 2.15 为 B1 井两个井段的岩石力学参数剖面。通过 6#煤层(643.8～645.0m)、7#煤层(698.6～700.57m)和 8#煤层(723.3～726.55m)的预测破裂压力与实测压力对比可见，基于分形分维的方法较传统方法在预测精度上更有优势。

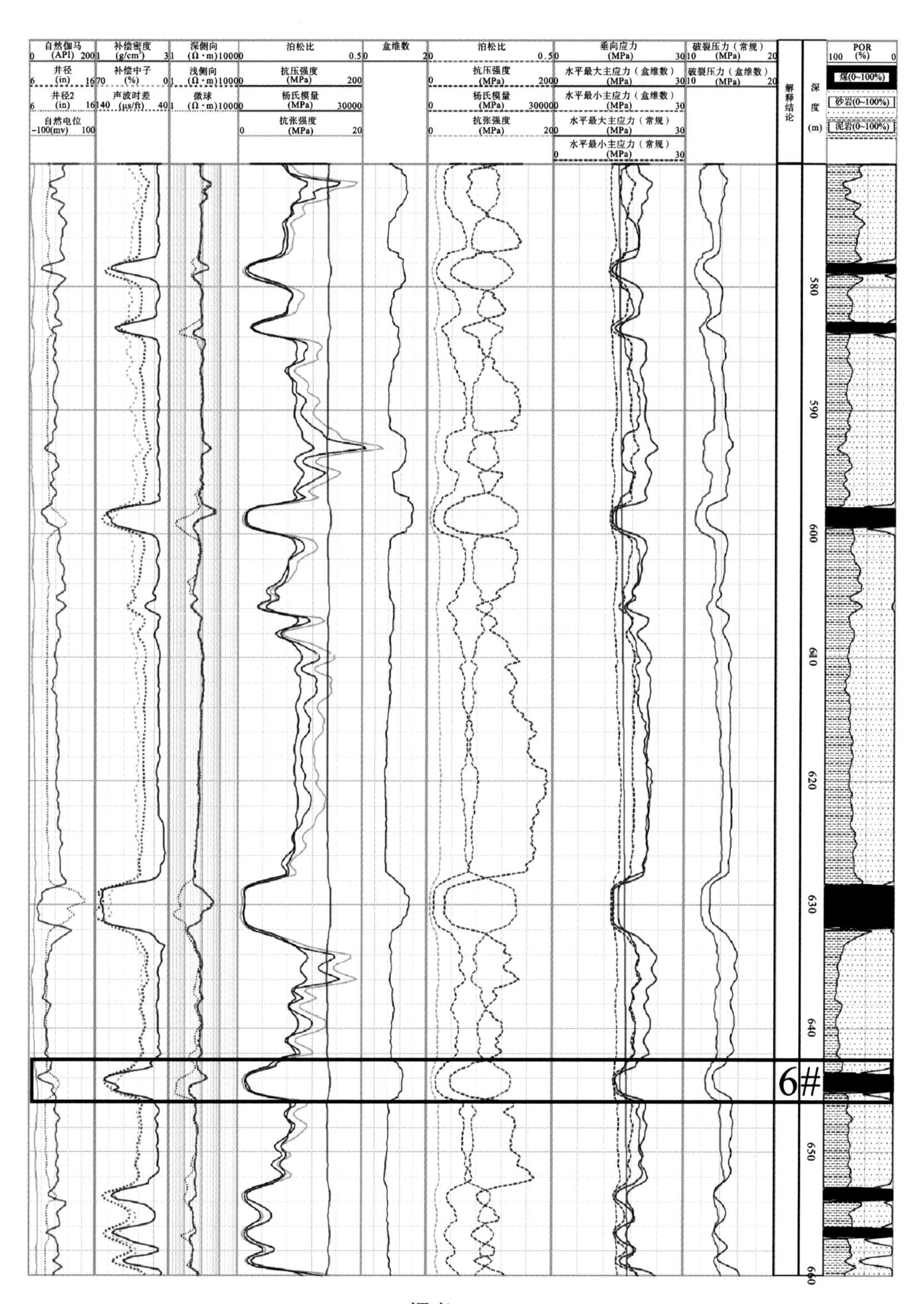

自然伽马 (API) 0 200
井径 (in) 6 16
井径2 (in) 6 16
自然电位 (mv) -100 100
补偿密度 (g/cm³) 1 3
补偿中子 (%) 70 0
声波时差 (μs/ft) 140 40
深侧向 (Ω·m) 1 10000
浅侧向 (Ω·m) 1 10000
微球 (Ω·m) 1 10000
泊松比 0.5
抗压强度 (MPa) 200
杨氏模量 (MPa) 30000
抗张强度 (MPa) 0 20
盒维数 0 20
泊松比 0.5
抗压强度 (MPa) 0 200
杨氏模量 (MPa) 0 30000
抗张强度 (MPa) 0 20
垂向应力 (MPa) 0 30
水平最大主应力（盒维数） (MPa) 0 30
水平最小主应力（盒维数） (MPa) 0 30
水平最大主应力（常规） (MPa) 0 30
水平最小主应力（常规） (MPa) 0 30
破裂压力（常规） (MPa) 10 20
破裂压力（盒维数） (MPa) 10 20
解释结论
深度 (m)
POR (%) 100 0
煤(0~100%)
砂岩(0~100%)
泥岩(0~100%)
580
590
600
610
620
630
640
6#
650
660

(a) 深度570~660m

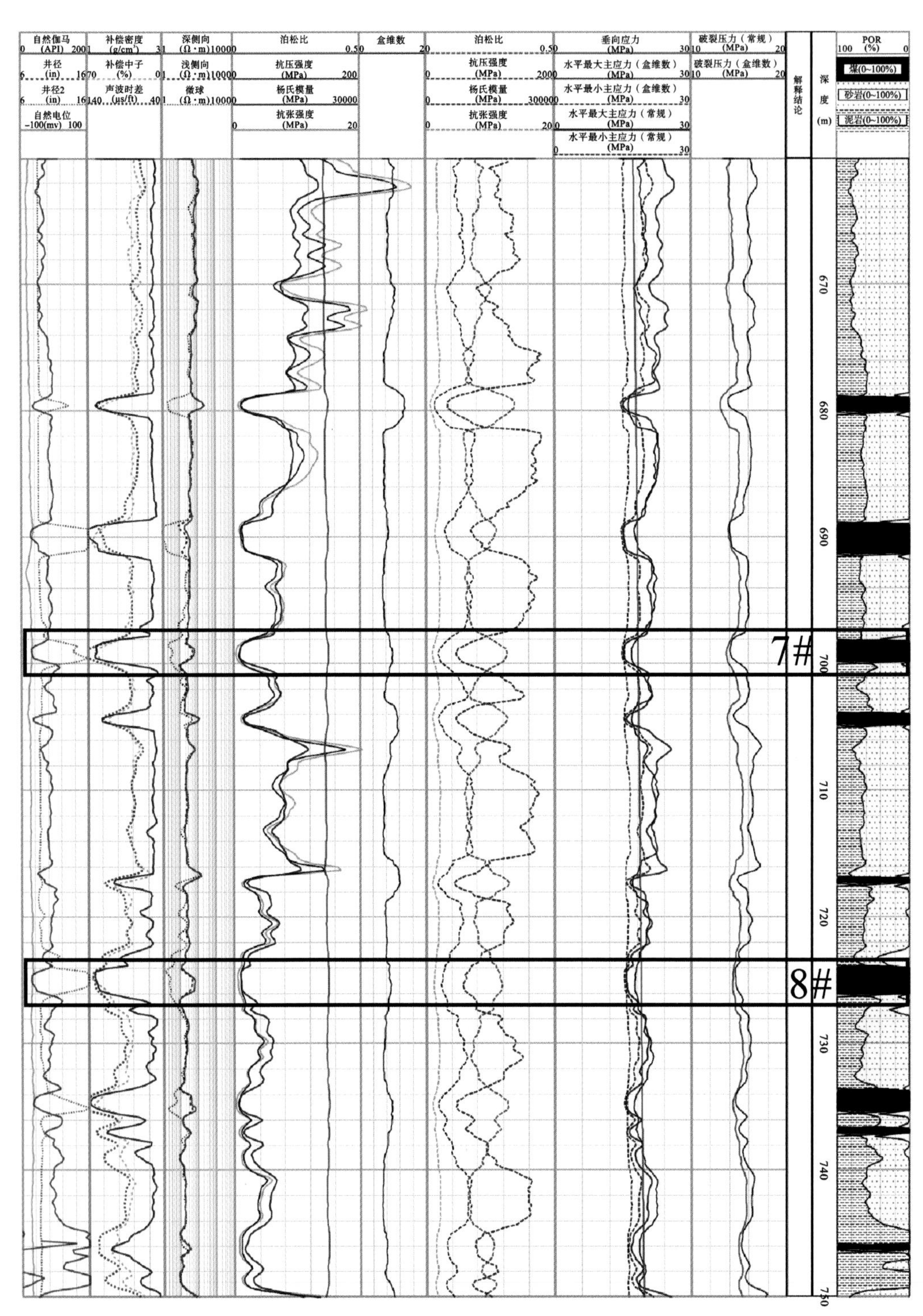

(b) 深度660~750m

图 2.15 B1 井岩石力学参数剖面

第3章　页岩地层声学各向异性特征及应用

页岩地层岩石层理发育，其声学特性常表现出强各向异性，由此造成页岩地层声波测井在水平井和直井中的响应规律明显不同。将直井测量数值及所得规律直接应用于水平井时，相关参数评价误差可能较大。为此，本章基于等效介质理论和岩石物理模拟手段，研究声波在页岩中的传播规律，明确页岩中声波传播规律的影响因素，建立页岩地层声波各向异性的校正方法。

3.1　层状各向异性介质的数值模拟方法

3.1.1　层状各向异性介质模型及基本假设

页岩常发育有纹层，具有典型的层状结构特征，如图 3.1 所示。从页岩薄片(图 3.2)中可看出，暗色与亮色条带交替出现，且各条带之间相互水平平行，其中暗色条带主要由有机质、黏土矿物等组成，亮色条带主要由石英、长石等矿物构成。

图 3.1　页岩岩心照片(纹层发育)

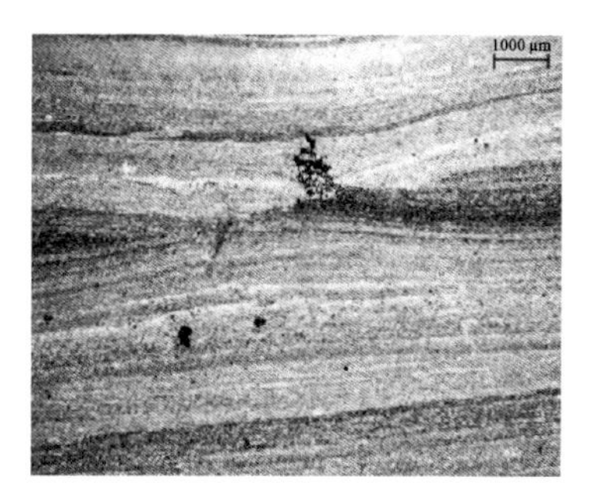

图 3.2　页岩纹层发育特征(岩石薄片)

鉴于页岩微观纹层结构已有的研究成果，对页岩模型做如下假设。

(1)页岩由层理层、基质层周期叠置组成，且层理层、基质层均为各向同性介质。

(2)层理层由黏土矿物等组成，其弹性参数以黏土矿物的弹性参数为主；基质层由石英和长石等非黏土矿物组成，其弹性参数以石英、长石等的弹性参数为主。

(3)层理层与基质层之间连续，界面处的应力应变等变化一致。

(4)层理厚度设置为 0.01mm，层理密度用于表征层理在整个页岩模型中的含量，定义为沿垂直层理面方向上单位长度的层理条数，单位为条/m。其中，当层理密度为 0 条/m 时，页岩模型全由基质层组成，此时页岩模型为各向同性基质层，其弹性力学参数与基质层相同；而当层理密度为 10000 条/m 时，页岩模型全由层理层组成，此时页岩模型为各向同性层理层，其弹性力学参数与层理层相同。

(5)层理角度用于表征声波传播方向与层理面之间的关系，定义为声波传播方向与层理面之间的夹角，即当声波平行层理面传播时层理角度为 0°，而当声波垂直层理面传播时层理角度为 90°。

构建的页岩模型如图 3.3 所示。表征各向同性介质的弹性性质，只需要剪切模量(μ)和拉梅系数(λ)两个弹性参数。

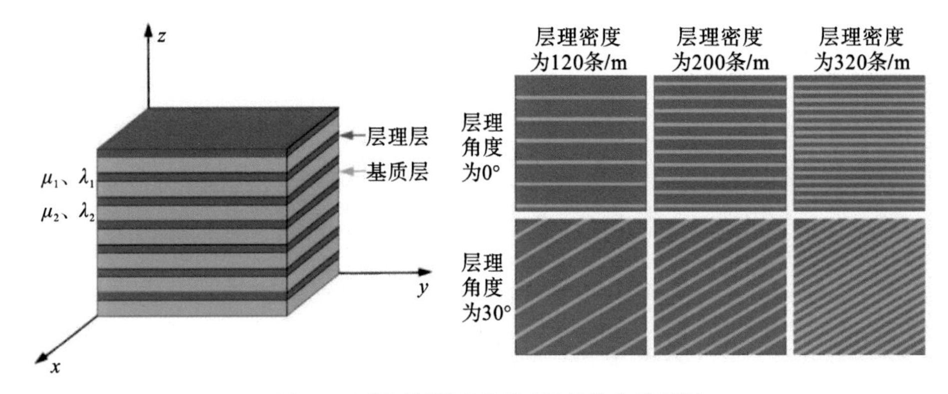

图 3.3 页岩模型图及不同层理发育模型图

3.1.2 层状各向异性介质中弹性波传播理论

等效介质模型是常用的宏观尺度岩石声波特性分析方法，模型将岩石等效为一种由孔隙、骨架矿物、孔隙流体等组成的连续介质，并基于各组分的弹性参数、含量、分布等计算等效介质的弹性模量。若岩石具有层理结构，其性质常表现为各向异性(Li et al.，2018，2020)，常用的表征模型主要包括裂缝性介质理论(沈金松等，2013)、弱各向异性介质理论(邓华锋等，2018)、椭圆各向异性介质理论(Alkhalifah and Tsvankin，1995)、层状介质弹性波动理论(Postma，1955；Backus，1962)。假设页岩模型为层状介质，故选用层状介质弹性波动理论研究页岩中的声波传播规律。

层理层和基质层均为各向同性介质，根据等效介质理论可知两种各向同性介质周期叠置组成的介质可以等效为横观各向同性介质，即构建的页岩模型为横观各向同性介质(图 3.3)。已知层理层厚度为 d，层理密度为 m，则基质层厚度为

$$h = \frac{1}{m} - d, \quad m \neq 0 \tag{3.1}$$

3.1.2.1　页岩模型的体积密度

页岩模型的体积密度采用平均体积密度计算方法，即

$$\rho = md(\rho_1 - \rho_2) + \rho_2 \tag{3.2}$$

式中，ρ 为页岩模型的体积密度；ρ_1 为层理层的体积密度；ρ_2 为基质层的体积密度；m 为层理密度值；d 为层理层厚度。

3.1.2.2　刚度系数的计算方法

对页岩模型进行应力应变分析，在平行于 x 轴方向分别对层理层、基质层施加正应力 f_{x1}、f_{x2}，在平行于 y 轴方向分别对层理层、基质层施加正应力 f_{y1}、f_{y2}，在平行于 z 轴方向分别对层理层、基质层施加正应力 f_{z1}、f_{z2}。因为基质层与层理层均为各向同性介质，所以基质层及层理层的刚度系数可以用拉梅系数和剪切模量来表示，$C_{11}=C_{33}=\lambda+2\mu$，$C_{12}=C_{13}=\lambda$，$C_{44}=\mu$。根据胡克定律，层理层的应力-应变关系可表示为

$$\begin{cases} f_{x1} = (\lambda_1 + 2\mu_1)\varepsilon_{xx1} + \lambda_1\varepsilon_{yy1} + \lambda_1\varepsilon_{zz1} \\ f_{y1} = \lambda_1\varepsilon_{xx1} + (\lambda_1 + 2\mu_1)\varepsilon_{yy1} + \lambda_1\varepsilon_{zz1} \\ f_{z1} = \lambda_1\varepsilon_{xx1} + \lambda_1\varepsilon_{yy1} + (\lambda_1 + 2\mu_1)\varepsilon_{zz1} \end{cases} \tag{3.3}$$

同理，基质层的应力-应变关系可表示为

$$\begin{cases} f_{x2} = (\lambda_2 + 2\mu_2)\varepsilon_{xx2} + \lambda_2\varepsilon_{yy2} + \lambda_2\varepsilon_{zz2} \\ f_{y2} = \lambda_2\varepsilon_{xx2} + (\lambda_2 + 2\mu_2)\varepsilon_{yy2} + \lambda_2\varepsilon_{zz2} \\ f_{z2} = \lambda_2\varepsilon_{xx2} + \lambda_2\varepsilon_{yy2} + (\lambda_2 + 2\mu_2)\varepsilon_{zz2} \end{cases} \tag{3.4}$$

考虑页岩模型中基质层与层理层的连续性，那么两种介质在 x 轴方向与 y 轴方向的应变应该一致，而在 z 轴方向两种介质的应力应该一致。即对于两种介质的应力-应变关系可表示为

$$\begin{cases} \varepsilon_{xx1} = \varepsilon_{xx2} = \varepsilon_{xx} \\ \varepsilon_{yy1} = \varepsilon_{yy2} = \varepsilon_{yy} \\ f_{z1} = f_{z2} = f_z \end{cases} \tag{3.5}$$

对于整个页岩模型，在 x 轴方向的应力 f_x 可以用层理层与基质层的应力 f_{x1}、f_{x2} 来表示，在 y 轴方向的应力 f_y 可以用层理层与基质层的应力 f_{y1}、f_{y2} 来表示，在 z 轴方向的应变 ε_{zz} 可以用层理层与基质层的应变 ε_{zz1}、ε_{zz2} 来表示，则有

$$\begin{cases} f_x = \dfrac{df_{x1} + hf_{x2}}{d + h} \\ f_y = \dfrac{df_{y1} + hf_{y2}}{d + h} \\ \varepsilon_{zz} = \dfrac{d\varepsilon_{zz1} + h\varepsilon_{zz2}}{d + h} \end{cases} \tag{3.6}$$

联立式(3.2)～式(3.5)，可以得到页岩模型的正应力与正应变关系为

$$
\begin{aligned}
f_x = & \frac{(d+h)^2(\lambda_1+2\mu_1)(\lambda_2+2\mu_2)+dh\left\{[(\lambda_1+2\mu_1)-(\lambda_2+2\mu_2)]^2-(\lambda_1-\lambda_2)^2\right\}}{(d+h)[d(\lambda_2+2\mu_2)+h(\lambda_1+2\mu_1)]}\varepsilon_{xx} \\
& +\frac{\lambda_1\lambda_2(d+h)^2+2(\lambda_1 d+\lambda_2 h)(\mu_2 d+\mu_1 h)}{(d+h)[d(\lambda_2+2\mu_2)+h(\lambda_1+2\mu_1)]}\varepsilon_{yy} \\
& +\frac{(d+h)[\lambda_1 d(\lambda_2+2\mu_2)+\lambda_2 h(\lambda_1+2\mu_1)]}{(d+h)[d(\lambda_2+2\mu_2)+h(\lambda_1+2\mu_1)]}\varepsilon_{zz}
\end{aligned}
\tag{3.7}
$$

$$
\begin{aligned}
f_y = & \frac{\lambda_1\lambda_2(d+h)^2+2(\lambda_1 d+\lambda_2 h)(\mu_2 d+\mu_1 h)}{(d+h)[d(\lambda_2+2\mu_2)+h(\lambda_1+2\mu_1)]}\varepsilon_{xx} \\
& +\frac{(d+h)^2(\lambda_1+2\mu_1)(\lambda_2+2\mu_2)+dh\left\{[(\lambda_1+2\mu_1)-(\lambda_2+2\mu_2)]^2-(\lambda_1-\lambda_2)^2\right\}}{(d+h)[d(\lambda_2+2\mu_2)+h(\lambda_1+2\mu_1)]}\varepsilon_{yy} \\
& +\frac{(d+h)[\lambda_1 d(\lambda_2+2\mu_2)+\lambda_2 h(\lambda_1+2\mu_1)]}{(d+h)[d(\lambda_2+2\mu_2)+h(\lambda_1+2\mu_1)]}\varepsilon_{zz}
\end{aligned}
\tag{3.8}
$$

$$
\begin{aligned}
f_z = & \frac{(d+h)[\lambda_1 d(\lambda_2+2\mu_2)+\lambda_2 h(\lambda_1+2\mu_1)]}{(d+h)[d(\lambda_2+2\mu_2)+h(\lambda_1+2\mu_1)]}\varepsilon_{xx} \\
& +\frac{(d+h)[\lambda_1 d(\lambda_2+2\mu_2)+\lambda_2 h(\lambda_1+2\mu_1)]}{(d+h)[d(\lambda_2+2\mu_2)+h(\lambda_1+2\mu_1)]}\varepsilon_{yy} \\
& +\frac{(d+h)^2(\lambda_1 d+\lambda_2 h)(\mu_2 d+\mu_1 h)}{(d+h)[d(\lambda_2+2\mu_2)+h(\lambda_1+2\mu_1)]}\varepsilon_{zz}
\end{aligned}
\tag{3.9}
$$

同理，平行于 x 轴方向分别对层理层、基质层施加剪切应力 f_{xz1}、f_{xz2}，平行于 y 轴方向分别对层理层、基质层施加剪切应力 f_{yz1}、f_{yz2}，平行于 z 轴方向分别对层理层、基质层施加剪切应力 f_{xy1}、f_{xy2}。两种介质在平行于 x 轴和 y 轴施加的剪切应力相等，平行于 z 轴方向的力使两种介质的剪切应变相等但剪切应力不相等。因此，整个页岩模型与正应力相同形式的剪切应力与剪切应变的关系为

$$
f_{yz}=\frac{(d+h)\mu_1\mu_2}{d\mu_2+h\mu_1}\varepsilon_{yz} \tag{3.10}
$$

$$
f_{xz}=\frac{(d+h)\mu_1\mu_2}{d\mu_2+h\mu_1}\varepsilon_{xz} \tag{3.11}
$$

$$
f_{xy}=\frac{d\mu_1+h\mu_2}{d+h}\varepsilon_{xy} \tag{3.12}
$$

由此可以得到整个页岩模型的应力应变关系。对于由层理层、介质层周期交替组成的横观各向同性介质，引入层理密度 m，结合式(3.7)～式(3.11)，则页岩模型的本构关系为

$$
\begin{bmatrix} f_x \\ f_y \\ f_z \\ f_{yz} \\ f_{xz} \\ f_{xy} \end{bmatrix}
=
\begin{bmatrix}
c_{11} & c_{12} & c_{13} & 0 & 0 & 0 \\
c_{12} & c_{11} & c_{13} & 0 & 0 & 0 \\
c_{13} & c_{13} & c_{33} & 0 & 0 & 0 \\
0 & 0 & 0 & c_{44} & 0 & 0 \\
0 & 0 & 0 & 0 & c_{44} & 0 \\
0 & 0 & 0 & 0 & 0 & c_{66}
\end{bmatrix}
\begin{bmatrix} \varepsilon_{xx} \\ \varepsilon_{yy} \\ \varepsilon_{zz} \\ \varepsilon_{yz} \\ \varepsilon_{xz} \\ \varepsilon_{xy} \end{bmatrix}
\tag{3.13}
$$

其中，刚度矩阵中刚度系数的表达式为

$$\begin{cases} c_{11}=\dfrac{(\lambda_1+2\mu_1)(\lambda_2+2\mu_2)+4md(1-md)(\mu_1-\mu_2)[(\lambda_1+\mu_1)-(\lambda_2+\mu_2)]}{md(\lambda_2+2\mu_2)+(1-md)(\lambda_1+2\mu_1)} \\ c_{12}=\dfrac{\lambda_1\lambda_2+2[md(\lambda_1-\lambda_2)+\lambda_2][md(\mu_2-\mu_1)+\mu_1]}{md(\lambda_2+2\mu_2)+(1-md)(\lambda_1+2\mu_1)} \\ c_{13}=\dfrac{md\lambda_1(\lambda_2+2\mu_2)+(1-md)\lambda_2(\lambda_1+2\mu_1)}{md(\lambda_2+2\mu_2)+(1-md)(\lambda_1+2\mu_1)} \\ c_{33}=\dfrac{(\lambda_1+2\mu_1)(\lambda_2+2\mu_2)}{md(\lambda_2+2\mu_2)+(1-md)(\lambda_1+2\mu_1)} \\ c_{44}=\dfrac{\mu_1\mu_2}{md\mu_2+(1-md)\mu_1} \\ c_{66}=md\mu_1+(1-md)\mu_2 \end{cases} \tag{3.14}$$

3.1.2.3　弹性波速的计算方法

在横观各向同性介质中，将本构方程、几何方程代入运动方程中，并忽略运动方程中的体力项，通过矩阵计算可以得到横观各向同性介质的弹性波动方程，表达式为

$$\begin{cases} c_{11}\dfrac{\partial^2 u_x}{\partial x^2}+(c_{12}+c_{66})\dfrac{\partial^2 u_y}{\partial x\partial y}+(c_{13}+c_{44})\dfrac{\partial^2 u_z}{\partial x\partial z}+c_{66}\dfrac{\partial^2 u_x}{\partial y^2}+c_{44}\dfrac{\partial^2 u_x}{\partial z^2}=\rho\dfrac{\partial^2 u_x}{\partial t^2} \\ c_{11}\dfrac{\partial^2 u_y}{\partial y^2}+(c_{13}+c_{44})\dfrac{\partial^2 u_z}{\partial y\partial z}+(c_{12}+c_{66})\dfrac{\partial^2 u_x}{\partial x\partial y}+c_{44}\dfrac{\partial^2 u_y}{\partial z^2}+c_{66}\dfrac{\partial^2 u_y}{\partial x^2}=\rho\dfrac{\partial^2 u_y}{\partial t^2} \\ c_{33}\dfrac{\partial^2 u_z}{\partial z^2}+(c_{13}+c_{44})\dfrac{\partial^2 u_x}{\partial x\partial z}+(c_{13}+c_{44})\dfrac{\partial^2 u_y}{\partial y\partial z}+c_{44}\dfrac{\partial^2 u_z}{\partial y^2}+c_{44}\dfrac{\partial^2 u_z}{\partial x^2}=\rho\dfrac{\partial^2 u_z}{\partial t^2} \end{cases} \tag{3.15}$$

对于横观各向同性介质，其弹性力学性质关于介质的对称轴(z 轴)对称。为了简化运算，将分析限制在二维情况，即在 XOZ 平面内进行波速的分析及计算，那么波动方程中所有对 y 求导的项全为 0，因此波动方程可以简化为

$$\begin{cases} c_{11}\dfrac{\partial^2 u_x}{\partial x^2}+(c_{13}+c_{44})\dfrac{\partial^2 u_z}{\partial x\partial z}+c_{44}\dfrac{\partial^2 u_x}{\partial z^2}=\rho\dfrac{\partial^2 u_x}{\partial t^2} \\ c_{44}\dfrac{\partial^2 u_y}{\partial z^2}+c_{66}\dfrac{\partial^2 u_y}{\partial x^2}=\rho\dfrac{\partial^2 u_y}{\partial t^2} \\ c_{33}\dfrac{\partial^2 u_z}{\partial z^2}+(c_{13}+c_{44})\dfrac{\partial^2 u_x}{\partial x\partial z}+c_{44}\dfrac{\partial^2 u_z}{\partial x^2}=\rho\dfrac{\partial^2 u_z}{\partial t^2} \end{cases} \tag{3.16}$$

给定任意一个平面波的波动函数，u_x、u_y、u_z 分别为 x、y、z 三个方向的位移；u_0、v_0、w_0 分别为 x、y、z 三个方向的初始位移；θ 为声波传播方向与层理面之间的夹角；V 为声波传播速度；t 为传播时间。

$$\begin{cases} u_x=u_0F(x\cos\theta+z\sin\theta-Vt) \\ u_y=v_0F(x\cos\theta+z\sin\theta-Vt) \\ u_z=w_0F(x\cos\theta+z\sin\theta-Vt) \end{cases} \tag{3.17}$$

将式(3.17)所述平面波的波动函数代入弹性波动方程式(3.16)中，化简得

$$\begin{cases}(c_{11}\cos^2\theta+c_{44}\sin^2\theta)u_0+(c_{13}+c_{44})\sin\theta\cos\theta w_0=\rho V^2u_0\\(c_{66}\cos^2\theta+c_{44}\sin^2\theta)v_0=\rho V^2v_0\\(c_{13}+c_{44})\sin\theta\cos\theta u_0+(c_{44}\cos^2\theta+c_{33}\sin^2\theta)w_0=\rho V^2w_0\end{cases}\tag{3.18}$$

表示成矩阵形式为

$$\begin{bmatrix}c_{11}\cos^2\theta+c_{44}\sin^2\theta-\rho V^2 & 0 & (c_{13}+c_{44})\sin\theta\cos\theta\\0 & c_{66}\cos^2\theta+c_{44}\sin^2\theta-\rho V^2 & 0\\(c_{13}+c_{44})\sin\theta\cos\theta & 0 & c_{44}\cos^2\theta+c_{33}\sin^2\theta-\rho V^2\end{bmatrix}\begin{bmatrix}u_0\\v_0\\w_0\end{bmatrix}=\begin{bmatrix}0\\0\\0\end{bmatrix}\tag{3.19}$$

要使 u_0、v_0、w_0 有非零解，则需要使式(3.19)的行列式为0，即

$$\begin{vmatrix}c_{11}\cos^2\theta+c_{44}\sin^2\theta-\rho V^2 & 0 & (c_{13}+c_{44})\sin\theta\cos\theta\\0 & c_{66}\cos^2\theta+c_{44}\sin^2\theta-\rho V^2 & 0\\(c_{13}+c_{44})\sin\theta\cos\theta & 0 & c_{44}\cos^2\theta+c_{33}\sin^2\theta-\rho V^2\end{vmatrix}=0\tag{3.20}$$

即

$$\begin{aligned}&\left\{(c_{11}\cos^2\theta+c_{44}\sin^2\theta-\rho V^2)(c_{44}\cos^2\theta+c_{33}\sin^2\theta-\rho V^2)-[(c_{13}+c_{44})\sin\theta\cos\theta]^2\right\}\\&\times(c_{66}\cos^2\theta+c_{44}\sin^2\theta-\rho V^2)=0\end{aligned}\tag{3.21}$$

进一步求解式(3.21)，第一种情况就是乘积的第二项为零，即

$$c_{66}\cos^2\theta+c_{44}\sin^2\theta-\rho V^2=0\tag{3.22}$$

可计算第一个波速：

$$V_1=\sqrt{\frac{c_{66}\cos^2\theta+c_{44}\sin^2\theta}{\rho}}\tag{3.23}$$

第二种情况就是乘积的第一项为零，即

$$\left\{(c_{11}\cos^2\theta+c_{44}\sin^2\theta-\rho V^2)(c_{44}\cos^2\theta+c_{33}\sin^2\theta-\rho V^2)-[(c_{13}+c_{44})\sin\theta\cos\theta]^2\right\}=0\tag{3.24}$$

为了便于计算，令

$$\begin{cases}a=c_{11}\cos^2\theta+c_{44}\sin^2\theta\\b=c_{44}\cos^2\theta+c_{33}\sin^2\theta\\c=(c_{13}+c_{44})\sin\theta\cos\theta\\R=\rho V^2\end{cases}\tag{3.25}$$

上式简化为

$$(a-R)(b-R)-c^2=0$$

展开得

$$R^2-(a+b)R+(ab-c^2)=0\tag{3.26}$$

对上述一元二次方程进行根的判定，有两个解，令两个根分别为 R_1、R_2，且使 $R_1>R_2$，根据韦达定理，可得

$$\begin{cases}R_1+R_2=a+b\\R_1R_2=ab-c^2\\R_1-R_2=\sqrt{(R_1+R_2)^2-4R_1R_2}=\sqrt{(a+b)^2-4(ab-c^2)}\end{cases}\tag{3.27}$$

因此，可以解得 R_1、R_2，从而计算得到第二个波速和第三个波速表达式为

$$\begin{cases} V_2 = \sqrt{\dfrac{a+b+\sqrt{(a+b)^2-4(ab-c^2)}}{2\rho}} \\ V_3 = \sqrt{\dfrac{a+b-\sqrt{(a+b)^2-4(ab-c^2)}}{2\rho}} \end{cases} \tag{3.28}$$

3.1.2.4　波速 V_1、V_2、V_3 的性质

波速 V_1 是在 u_0、w_0 均为 0，v_0 不为 0 的情况下计算得到的，即波传播过程中介质质点只在 y 轴方向振动，而在 x、z 轴的振动均为 0。声波的传播方向在 XOZ 平面内从 0°～90°变化，始终满足声波的传播方向与介质的振动方向垂直。因此，波速 V_1 是 SH 波。

波速 V_2 与波速 V_3 是在 v_0 为 0，u_0、w_0 均不为 0 的情况下计算得到的，即波传播过程中介质质点在平行于 XOZ 平面内的方向振动，在 y 轴方向没有振动，该情况下的波动方程表示为

$$\begin{cases} (c_{11}\cos^2\theta + c_{44}\sin^2\theta)u_0 + (c_{13}+c_{44})\sin\theta\cos\theta w_0 = \rho V^2 u_0 \\ (c_{13}+c_{44})\sin\theta\cos\theta u_0 + (c_{44}\cos^2\theta + c_{33}\sin^2\theta)w_0 = \rho V^2 w_0 \end{cases} \tag{3.29}$$

根据前文的简化方法，同时令 $\tan\phi = w_0/u_0$，其中，ϕ 为介质质点的振动方向，式(3.29)可进一步表示为

$$\begin{cases} a + c\tan\phi = R \\ c + b\tan\phi = R\tan\phi \end{cases} \tag{3.30}$$

根据式(3.30)可建立介质质点振动方向 ϕ 与介质刚度系数及波的传播方向 θ 的方程，从而求解得到 ϕ 关于刚度系数及波的传播方向 θ 的表达式：

$$c(\tan\phi)^2 + (a-b)\tan\phi - c = 0 \tag{3.31}$$

根据式(3.31)可求得

$$\begin{cases} \tan\phi_1 = \dfrac{(b-a)+\sqrt{(a-b)^2+4c^2}}{2c} \\ \tan\phi_2 = \dfrac{(b-a)-\sqrt{(a-b)^2+4c^2}}{2c} \end{cases} \tag{3.32}$$

在介质模型确定的情况下，介质刚度系数可以通过式(3.14)计算。当声波传播方向一定时，介质质点的振动方向可以有两个 ϕ_1、ϕ_2，且这两个角度相差 90°，其中振动方向为 ϕ_1 对应的传播速度为 V_2，振动方向为 ϕ_2 对应的传播速度为 V_3，它们关系如表 3.1 所示。

表 3.1　波的性质与声波传播方向、质点振动方向

波的传播方向 θ	质点振动方向		波的性质	
	ϕ_1	ϕ_2	V_2	V_3
0°	0°	90°	纵波	横波
90°	90°	0°(180°)	纵波	横波
$0° < \theta < 90°$	ϕ_1	ϕ_1+90°	拟纵波	拟横波

3.1.3 层状各向异性介质中弹性波传播的数模方法

实际计算中，首先输入层理密度、刚度系数等层理参数，基质刚度系数、密度等基质参数，然后基于层理介质等效模型计算混合介质的等效弹性模量，最后基于横观各向同性基质弹性理论计算各方向的弹性波速，计算流程见图 3.4。为了检验算法的正确性，利用编写的计算程序对文献中多种层状结构的岩石实例进行了计算。数据取自 Postma(1955)，为灰岩与砂岩的周期叠置，不同的是两种情况下灰岩与砂岩的厚度比不同。第一种和第二种实例的参数设置见表 3.2。分别赋予灰岩层和砂岩层不同层厚，按照式(3.1)，计算得到文献中实例的层理密度为 250 条/m。

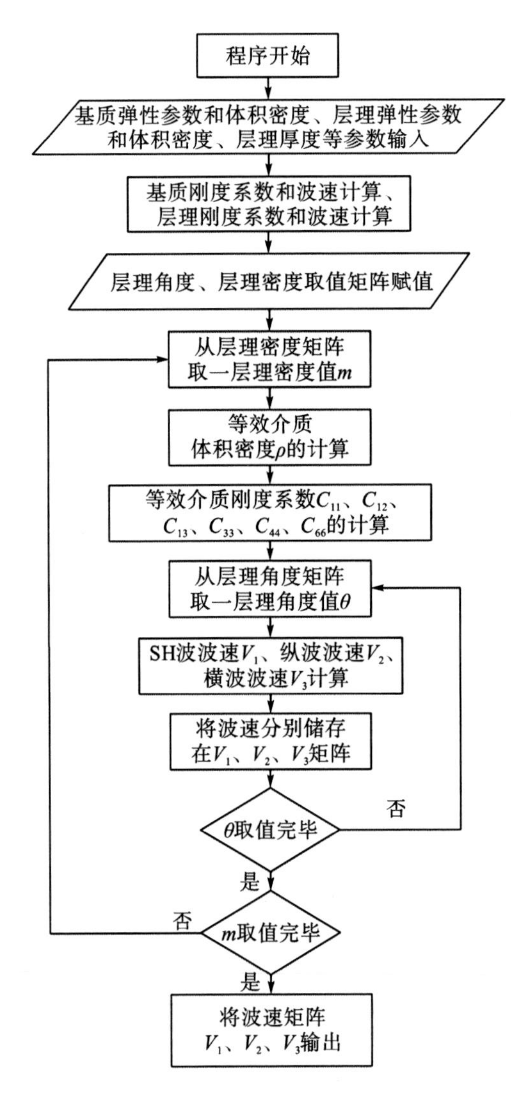

图 3.4 程序计算流程示意图

表 3.2　基质和层理参数表(Postma，1955)

实例编号	岩性组成	体积密度 ρ (g/cm^3)	剪切模量 μ (GPa)	泊松比 ν	拉梅系数 λ (GPa)	厚度 d (mm)	层理密度 m (条/m)
1	灰岩	2.7	250	0.273	300	1	250
	砂岩	2.3	60	0.286	80	3	
2	灰岩	2.7	250	0.273	300	3	250
	砂岩	2.3	60	0.286	80	1	

将表 3.2 中的灰岩层和砂岩层的弹性参数及体积密度作为输入参数，数值计算结果与文献数据对比如图 3.5 所示，图中上界线为纯灰岩的波速值，下界线为纯砂岩的波速值，红色数据点及数据线为实例 1 结果，蓝色数据点及数据线为实例 2 结果，数据点为从文献中摘取的数据，数据线为数值计算结果。从图中可看出，计算结果与文献数据的变化趋势一致，且数据吻合较好，证明了该方法的可靠性。

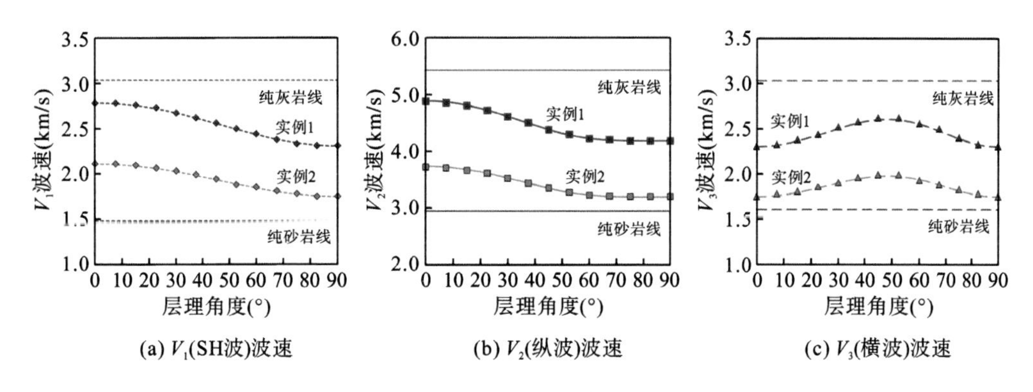

(a) V_1(SH波)波速　(b) V_2(纵波)波速　(c) V_3(横波)波速

图 3.5　数值计算结果与文献数据对比图

3.2　页岩声波各向异性特征

声波速度是介质弹性性质最直观的表现，也是用于表征介质是否具有各向异性特征最直接的参数，可用于计算等效介质的各向异性系数、表征介质弹性性质等。基于数值仿真模拟可以系统研究层理角度、层理密度等层理特征对声波速度的影响。

3.2.1　页岩声波各向异性特征的数值模拟

3.2.1.1　层理特征对声波速度的影响

1. 层理角度对波速的影响

数值计算的基本参数设置见表 3.3。将层理层的弹性参数设置为基质层的 0.1 倍，层理厚度设置为 0.01mm。

表 3.3 数值计算参数设置表

参数	层理层	基质层
层理厚度	0.01mm	—
体积密度	2550kg/m^3	2700kg/m^3
剪切模量	0.044×10^{11}Pa	0.44×10^{11}Pa
拉梅系数	0.02667×10^{11}Pa	0.2667×10^{11}Pa

不同层理密度条件下介质纵波速度与层理角度的关系如图 3.6(a)所示，图中纯基质纵波线代表由基质组成各向同性介质时的纵波速度值，纯层理纵波线代表由层理组成各向同性介质时的纵波速度值。从图中可看出，层理角度从 0°变化到 90°时，各层理密度介质纵波速度随层理角度的增加而降低。层理角度为 0°时，在各层理密度条件下的纵波速度最大，即平行层理传播时的纵波速度最大；当层理角度增加到一定值时，纵波速度的降低幅度不明显，表明纵波速度随层理角度的增加逐渐降低并趋于稳定。

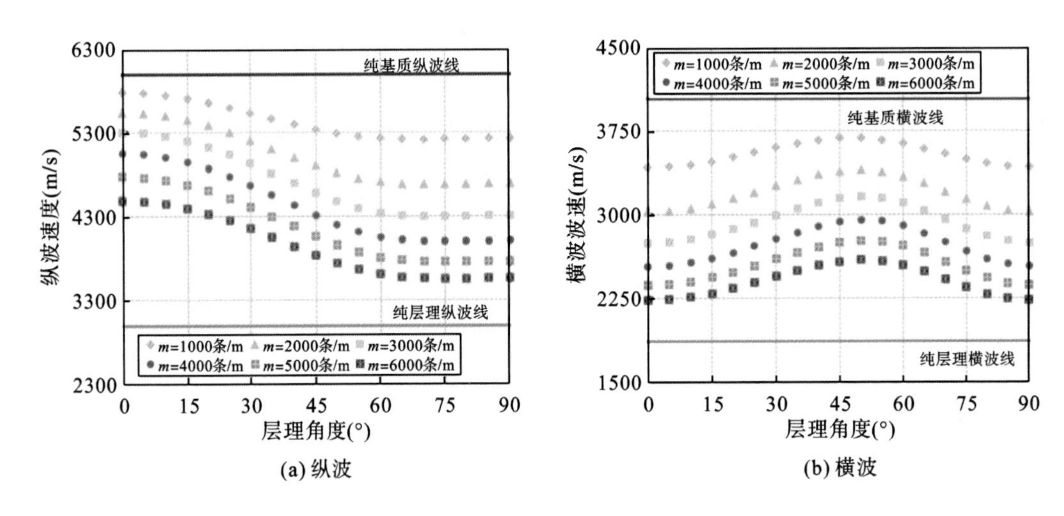

(a) 纵波　(b) 横波

图 3.6 层理角度对声波速度的影响

不同层理密度条件下介质横波速度与层理角度的关系如图 3.6(b)所示，图中纯基质横波线代表由基质组成各向同性介质时等效介质的横波速度值，纯层理横波线代表由层理组成各向同性介质时等效介质的横波速度值。从图中可看出，层理角度从 0°变化到 90°时，各层理密度下介质横波速度随层理角度的增加先增加后降低。当层理密度一定时，横波速度最大值出现在层理角度为 50°时，即当声波传播方向与层理面的夹角为 50°时，横波速度最大。

2. 层理密度对波速的影响

各层理角度下介质纵波速度与层理密度的关系如图 3.7(a)所示。从图中可看出，各层理角度下纵波速度随层理密度的增加而降低，由层理密度为 0 条/m(各向同性基质层)时的最大纵波速度值降低为层理密度为 10000 条/m(各向同性层理层)时的最小纵波速度值；不同层理角度下纵波速度值随层理密度增加而下降的趋势存在差异，其中在层理密度一定的条件下，层理角度为 0°时的纵波速度最大，而层理角度为 90°时的纵波速度最小。

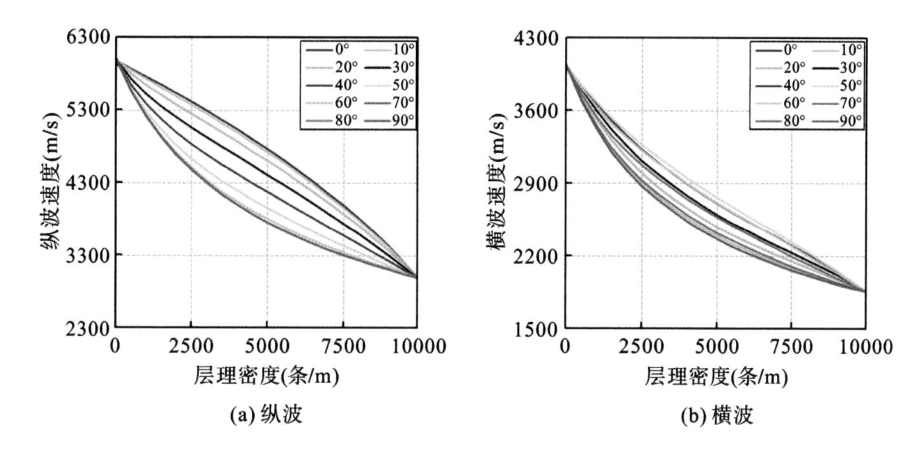

(a) 纵波　　(b) 横波

图 3.7　层理密度对声波速度的影响

各层理角度下介质横波速度与层理密度的关系如图 3.7(b)所示。从图中可看出，各层理角度下横波速度随层理密度的增加而降低，由层理密度为 0 条/m(各向同性基质层)时的最大横波速度降低为层理密度为 10000 条/m(各向同性层理层)时的最小横波速度；各层理角度下的横波速度随层理密度的增加呈先大幅度降低后缓慢降低的趋势；不同层理角度下横波速度随层理密度的增加而下降的趋势存在差异，其中在层理密度一定的条件下，层理角度为 50°时的横波速度最大，而层理角度为 90°时的横波速度最小。

3.2.1.2　层理特征对各向异性参数的影响

各向异性参数是表征各向异性程度最直接的参数，被广泛应用于各向异性校正和各向异性评价。

1. 层理角度对各向异性参数的影响

采用比值法各向异性参数表征不同角度下的声波各向异性，即用其他角度下的声波时差值比垂直层理传播时的声波时差值，如式(3.33)所示。当 K 值越接近于 1 时，表明各向异性越小；当 K 值远小于 1 或远大于 1 时，表明各向异性越强。

$$K = \frac{\Delta t_{\theta}}{\Delta t_{90}} \tag{3.33}$$

式中，K 为各向异性系数；Δt_{90} 为层理角度为 90°的声波时差；Δt_{θ} 为层理角度在 0°～90°的声波时差。

各层理密度下介质的纵波各向异性参数与层理角度的关系如图 3.8(a)所示。从图中可看出，当层理密度为 0 条/m 与 10000 条/m 时，纵波各向异性参数为 1，即当层理密度为 0 条/m 与 10000 条/m 时，等效介质为各向同性介质；当层理密度不为 0 条/m 或 10000 条/m 时，各层理密度下的纵波各向异性系均小于 1，且随层理角度的增加先增加后趋于稳定。同时，当层理密度从 1000 条/m 增加到 5000 条/m 时，各层理角度下的纵波各向异性系数呈减小趋势，层理密度为 5000 条/m 时的纵波各向异性参数最小，此时各向异性最强；当层理密度从 5000 条/m 继续增加到 9000 条/m 时，各层理角度下的纵波各向异性系数呈增大趋势。

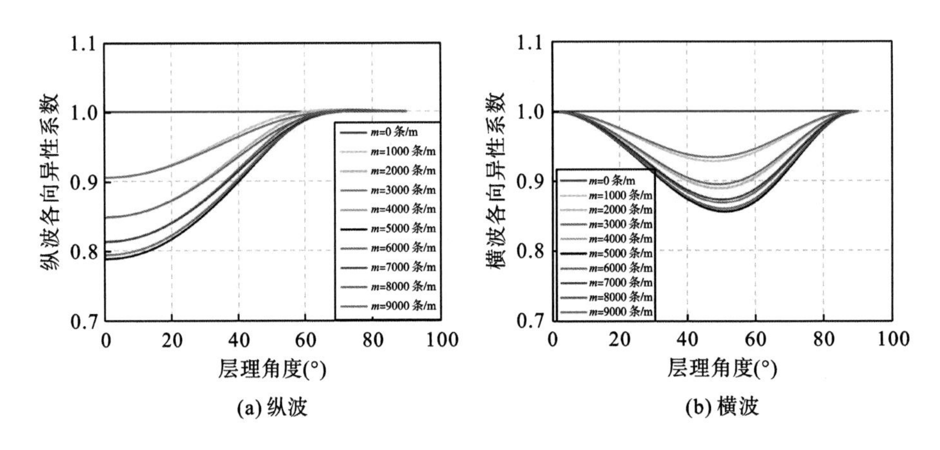

(a) 纵波　　(b) 横波

图 3.8 层理角度对声波各向异性参数的影响

各层理密度下介质的横波各向异性系数与层理角度的关系如图 3.8(b)所示。从图中可看出，当层理密度为 0 条/m 与 10000 条/m 时，横波各向异性系数为 1，即当层理密度为 0 条/m 与 10000 条/m 时，等效介质为各向同性介质；当层理密度不为 0 条/m 或 10000 条/m 时，各层理密度下的横波各向异性系数随层理角度的增加先减小后增大，当层理角度为 50°的时横波各向异性系数最小。同时，当层理密度从 1000 条/m 增加到 5000 条/m 时，各层理角度下的横波各向异性系数呈减小趋势，层理密度为 5000 条/m 时的横波各向异性系数最小，此时的各向异性最强；当层理密度从 5000 条/m 继续增加到 9000 条/m 时，各层理角度下的横波各向异性系数呈增大趋势。

2. 层理密度对各向异性参数的影响

各层理角度下介质的纵波各向异性系数与层理密度的关系如图 3.9(a)所示。从图中可看出，当层理角度为 90°时，纵波各向异性系数为 1，这与各向异性系数的定义有关；当层理角度不为 90°时，各层理角度下的纵波各向异性系数随层理密度的增加先减小后增加，其中当层理密度为 5000 条/m 时的纵波各向异性系数最小；同一层理密度下，纵波各向异性系数随层理角度的增加而增大，且当层理角度增加到一定值后，纵波各向异性系数受层理角度的影响较小。

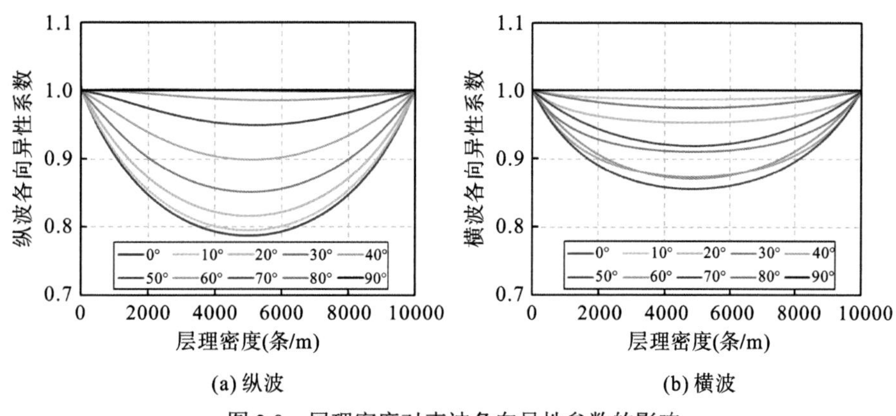

(a) 纵波　(b) 横波

图 3.9　层理密度对声波各向异性参数的影响

各层理角度下的横波各向异性系数与层理密度的关系如图 3.9(b)所示。从图中可看出，当层理角度为 0°与 90°时，各向异性系数为 1，这与各向异性系数的定义有关，表明层理角度为 0°与 90°时的横波波速值相等；当层理角度不为 0°或 90°时，各层理角度下的横波各向异性系数随层理密度的增加先减小后增加，当层理密度为 5000 条/m 时的横波各向异性系数最小，表明当层理密度为 5000 条/m 时的横波各向异性最强；同一层理密度下，横波各向异性系数随层理角度的增加先增加后降低。

3.2.2　页岩声波各向异性特征的物理模拟

基于声波的数值模拟手段，详细分析了层理特征对页岩各向异性特征的影响，揭示了层理密度、层理角度对页岩各向异性特征的影响规律。在此基础上，本节基于室内声波测试手段研究层理特征对页岩各向异性特征的影响。基于自研的多频超声波测试系统，对标准岩样开展室内声波实验测试，分析页岩声波各向异性特征，从而为页岩声波各向异性的应用研究奠定基础。

以 10°为间隔，沿与页岩层理面不同交角方向共钻取标准岩心 10 块，岩心体积密度的分布范围为 2500～2660kg/m^3，岩心的基础物性参数见表 3.4。岩心钻取方案如图 3.10 所示，图中蓝色虚线为岩心钻取方向，红色箭头为页岩层理面方向。取心方向与页岩层理面间的夹角同前，简称层理角度。

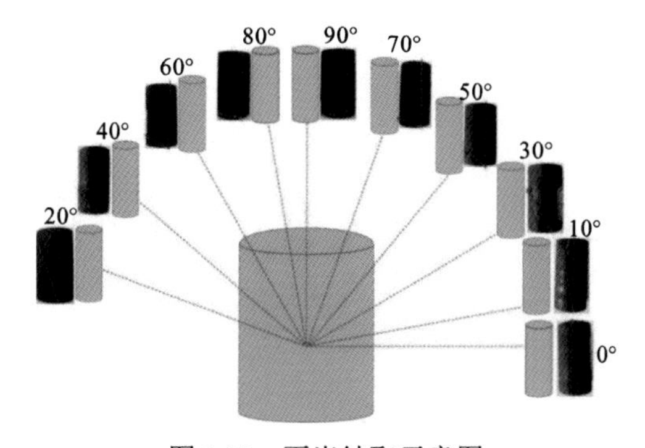

图 3.10　页岩钻取示意图

表 3.4 页岩岩心的基础参数表

岩心编号	长度(mm)	直径(mm)	体积密度(kg/m^3)	层理角度(°)	层理密度(条/m)
LT-1	46.97	26.17	2500	0	640
LT-2	48.07	26.19	2660	10	600
LT-3	42.61	26.22	2600	20	790
LT-4	41.31	26.19	2520	30	950
LT-5	46.74	26.19	2590	40	560
LT-6	41.34	26.11	2640	50	800
LT-7	41.76	24.56	2510	60	610
LT-8	48.09	26.37	2580	70	620
LT-9	44.53	26.18	2510	80	740
LT-10	44.19	26.28	2560	90	700

3.2.2.1 层理特征的影响

页岩岩样的声波速度随层理角度的变化关系如图 3.11 所示。从图中可看出，相同测试频率下页岩的纵波速度随层理角度的增加呈下降趋势，而页岩的横波速度随层理角度的增加先增大后减小，横波速度最大值出现在层理角度为 50°左右，该研究结果与页岩声波数值模拟的结果具有相似性。同时，从图 3.11(a)中还注意到在不同测试频率下，页岩纵波速度的差异明显，说明页岩岩石存在波速频散现象，然而页岩的纵波速度与声波测试频率不存在明显关系，这可能与每块页岩样品的层理密度存在明显差异有关(表 3.4)。

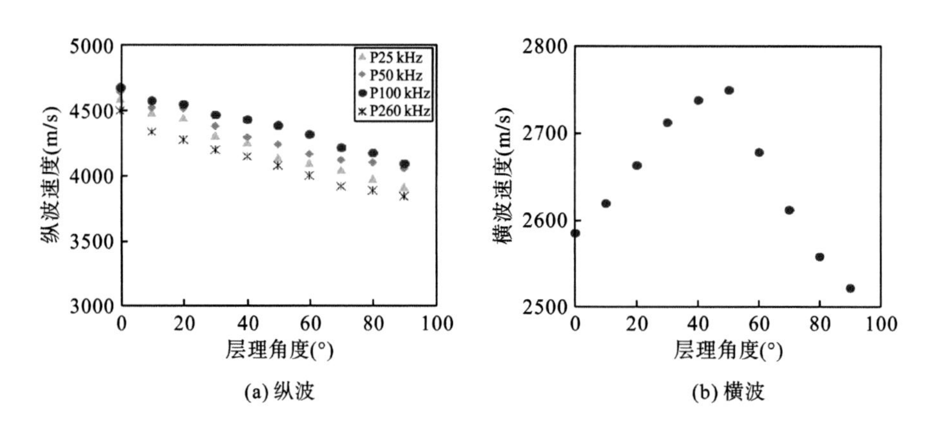

图 3.11 层理角度对页岩声波速度的影响(图中，P25kHz 是指纵波频率为 25kHz)

页岩岩样的层理角度与纵波、横波各向异性系数的关系如图 3.12 所示。从图中可看出，在相同测试频率下，纵波各向异性系数随层理角度的增加而增加；声波测试频率对纵波各向异性系数变化规律的影响不显著；横波各向异性系数随层理角度的增加先减小后增加，其中层理角度为 50°时的横波各向异性系数最小，该研究结果与页岩声波数值模拟的结果具有相似性。

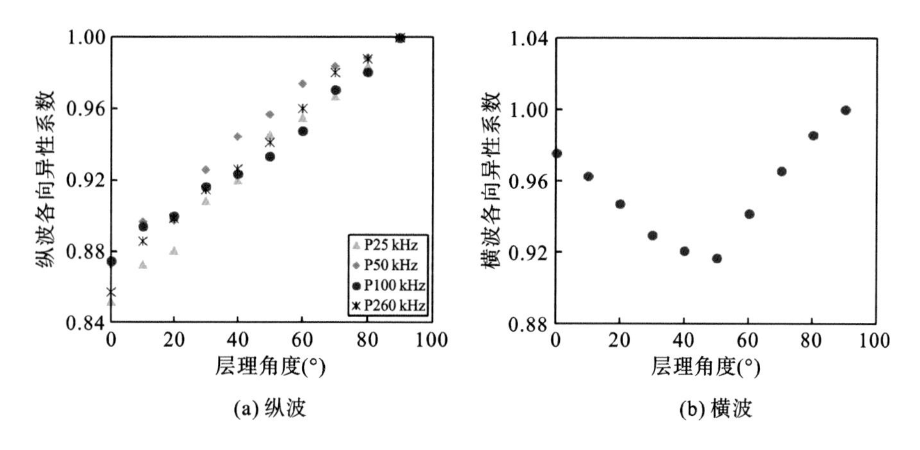

图 3.12　层理角度对页岩声波各向异性的影响

3.2.2.2　压力和温度的影响

页岩岩样的纵波速度与压力的关系如图 3.13 所示。从图中可看出，页岩岩样的纵波速度随压力增加而增大。这是因为当压力增加时，岩样孔隙体积进一步被压缩，纵波传播路径减小，岩样纵波速度增大。同时，从图中还可看出，在相同围压条件下，页岩的纵波速度随层理角度的增加呈降低趋势，这可能是因为随着层理角度增大，纵波在岩样内部的传播过程中穿过岩样的基质部分减少，而穿过岩样的层理数量增多，且层理作为一种弱结构面，其结构较为疏松多孔，从而造成纵波在传播过程中发生多次反射、折射和绕射等现象，纵波的传播路径增多，导致页岩的纵波速度减小。

页岩岩样的纵波速度与温度的关系如图 3.14 所示。从图中可看出，页岩岩样的纵波速度随温度升高而降低。这可能是因为在温度升高的过程中，页岩岩样内部的结合水进一步挥发，或者由热导致岩样内部的微观结构发生了变化，且岩样孔隙内部气体分子的无序运动加快，造成纵波在传播过程中发生多次反射、折射和绕射等现象，纵波的传播路径增多，导致页岩的纵波速度减小。

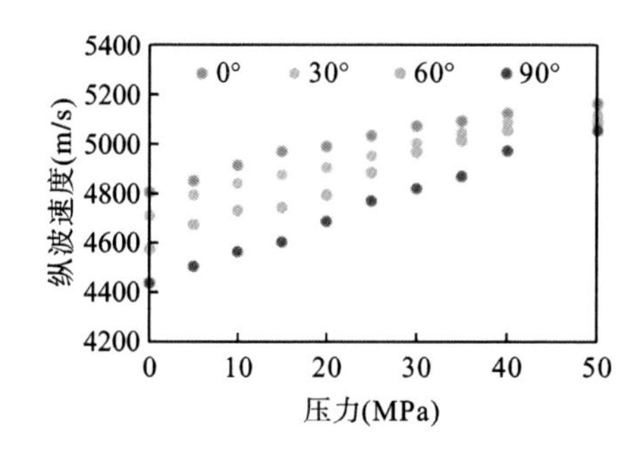

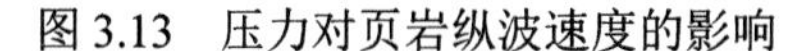
图 3.13　压力对页岩纵波速度的影响

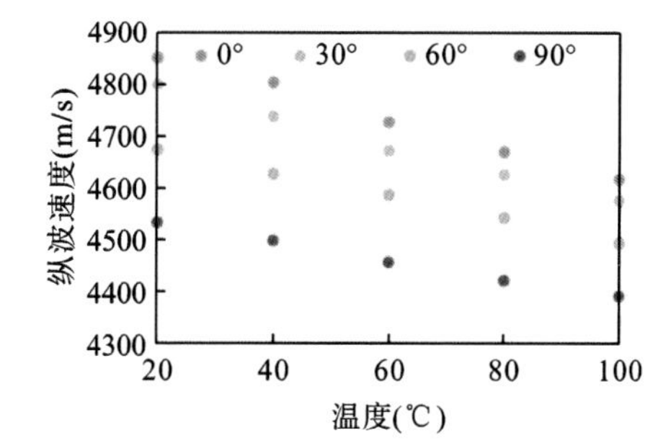

图 3.14　温度对页岩纵波速度的影响

页岩岩样的纵波各向异性系数与压力的关系如图 3.15 所示。从图中可看出，当层理角度为 90°时，页岩岩样的纵波各向异性系数为 1；当层理角度不为 90°时，各取心角度下岩样的纵波各向异性系数随压力增加而增大；在相同压力条件下，纵波各向异性系数随层理角度的增加而增大。同时，页岩岩样的纵波各向异性系数与温度的关系如图 3.16 所示。从图中可看出，温度升高对页岩纵波的影响特征与压力的影响相同。

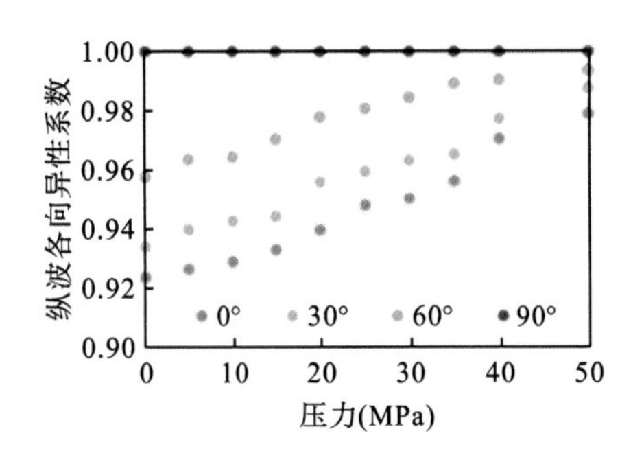

图 3.15 压力对页岩纵波各向异性的影响

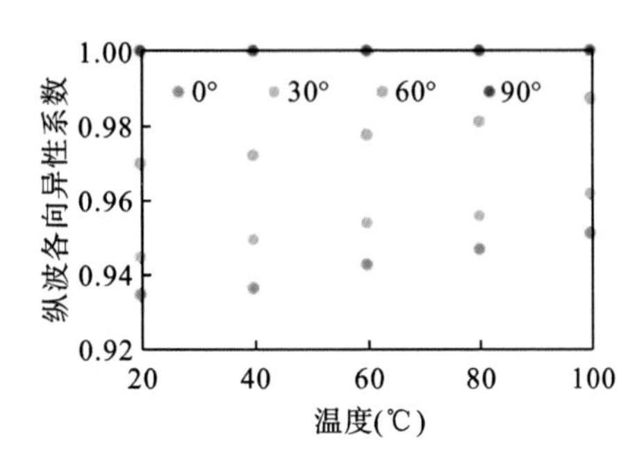

图 3.16 温度对页岩纵波各向异性的影响

3.3 页岩声波各向异性的校正模型及应用

3.3.1 页岩声波各向异性的函数表征

对页岩声波各向异性进行表征研究，建立层状结构页岩声波各向异性的校正公式，从而为页岩声波测井响应的各向异性校正提供依据。

3.3.1.1 纵波各向异性表征

假设层理密度为 5000 条/m，数值计算得到的纵波各向异性系数与层理角度正弦值的关系如图 3.17 所示。图中红色线条、蓝色线条、绿色线条、紫色线条、黑色线条分别是线性形式、指数形式、对数形式、幂指数形式、多项式形式的拟合结果。从图中可看出，

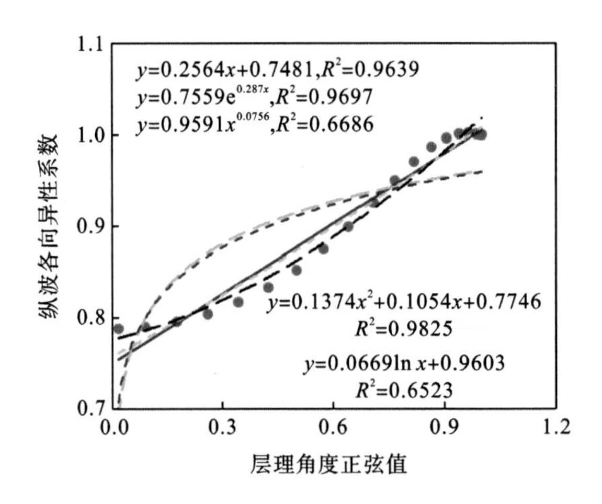

图 3.17 层理角度正弦值与纵波各向异性系数的函数关系

拟合关系式为对数形式和幂指数形式的相关系数 R^2 小于 0.7，说明这些关系式描述纵波各向异性系数与层理角度正弦值间关系的效果较差；而拟合关系式为线性形式、指数形式和多项式形式的相关系数 R^2 大于 0.96，说明这些关系式描述纵波各向异性系数与层理角度正弦值间关系的效果较好，其中多项式形式的效果最好。因此，选用以多项式形式拟合得到的函数表达式表征纵波各向异性系数与层理角度正弦值间的关系。

假设层理角度为 50°且层理密度小于 5000 条/m，数值计算得到的纵波各向异性系数与层理密度的关系如图 3.18 所示。图中红色线条、蓝色线条、绿色线条、紫色线条、黑色线条分别是线性形式、指数形式、对数形式、幂指数形式、多项式形式的拟合结果。从图中可看出，拟合关系式为对数形式和幂指数形式的相关系数 R^2 小于 0.6，说明这些关系式描述纵波各向异性系数与层理密度间关系的效果较差；而拟合关系式为线性形式、指数形式和多项式形式的相关系数 R^2 大于 0.97，说明这些关系式描述纵波各向异性系数与层理密度间关系的效果较好，其中多项式形式的效果最好。因此，选用以多项式形式拟合得到函数表达式表征纵波各向异性系数与层理密度间关系。

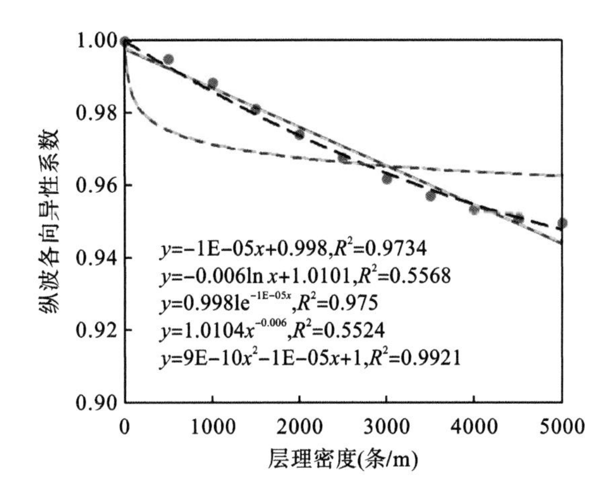

图 3.18　层理密度与纵波各向异性系数的函数关系

图 3.17 和图 3.18 中的函数关系是基于某一层理密度和层理角度的数值计算结果建立的，当层理角度与层理密度同时变化时，纵波各向异性系数的变化关系是构建纵波各向异性校正的关键。研究发现，层理密度的改变对纵波各向异性系数与层理角度正弦值间的函数关系没有影响，只对一元二次多项式的二次项系数、一次项系数及常数项有影响。不同层理密度条件下，纵波各向异性系数与层理角度正弦值间函数关系式的系数值如表 3.5 所示，层理密度和二次项系数、一次项系数、常数项间的关系如图 3.19 所示，图中蓝色虚线、红色实线、绿色虚线、紫色实线分别是线性形式、一元二次项形、对数形式、幂指数形式的拟合结果。从图中可看出，二次项系数随层理密度的增加呈先快速增加后缓慢增加的趋势，一次项系数随层理密度的增加呈先增加后减小的趋势，常数项随层理密度的增加呈先快速下降后缓慢下降的趋势。同时，根据拟合结果的相关系数 R^2，采用多项式形式描述二次项系数、一次项系数与层理密度间关系的效果较好，其中以多项式形式拟合得到的函数

表达式分别见图 3.19(a)和图 3.19(b)，而幂指数形式描述常数项与层理密度间关系的效果较好，以幂指数形式拟合得到的函数表达式见图 3.19(c)。

表 3.5　不同层理密度时纵波各向异性系数与层理角度的一元二次函数系数表

层理密度(条/m)	二次项系数	一次项系数	常数项	相关系数
500	0.0058	0.0704	0.9398	0.9720
1000	0.0081	0.1054	0.8946	0.9732
1500	0.0300	0.1208	0.8603	0.9747
2000	0.0539	0.1254	0.8339	0.9763
2500	0.0768	0.1243	0.8138	0.9778
3000	0.0970	0.1205	0.7986	0.9791
3500	0.1135	0.1158	0.7876	0.9802
4000	0.1258	0.1114	0.7801	0.9811
4500	0.1338	0.1078	0.7758	0.9819
5000	0.1374	0.1054	0.7746	0.9825

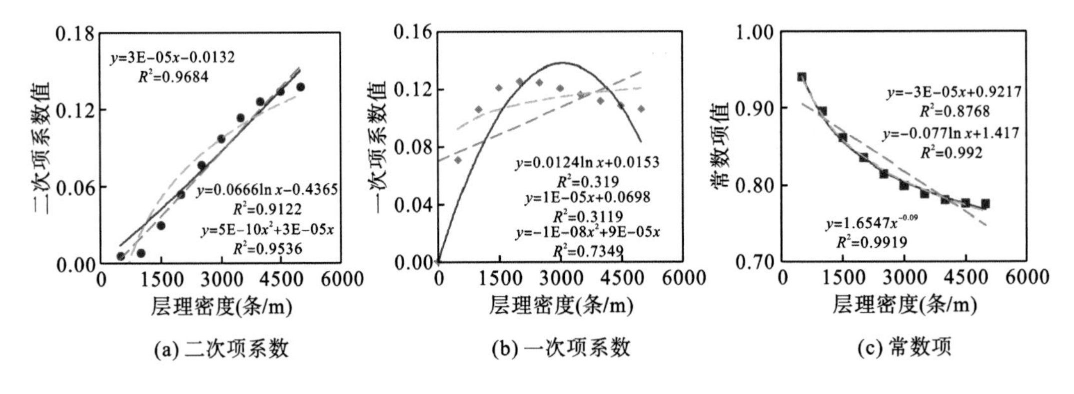

(a) 二次项系数　(b) 一次项系数　(c) 常数项

图 3.19　层理密度对一元二次项系数的影响

综上所述，构建纵波各向异性系数与层理角度、层理密度间的函数关系式为

$$
\begin{aligned}
K_c &= (5\times10^{-10}\times m^2+3\times10^{-5}\times m)\sin^2\theta \\
&+(-1\times10^{-8}\times m^2+9\times10^{-5}\times m)\sin\theta+1.6547\times m^{-0.09}
\end{aligned}
\tag{3.34}
$$

式中，K_c为纵波各向异性系数；m为层理密度值；θ为层理角度。

为了检验所构建纵波各向异性系数与层理角度、层理密度的函数关系式的合理性，利用式(3.34)计算不同层理角度、不同层理密度的纵波各向异性系数，模型计算得到的纵波各向异性系数与数值模拟得到的纵波各向异性系数的对比如图 3.20 所示，图中红色数据点为数值计算结果，蓝色数据点为模型计算结果。从图中可看出，模型计算结果与数值计算结果的变化趋势较吻合，两者的相对误差较小，分布范围在 0.21%～3.69%，其中层理密度为 1000 条/m 时的平均相对误差为 1.03%，层理密度为 2000 条/m 时的平均相对误差为 1.56%，说明所构建的纵波各向异性系数与层理角度、层理密度间的函数关系式较为合理。

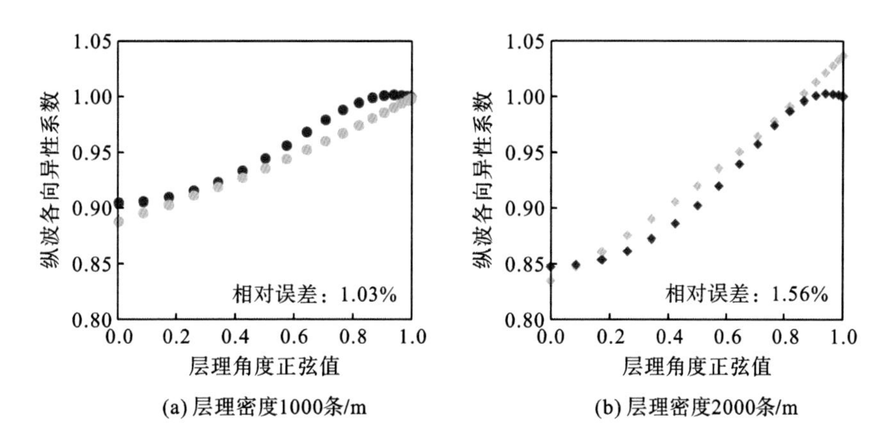

图 3.20　纵波各向异性系数模型计算结果与数值计算结果对比图

3.3.1.2　横波各向异性表征

假设层理密度为 5000 条/m，数值计算得到的横波各向异性系数与层理角度正弦值间的关系如图 3.21 所示。图中红色线条、蓝色线条、绿色线条、紫色线条、黑色线条分别是线性形式、指数形式、对数形式、幂指数形式、多项式形式的拟合结果。从图中可看出，拟合关系式为线性形式、指数形式、对数形式和幂指数形式的相关系数 R^2 小于 0.3，说明这些关系式描述横波各向异性系数与层理密度关系的效果较差；而拟合关系式为多项式形式的相关系数 R^2 大于 0.94，说明以多项式形式描述横波各向异性系数与层理角度正弦值间关系的效果较好。因此，选用以多项式形式拟合得到的函数表达式用于表征横波各向异性系数与层理密度间的关系。

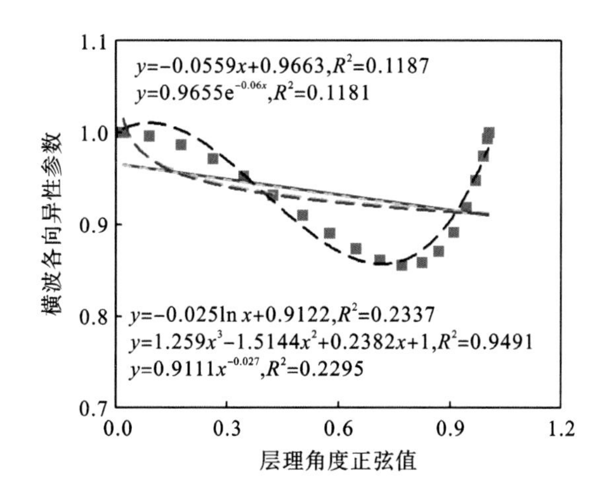

图 3.21　层理角度正弦值与横波各向异性系数的函数关系

假设层理角度为 50°且层理密度小于 5000 条/m，数值计算得到的横波各向异性系数与层理密度的关系如图 3.22 所示。图中红色线条、蓝色线条、绿色线条、紫色线条、黑色线条分别是线性形式、指数形式、对数形式、幂指数形式、多项式形式的拟合结果。从图中可看出，拟合关系式为对数形式和幂指数形式的相关系数 R^2 小于 0.8，说明这些关系式描述横波各向异性系数与层理密度间关系的效果较差；而拟合关系式为线性形式、指数形式和多项式形式的相关系数 R^2 大于 0.84，说明这些关系式描述横波各向异性系数与层理密度间关系的效果较好，其中多项式形式的效果最好。因此，选用以多项式形式拟合得到的函数表达式用于表征横波各向异性系数与层理密度间的关系。

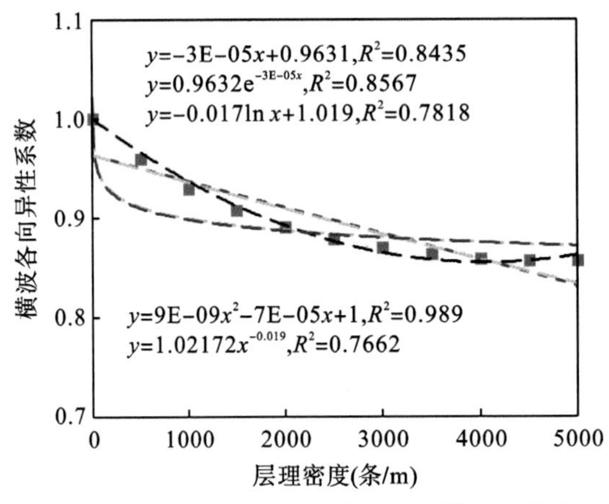

图 3.22 层理密度与横波各向异性系数的函数关系

图 3.21 和图 3.22 中的函数关系是基于某一层理密度或层理角度的数值计算结果建立的，当层理角度与层理密度同时变化时，横波各向异性系数的变化关系是构建横波各向异性校正的关键。研究发现，层理角度的改变对横波各向异性系数与层理密度间的函数关系没有影响，只对一元二次多项式的二次项系数和一次项系数有影响。不同层理密度条件下，横波各向异性系数与层理角度间函数关系式的系数值如表 3.6 所示，层理角度和二次项系数、一次项系数的关系如图 3.23 所示，图中蓝色虚线、红色实线、绿色虚线分别是线性形式、一元二次项形、对数形式的拟合结果。从图中可看出，二次项系数随层理角度的增加先增加后减小，当层理角度为 50°时达到最大值；一次项系数均为负数，且随层理角度的增加呈先减小后增加的趋势。同时，根据拟合结果的相关系数 R^2，以多项式形式描述二次项系数、一次项系数与层理角度间关系的效果较好，以多项式形式拟合得到的函数表达式分别见图 3.23(a)和图 3.23(b)。

表 3.6 不同层理角度时横波各向异性系数与层理密度的一元二次函数系数表

层理角度(°)	二次项系数	一次项系数	相关系数
5	2×10^{-10}	-2×10^{-6}	0.9685
10	92×10^{-10}	-7×10^{-6}	0.9685
15	2×10^{-9}	-1×10^{-5}	0.9686
20	3×10^{-9}	-2×10^{-5}	0.9692
25	5×10^{-9}	-4×10^{-5}	0.9704
30	6×10^{-9}	-5×10^{-5}	0.9726

续表

层理角度(°)	二次项系数	一次项系数	相关系数
35	7×10^{-9}	-6×10^{-5}	0.9758
40	8×10^{-9}	-7×10^{-5}	0.9799
45	9×10^{-9}	-7×10^{-5}	0.9845
50	9×10^{-9}	-7×10^{-5}	0.989
55	8×10^{-9}	-7×10^{-5}	0.9928
60	7×10^{-9}	-6×10^{-5}	0.9955
65	6×10^{-9}	-5×10^{-5}	0.9974
70	4×10^{-9}	-4×10^{-5}	0.9985
75	2×10^{-9}	-2×10^{-5}	0.9992
80	1×10^{-9}	-1×10^{-5}	0.9996
85	3×10^{-10}	-3×10^{-6}	0.9998

综上所述，构建横波各向异性系数与层理角度、层理密度间的函数关系式为

$$\begin{aligned}K_{\mathrm{s}} &= (-0.0394\theta^2 + 3.3942\theta)\times10^{-10}m^2 \\ &\quad + (0.0313\theta^2 - 2.7426\theta)\times10^{-6}m + 1\end{aligned} \tag{3.35}$$

式中，K_{s}为横波各向异性系数；m为层理密度值；θ为层理角度。

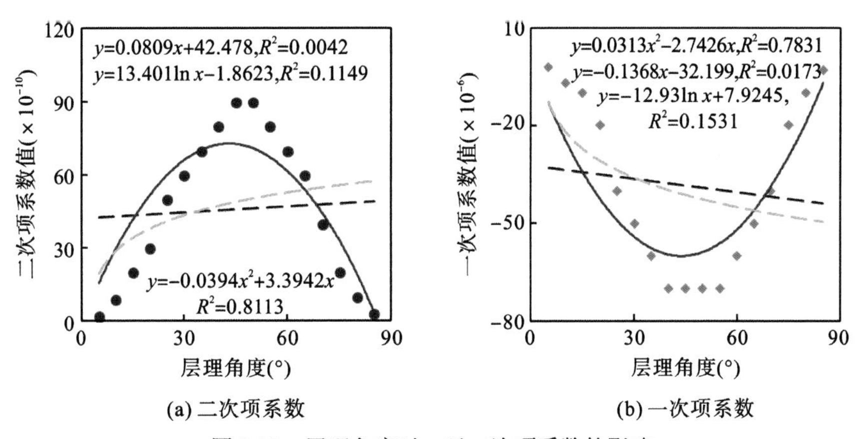

(a) 二次项系数　　(b) 一次项系数

图 3.23　层理角度对一元二次项系数的影响

为了检验所构建横波各向异性系数与层理角度、层理密度间函数关系式的合理性，利用式(3.35)计算不同层理角度、不同层理密度下的横波各向异性系数，模型计算得到的横波各向异性系数与数值模拟得到的横波各向异性系数的对比如图 3.24 所示，图中红色数据点为数值计算结果，蓝色数据点为模型计算结果。从图中可看出，模型计算结果与数值计算结果的变化趋势较吻合，两者的相对误差较小，分布范围为 0.64%～2.25%，其中层理密度为 4000 条/m 时两种计算结果的平均相对误差为 2.18%，层理密度为 5000 条/m 时两种计算结果的平均相对误差为 2.25%，说明所构建的横波各向异性系数与层理角度、层理密度间的函数关系式较为合理。

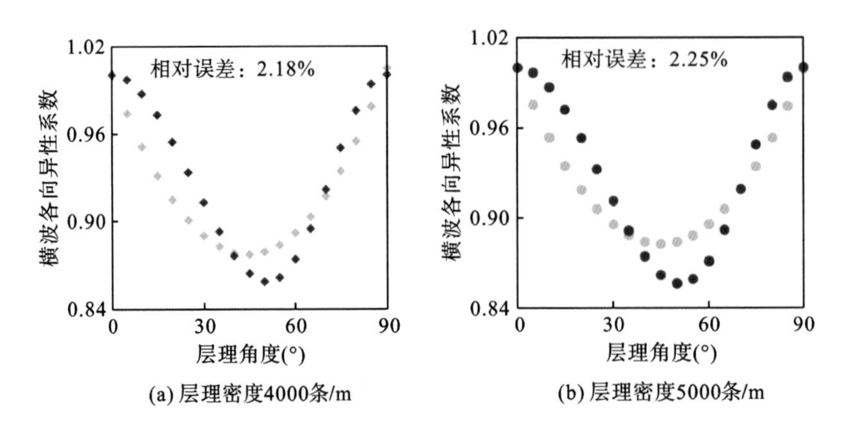

图 3.24 横波各向异性系数模型计算结果与数值计算结果对比图

3.3.2 页岩声波各向异性的应用

基于建立的纵波、横波各向异性系数与层理角度、层理密度的关系，对某页岩气井的水平井纵波、横波测井曲线进行各向异性校正。首先，需要确定待校正井页岩地层的层理密度值，该值的确定方法是根据井下页岩岩心进行统计，对页岩岩样进行层理密度值统计的示意图如图 3.25 所示，不同深度段页岩岩心层理密度值的统计结果如表 3.7 所示。根据 3.1.1 节对层理角度的定义，层理角度为声波传播方向与层理面之间的夹角，因此将井斜角的余角赋予公式中的层理角度值。在已知层理角度、层理密度后，可依据式(3.34)和式(3.35)分别计算纵波各向异性系数值、横波各向异性系数值，然后按照式(3.36)、式(3.37)对页岩地层进行纵波各向异性、横波各向异性校正。

$$\mathrm{DTC_J} = \mathrm{DTC} \div K_\mathrm{c} \tag{3.36}$$

$$\mathrm{DTS_J} = \mathrm{DTS} \div K_\mathrm{S} \tag{3.37}$$

式中，DTC 为纵波时差测井曲线值，μs/m；DTS 为横波时差测井曲线值，μs/m；$\mathrm{DTC_J}$ 为校正后纵波时差测井曲线值，μs/m；$\mathrm{DTS_J}$ 为校正后横波时差测井曲线值，μs/m；K_c 为纵波各向异性系数；K_S 为横波各向异性系数。

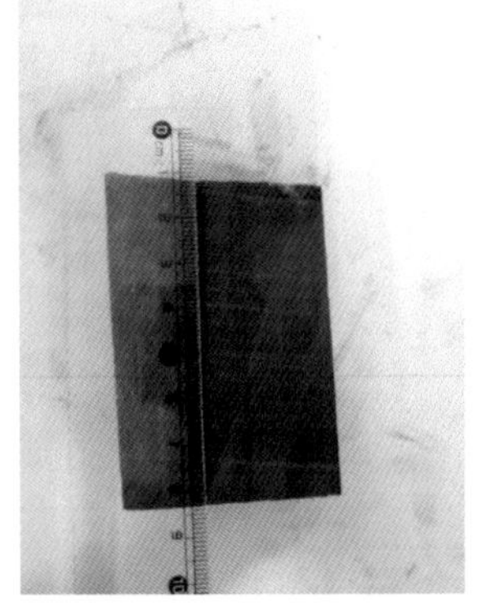

图 3.25 页岩岩样层理密度统计示意图

表3.7　页岩岩样层理密度值统计结果表

岩心编号	顶深(m)	底深(m)	层理密度值(条/m)
1	2482.89	2483.14	1650
2	2490.44	2490.73	1730
3	2506.97	2506.19	1711
4	2508.67	2508.88	1840
5	2511.29	2511.41	1600

对X井水平井纵横波时差测井曲线进行各向异性校正，校正公式如式(3.36)和式(3.37)所示，直井纵横波时差测井曲线、校正前后的纵横波时差测井曲线对比如图3.26所示。图中第一道为深度道，为经过井斜校正后的垂直深度；第二道为井斜角与方位角测井曲线；第三道为自然伽马测井曲线；第四道为纵波时差曲线与校正后的纵波时差曲线；第五道为横波时差曲线与校正后的横波时差曲线；第六道为深侧向电阻率测井曲线与浅侧向电阻率测井曲线。从图中可看出，校正前水平井纵横波时差曲线(蓝色)与直井纵横波时差曲线(红色)的差异较明显，校正后的纵横波时差曲线与直井纵横波时差曲线的分布更接近。同时，从图中还可看出，对于纵波时差测井曲线，当井斜角很小时(接近于0°)，校正前后纵波时差曲线的差异很小，几乎完全重合，说明校正量较小；随着井斜角增加，校正前后纵波时差曲线的差异逐渐增加，且校正后的纵波时差曲线值高于原纵波时差测井曲线值，说明纵波时差校正量随井斜角的增加逐渐增加。对于横波时差测井曲线，当井斜角很小时，校正前后的横波时差曲线几乎重合，说明校正量也很小；随着井斜角的增加，校正前后横波时差曲线的差异逐渐增加，但当井斜角增加到很大时(接近于90°)，校正前后横波时差曲线的差异变小，说明横波时差校正量随井斜角的增大先增大后减小。

为了进一步说明纵横波各向异性校正的效果，绘制纵横波时差曲线的正态分布图，如图3.27所示，图中DTC、DTS分别为直井纵波时差、横波时差(蓝色)，DTC_1、DTS_1分别为水平井纵波时差、横波时差(红色)，DTC_J、DTS_J分别为校正后的水平井纵波时差、横波时差(紫色)。从图中可看出，对于纵波时差正态分布图，直井纵波时差中心值为209μs/m，水平井纵波时差中心值为188μs/m，两者相差较大，校正后的水平井纵波时差中心值为210μs/m，校正后的水平井纵波时差中心值与直井纵波时差中心值接近，说明校正效果较好。对于横波时差正态分布图，直井横波时差中心值为378μs/m，水平井横波时差中心值为337μs/m，两者差异较大，经过校正后的水平井横波时差中心值为366μs/m，校正量为29μs/m，校正后的横波时差值与直井横波时差值更接近，具有较好的校正效果。

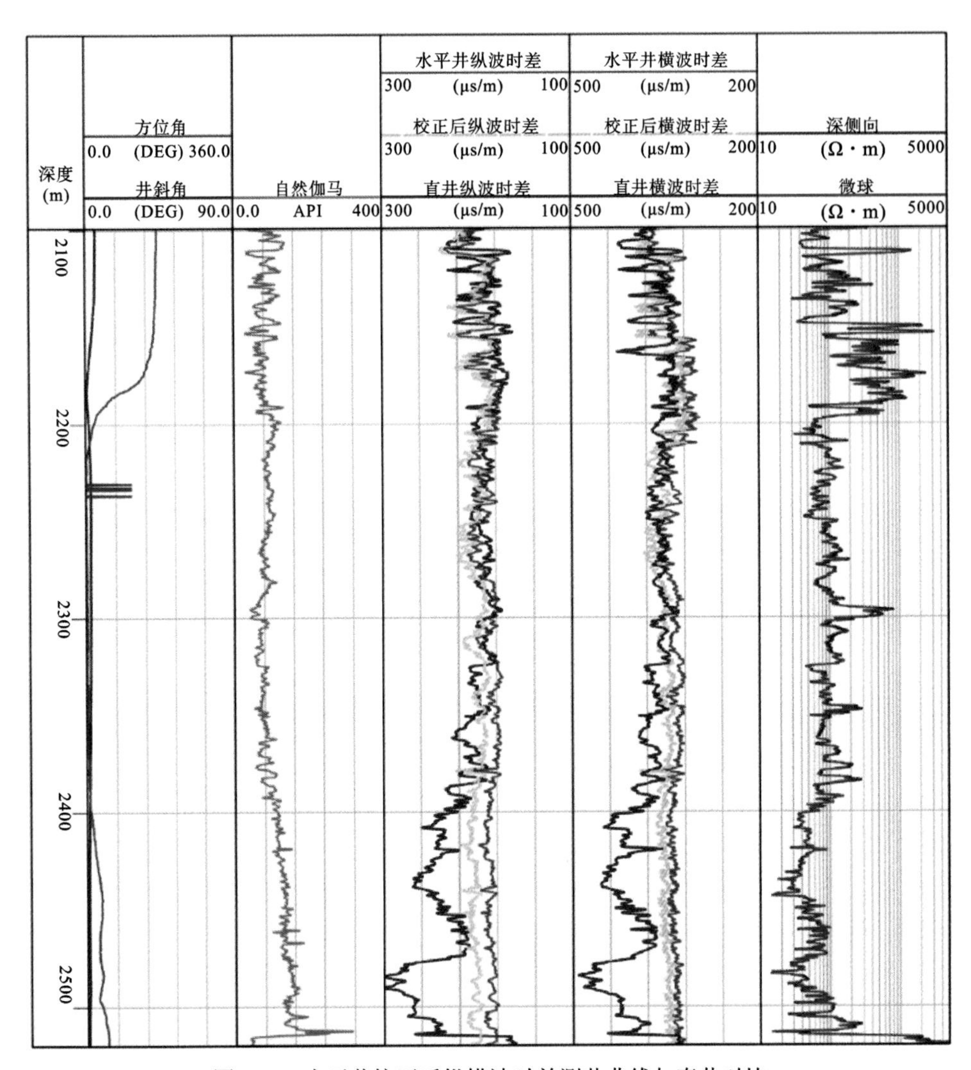

图 3.26 水平井校正后纵横波时差测井曲线与直井对比

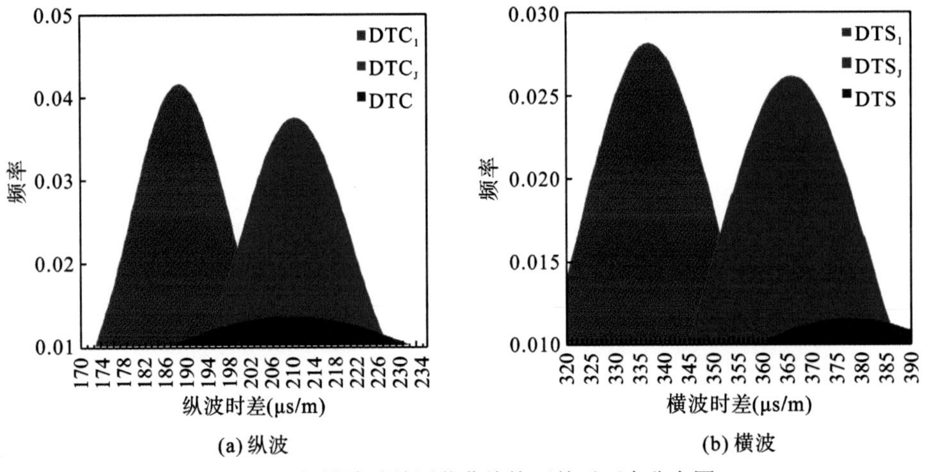

(a) 纵波 (b) 横波

图 3.27 纵横波时差测井曲线校正前后正态分布图

第二篇

泥页岩岩石力学及岩石声学动态响应研究

泥岩和页岩中都不同程度地含有黏土矿物，在油气工程领域，常统称为泥页岩。泥页岩特殊的矿物组成、岩石结构使其在油气钻井、开发过程中，随着开发过程的持续，岩石物理响应将表现出随时间、接触流体、温压环境、应力环境等的改变而发生动态变化的特征。例如，在油气勘探开发前，泥页岩地层处于力学、物理化学等各种平衡状态，而在油气勘探开发过程中，外来流体进入泥页岩地层中，使原有的赋存环境发生改变，造成泥页岩地层中的各种平衡状态被打破，引起泥页岩岩石的结构变化，造成泥页岩地层岩石的物理性质、力学性质发生显著变化；在页岩气开发过程中，随着页岩气的逐渐解吸，地层压力的衰减，页岩的声学等岩石物理性质也将发生改变。这些变化都会对应用地球物理测井研究获得地层的各种物理力学特性产生不可忽视的重要影响。为此，本篇围绕泥页岩组构和理化特征、黏土矿物水化行为特征的微观机制、水化过程中泥页岩岩石力学及声学动态响应特征等进行较为系统的分析，通过微观与宏观相结合，物理、化学、物理化学、力学等相结合，揭示泥页岩地层岩石声学、力学响应的动态变化机制。

第4章　泥页岩组成、结构与理化特征

泥页岩地层岩石的矿物组成、结构及其理化特征是油气钻井、完井、开采等过程中，当泥页岩与外来各种工程流体接触时，岩石结构发生变化，进而引起其岩石物理性质发生变化的本质原因。因此，本章较为系统地对比分析并总结了多个地区的泥页岩组成、结构及其理化性质，数据来源为新鲜露头样品、井下样品及文献资料。

4.1　矿物组成特征

国内外部分泥页岩地层矿物组成见表4.1，国内外部分泥页岩地层黏土矿物的平均相对含量见表4.2。从表中可以看出，不同层组泥页岩的矿物组成主要包括石英、黏土矿物、长石和碳酸盐岩等，黏土矿物主要为蒙脱石、伊利石、高岭石、绿泥石和伊/蒙混层等。泥页岩矿物组成中黏土矿物的类型和含量决定了泥页岩的物理化学性质、力学性质，根据不同类型黏土矿物的特点，可将泥页岩分为两类，其中黏土矿物以蒙脱石和伊/蒙混层为主且伊/蒙混层中蒙脱石比例较高的为水化膨胀性泥页岩；而黏土矿物以伊利石和伊/蒙混层为主，伊/蒙混层中蒙脱石比例较低的为硬脆性泥页岩。因此，硬脆性泥页岩的水化特征必不同于水化膨胀性泥页岩。

表4.1　国内外部分泥页岩地层矿物组成

地区或盆地	层组或层位	矿物组成(%)					参考文献
		石英	碳酸盐岩	黏土矿物	长石	其他	
下扬子地区	幕府山组	33.10	26.65	39.34	0.91	0	周江羽等，2021
淮南地区	头屯河组	21.00	0.82	70.00	3.00	4.25	刘可等，2022
克拉苏构造带	康村组	25.46	21.48	28.65	24.41	0	
	苏维依组	27.43	16.30	35.10	15.37	5.80	
	巴西改组	23.17	18.73	42.25	15.6	0.25	
南堡凹陷	沙河街组	27.80	17.84	44.63	9.00	0.73	
	东营组	27.70	15.12	29.16	19.85	8.17	
乌石凹陷	流沙港组	30.20	3.15	63.85	2.40	0.4	
	涠洲组	30.20	2.31	65.20	0	2.29	
四川盆地	龙马溪组	41.32	12.70	27.20	12.07	6.71	
	五峰组	66.97	6.43	23.68	2.47	0.45	

续表

地区或盆地	层组或层位	矿物组成(%)					参考文献
		石英	碳酸盐岩	黏土矿物	长石	其他	
鄂尔多斯盆地	延长组	37.54	5.84	40.57	12.71	3.34	
沃思堡盆地 (Fort Worth)	巴尼特(Barnet)	46.70	7.80	3.80	36.30	5.40	Chalmers et al., 2012
阿巴拉契亚盆地 (Appalachian)	马塞勒斯 (Marcellus)	28.70	6.50	21.30	43.00	0.50	
阿纳达科盆地 (Anadarko)	伍德福德 (Woodford)	32.00	10.10	9.00	45.80	3.10	
东得克萨斯盆地 (East Texas)	海恩斯维尔 (Haynesville)	24.10	20.90	6.60	44.70	3.70	

表 4.2 国内外部分泥页岩地层黏土矿物平均相对含量

地区或盆地	层组或层位	黏土矿物组成(%)						参考文献
		伊利石	蒙脱石	伊/蒙混层	高岭石	绿泥石	伊/蒙混层中蒙脱石含量	
渤海盆地	明化镇组	15.55	0	71.45	9.45	3.55	70.00	蔚宝华等，2013
下扬子区	幕府山组	61.80	7.62	0	14.00	17.00	—	周江羽等，2021
淮南地区	头屯河组	15.44	5.07	34.56	4.33	28.24	—	刘可等，2022
克拉苏构造带	康村组	50.19	0	16.76	0	33.40	15.00	
	苏维依组	53.28	0	13.05	0	33.67	15.00	
	巴西改组	60.40	0	21.20	0	18.30	30.00	
南堡凹陷	沙河街组	47.12	0	37.25	11.23	4.30	30.00	
	东营组	46.93	0	19.70	5.63	27.75	20.00	
乌石凹陷	流沙港组	41.58	0	30.55	17.21	10.66	20.00	
	涠洲组	47.28	0	26.06	18.79	7.88	25.00	
四川盆地	龙马溪组	25.53	0	26.81	0	6.20	10.00	
	五峰组	89.10	0	3.48	0	7.43	10.00	
鄂尔多斯盆地	延长组	61.10	0	12.54	3.54	22.00	10.00	
沃思堡盆地 (Fort Worth)	巴尼特 (Barnet)	86.50	0	0	10.50	3.00	—	Chalmers et al., 2012
阿巴拉契亚盆地 (Appalachian)	马塞勒斯 (Marcellus)	78.10	0	0	7.90	14.00	—	
阿纳达科盆地 (Anadarko)	伍德福德 (Woodford)	89.50	0	0	3.10	7.40	—	
东得克萨斯盆地 (East Texas)	海恩斯维尔 (Haynesville)	96.60	0	0	2.00	1.40	—	

1. 黏土矿物

黏土矿物是一种含水的硅酸盐或铝硅酸盐矿物，常为层状结构。层状结构的黏土矿物由硅氧四面体和铝氧八面体层或镁氧八面体层两种基本结构层组成。四面体和八面体基本结构层在空间上彼此以一定规律结合就形成了结构单元层。泥页岩中的黏土矿物主要为蒙脱石、高岭石、伊利石、绿泥石和混层黏土矿物。不同类型的黏土矿物，其结构单元层中各基本结构层相互结合的比例及重叠方式不同，所以不同类型黏土矿物的晶格取代不一样，表面所带负电荷也有较大差异，其中蒙脱石遇水具有强膨胀性，伊利石遇水具有弱膨胀性，高岭石和绿泥石遇水不具有膨胀性。黏土矿物的带电性、亲水性等性质是泥页岩地层与钻井液等外来水基工作液接触后发生水化膨胀分散或水化致裂破碎的主要原因，也是井下复杂与事故的主要诱因。

2. 非黏土矿物

泥页岩中的非黏土矿物主要包括陆源碎屑矿物和化学沉淀的自生矿物。陆源碎屑矿物中有石英、长石、云母和各种副矿物等，其中以石英为主，圆度较差，作为脆性矿物，其对岩石脆性的影响较大；化学沉淀物都是在泥页岩形成过程中生成的，含量通常低于 5%，是泥页岩形成环境、成岩变化的重要标志。

3. 有机质

泥页岩中除包括黏土矿物和非黏土矿物外，还可能含有一定量的有机质。泥页岩是深层油气资源开发过程中经常遇到的井下复杂与事故多发的地质体，也可能是非常规油气藏的赋存地质体。研究表明，四川盆地长宁地区龙马溪组页岩岩石的有机碳含量(TOC)分布在 1.06%～4.53%，石柱地区五峰组页岩的 TOC 含量分布为 0.621%～5.33%，鄂尔多斯盆地延长组长 7 段页岩的 TOC 含量分布为 3.89%～5.11%，说明页岩气层的岩石富含有机质，有机质的存在将影响对页岩气层岩石润湿性的评价。

4. 泥页岩中的水成分构成

在泥页岩整个成岩过程中都伴随着水的活动，根据黏土矿物中水的不同存在形式，可分为结晶水、束缚水和自由水。①结晶水是结合在黏土矿物中的水分子，它不是液态水，而是黏土矿物晶体构造的一部分。不同的晶体构造及不同的水分子结合紧密程度，使黏土矿物晶层的脱水温度也不同，蒙脱石的脱水温度为 600～700℃，伊利石的脱水温度为 500～600℃，高岭石的脱水温度为 350～600℃。②黏土矿物晶层由于晶格取代作用而带负电荷，在静电引力及分子间引力的作用下，极性水分子被吸附到带有负电荷的黏土矿物表面，从而在泥页岩颗粒表面形成水化膜，这部分水受泥页岩颗粒的束缚作用随黏土矿物颗粒一起运动，称为束缚水。③自由水是指泥页岩黏土矿物孔道中存在不受其束缚、可自由运动的水。

4.2　阳离子交换容量

阳离子交换容量反映了当外来钻井液与泥页岩相互作用后，钻井液中水分子、含水化壳的阳离子能将黏土矿物晶层间阳离子交换下来的总量。泥页岩阳离子交换容量越大，越易发生水化反应。泥页岩阳离子交换容量与其吸附水分子、发生表面水化的能力直接相关，反映了泥页岩的水化膨胀能力。因此，利用阳离子交换容量可分析泥页岩地层的水化膨胀能力。

依照行业标准《泥页岩理化性能试验方法》(SY/T 5613—2000)，对岩样处理后测量阳离子交换容量。测定方法如下：

(1)准备岩样：将小碎岩块在研钵内砸碎，用 100 目的筛网筛出实验所需粉末状的岩样粉。在 105℃下烘干岩样 6h，然后放入干燥器(底部放有吸湿硅胶)冷却。

(2)泥页岩浆液制备：①取冷却至室温的岩样粉 20g 置于容量为 100mL 的烧杯中，加蒸馏水至总体积为 40mL。用玻璃棒搅拌均匀后，在磁力搅拌机上高速搅拌 30min。②用不带针头的注射器量取 2mL 摇匀的页岩浆液并注入另一个盛有 10mL 蒸馏水、容量为 100mL 烧杯中。③加入 15mL 浓度为 3%的过氧化氢溶液和 0.5mL 浓度为 2.5mol/L 的硫酸溶液，缓慢煮沸 10min(但不能蒸干)，用水稀释至 50mL，待滴定。

(3)亚甲基蓝滴定：以 0.5mL/次将亚甲基蓝溶液加到待滴定的烧杯中，用玻璃棒搅拌 1min。在固体悬浮的状态下，用搅拌棒取一滴液体滴在滤纸上，当染料在染色固体周围显出蓝色环时，即达到滴定终点(图 4.1)，按照公式(4.1)计算泥页岩的阳离子交换容量(CEC)。

$$\mathrm{CEC}=\frac{a}{b}\times 10 \tag{4.1}$$

式中，CEC 为泥页岩的阳离子交换容量，mmol/kg；a 为滴定所耗亚甲基蓝溶液毫升数，mL；b 为滴定所取泥页岩克数，g。

对不同层组共计 88 个泥页岩样品进行了阳离子交换容量的实验。实验结果见图 4.1 和图 4.2。从图中可看出的不同层组泥页岩样品的阳离子交换容量分布范围为 30～360mmol/kg，这与不同层组泥页岩黏土矿物的类型和含量有关，其中泥岩样品(流沙港组、涠洲组、沙河街组、东营组、巴西改组、康村组)阳离子交换容量为 95～360mmol/kg，页岩样品(龙马溪组、延长组长 7 段)阳离子交换容量为 30～125mmol/kg，说明前者的水化膨胀能力较强。

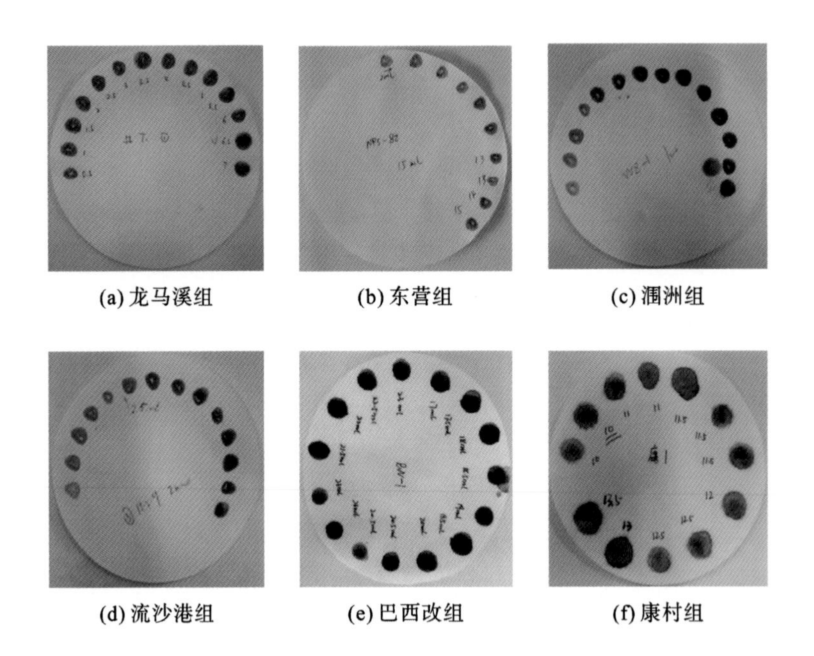

(a) 龙马溪组　(b) 东营组　(c) 涠洲组

(d) 流沙港组　(e) 巴西改组　(f) 康村组

图 4.1　部分泥页岩样品滴定终点

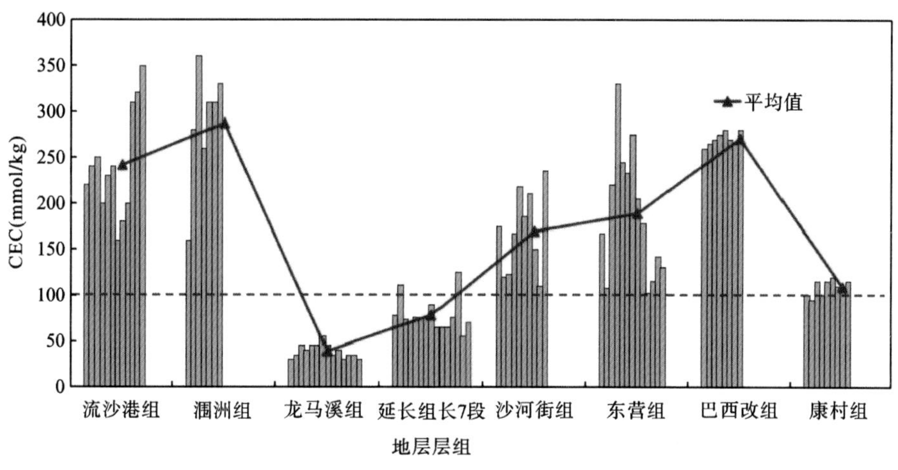

图 4.2　泥页岩样品的阳离子交换容量

4.3　润　湿　性

4.3.1　室内实验测试结果

基于接触角法的不同层组泥页岩样品测试结果如图 4.3 和表 4.3 所示。从图 4.3 和表 4.3 中可看出不同层组泥页岩样品基本上对于白油和煤油都是全铺展，而对于水呈不同大小的水滴形状，据此可判断岩样对水和油均具有润湿倾向，即具有双亲性，且对油的润湿倾向更明显。

表 4.3　不同泥页岩样品润湿性测试结果

层组	岩心编号	润湿介质			
		空气-水		空气-煤油	空气-白油
		CA[L] (°)	CA[R] (°)		
龙马溪组	1	13.6	13.6	全铺展	全铺展
	2	14.3	14.3	全铺展	全铺展
	3	13.7	13.7	全铺展	全铺展
东营组	1	14.3	14.3	全铺展	全铺展
	2	15.4	15.4	全铺展	全铺展
	3	10.4	10.4	全铺展	全铺展

注：CA[L]表示液滴左接触角，CA[R]表示液滴右接触角。

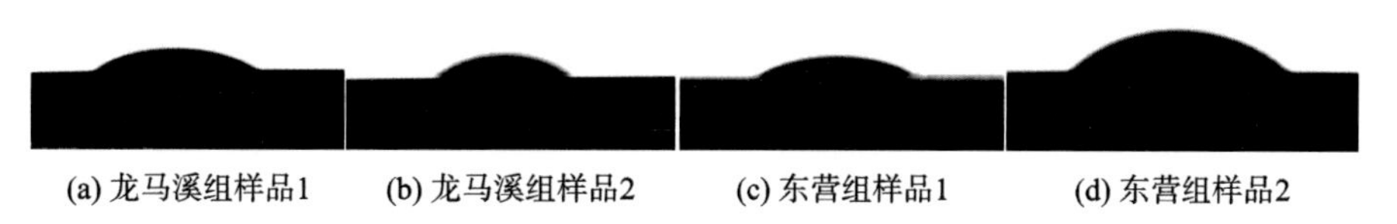

(a) 龙马溪组样品1　(b) 龙马溪组样品2　(c) 东营组样品1　(d) 东营组样品2

图 4.3　不同泥页岩样品接触角法测试结果

龙马溪组页岩样品的自吸实验结果如图 4.4 所示，图 4.4(a)为 TOC 含量相近的页岩样品自吸吸水量和自吸吸油量随时间的变化规律，图 4.4(b)为不同 TOC 含量页岩样品的自吸吸油量随时间的变化规律。从图中可以看到，页岩自吸吸水量和自吸吸油量随时间增加先快速上升后趋于稳定，页岩自吸吸水速度大于自吸吸油速度，且相同时间内页岩自吸吸水量大于自吸吸油量。这是因为页岩孔径主要分布在 1～135nm，而水分子直径为 0.4nm，水分子能进入页岩孔隙中，而白油分子直径大于水分子直径，说明在毛细管效应作用下水进入页岩的孔隙范围大于白油进入的孔隙范围，同时在相同孔径条件下，水受到的毛细管力大于白油受到的毛细管力，从而造成页岩自吸吸水量和吸水速度大于自吸吸油量和吸油速度。通过聚焦离子束扫描电子显微镜对页岩样品进行切割成像，依据不同组分的灰度值差异，可分别将有机孔隙和无机孔隙提取出来，并在三维空间上展示其分布形态，如图 4.5 所示，图中蓝色部分为无机孔隙，绿色部分为有机孔隙，岩石骨架为透明。从图 4.5 中可以发现，龙马溪组页岩中既发育有无机孔隙也发育有有机孔隙，有机孔隙网络较发育，且有机孔隙网络和无机孔隙网络交叉分布，并不是孤立分布。结合图 4.4(a)可看出，页岩自吸白油后或页岩自吸吸水后分别再自吸水或自吸油，水相或油相仍能进入页岩孔隙中，且页岩自吸油后自吸吸水量或自吸水后自吸吸油量的上升速度均降低，这说明因毛细管效应作用下自吸吸水或吸油，水相或油相仍会进入页岩孔隙中，从而占据部分孔隙，阻碍油相或

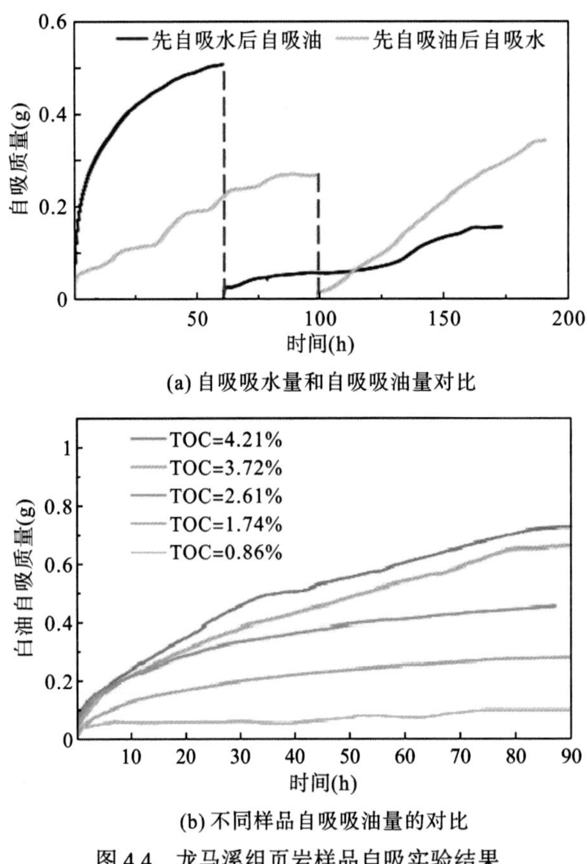

(a) 自吸吸水量和自吸吸油量对比

(b) 不同样品自吸吸油量的对比

图 4.4 龙马溪组页岩样品自吸实验结果

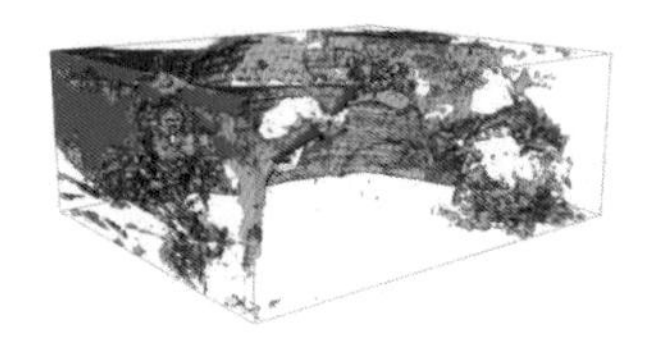
(a) 页岩中的无机孔隙和有机孔隙

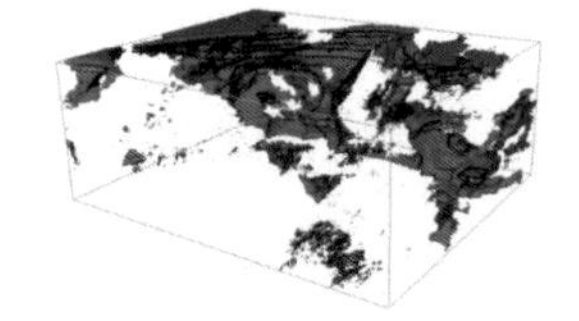
(b) 无机孔隙的空间分布特征

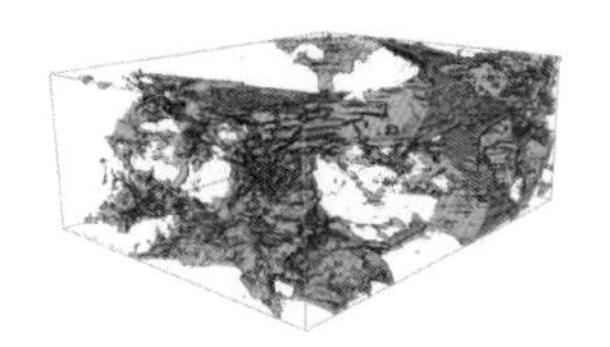
(c) 有机孔隙的空间分布特征

图 4.5　页岩中的无机孔隙和有机孔隙(蓝色为无机孔隙，绿色为有机孔隙，骨架为透明)

水相的后续进入，造成自吸吸油量或自吸吸水量上升速度降低，这也从侧面反映了页岩中有机孔隙和无机孔隙网络交叉分布的特征。此外，从图 4.4(b)可看出，随着时间增加，自吸吸油量先快速增加而后缓慢增加；不同页岩样品的自吸吸油量存在差异，该差异与页岩样品的 TOC 含量有关，即页岩样品的 TOC 含量越大，其自吸吸油量越大。这是因为 TOC 含量越高，页岩中的有机孔隙网络越多，页岩孔隙中亲油孔隙增多，页岩自吸油量将增大。

4.3.2　矿物表面的润湿行为

根据前面分析可知，结合泥页岩矿物组成的特点，其孔隙类型可分为黏土矿物孔隙、非黏土矿物孔隙和有机质孔隙。为了简化研究，黏土矿物选用伊利石作为研究对象，非黏土矿物选用石英作为研究对象，有机质选用官能团化石墨作为研究对象。

4.3.2.1　不同表面模型的构建

石英的主要成分是由硅和氧原子组成的二氧化硅，它属于骨架硅酸盐结构[SiO4]4-四面体，共有四个顶点，O 原子配位数为 2，Si 原子配位数是 4。从数据库中选取α-石英，结构见图 4.6，晶胞参数主要为 a=0.491nm，b=0.491nm，c=0.540nm，$\alpha=\beta$=90°，γ=120°。选取石英(0 0 1)晶向切割晶面，以此建立模拟所需的石英表面模型。

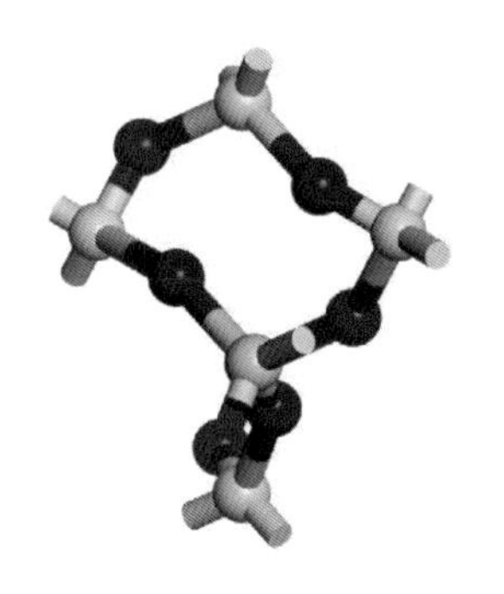

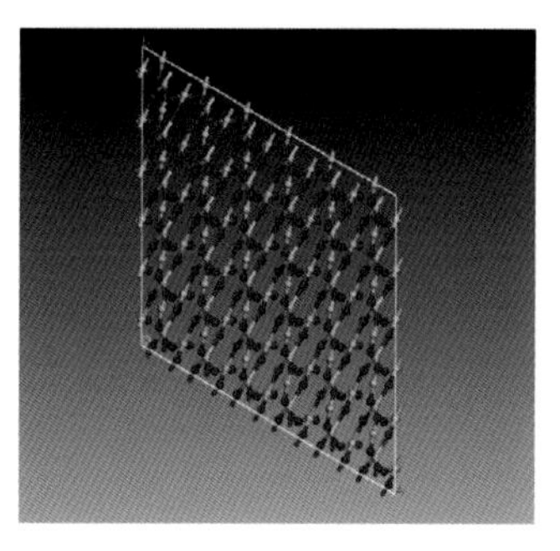

图 4.6　石英晶胞结构及层状模型(●为氧原子、●为硅原子)

模拟采用伊利石晶胞，各原子坐标和晶胞参数设置以晶体结构数据库为依据，结构如图 4.7 所示，晶胞参数为 a=0.5198nm，b=0.9014nm，c=0.999nm，$\alpha=\gamma$=90°，β=100.95°。选取晶胞(0 0 1)晶面进行切割，以此建立模拟所需的伊利石表面模型。

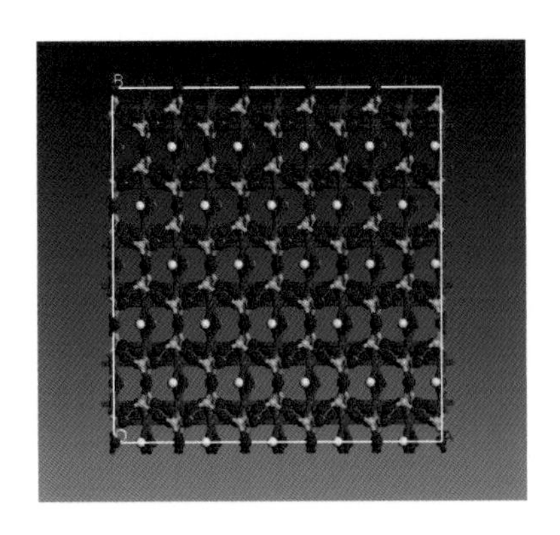

图 4.7 伊利石层状结构模型(●为铝原子、●为钾原子、○为氢原子)

采用石墨结构模型近似模拟干酪根化学结构模型，以此建立石墨表面模型。从数据库中选取石墨晶胞，石墨是以碳原子连接而成的三维骨架结构，晶格参数为 a=0.246nm，b=0.246nm，c=0.679nm，$\alpha=\beta=90°$，$\gamma=120°$。将不同 C/O 比的石墨单层与未进行含氧官能团修饰的石墨单层进行组合，得到具有一定 C/O 比的双层石墨模型，如图 4.8 所示，图 4.8(a)～图 4.8(g)的 C/O 逐渐减小，图 4.8(h)展示了 C/O 比为 3 的双层石墨构型。

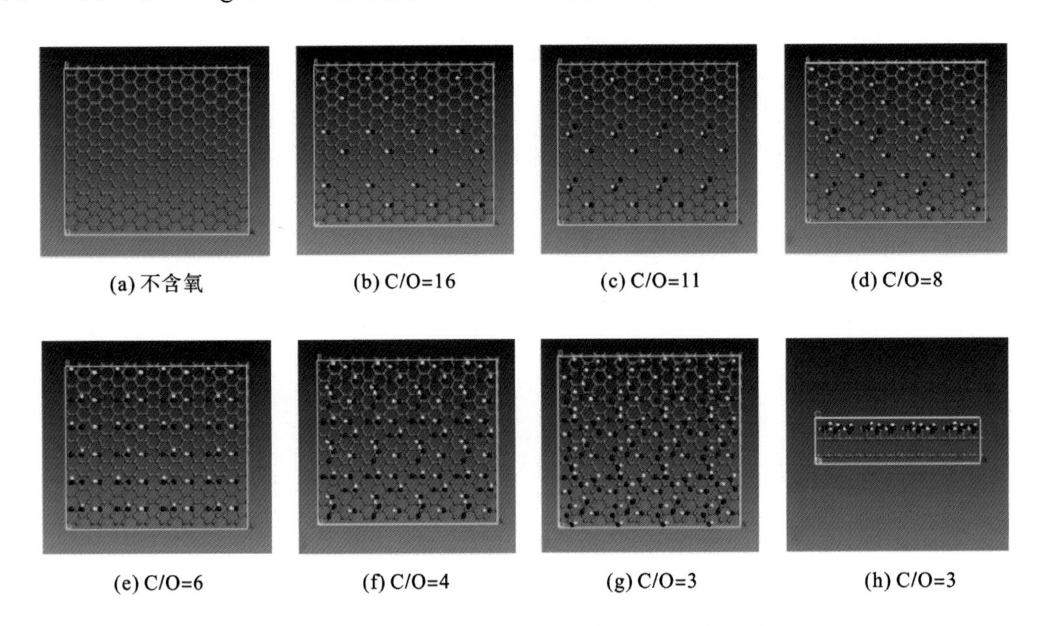

(a) 不含氧　(b) C/O=16　(c) C/O=11　(d) C/O=8

(e) C/O=6　(f) C/O=4　(g) C/O=3　(h) C/O=3

图 4.8 不同 C/O 比的石墨层状结构模型(●为碳原子)

为了定量描述纳米水滴(由 2000 个水分子构成)在各表面的微观接触角，将处于平衡态的水团簇近似看作理想球形的一部分，如图 4.9 所示，其中 h 为水滴高度，r 为水滴与表面接触圆面的半径，R 为水滴(球)半径。水滴在固体表面有两种形式，分别推导了两种形式下接触角的计算公式，见式(4.2)和式(4.3)。式中关键参数可由水分子的相对浓度分布曲线得到，如图 4.10 所示，其中由水分子在 X 轴和 Y 轴上的相对浓度分布曲线可分别

获得 r_1 和 r_2，通常情况下 $r_1=r_2=r$，若 r_1 与 r_2 不相等，则 r 取 r_1+r_2 的平均值；h 可由水分子在 Z 轴的相对浓度分布曲线近似获得。

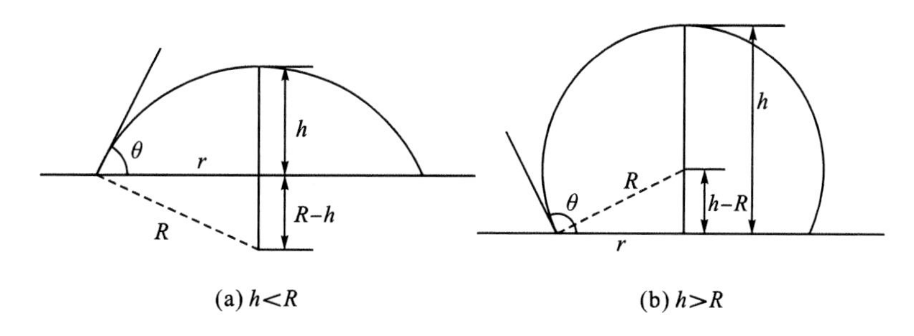

图 4.9　接触角计算示意图

$$\theta=\arcsin\left(\frac{2hr}{h^2+r^2}\right)\quad (h<R) \tag{4.2}$$

$$\theta=90°+\arccos\left(\frac{2hr}{h^2+r^2}\right)\quad (h>R) \tag{4.3}$$

式中，θ 为接触角；h 为水滴高度；r 为水滴与表面接触圆面的半径；R 为水滴(球)半径。

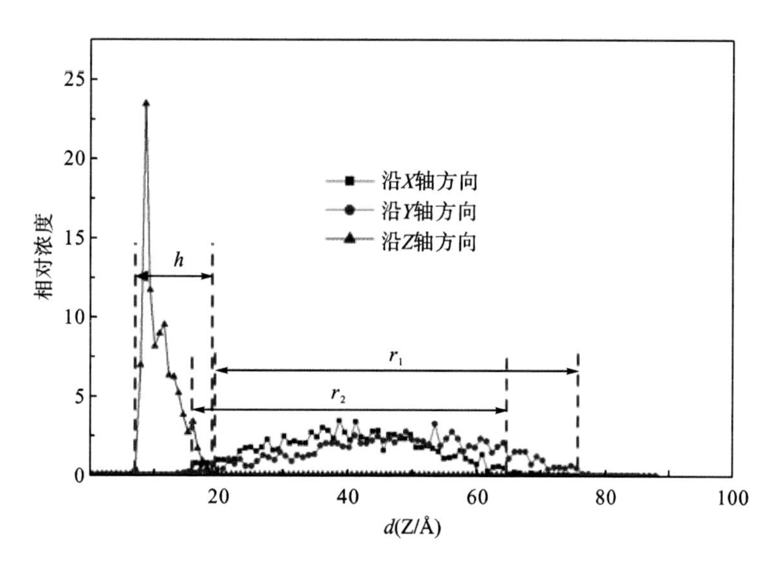

图 4.10　表面上不同方向水分子的相对浓度分布曲线

不同矿物表面的润湿性是水分子与其表面相互作用的结果。为了描述水分子与矿物表面间的相互作用，需要计算水分子与模拟矿物表面的相互作用能，计算公式为

$$E_{total}=E_{system}-\left(E_{mol}+E_{mod}\right) \tag{4.4}$$

式中，E_{system} 为分子和矿物表面模型体系的总能量；E_{mol} 为单独分子的能量；E_{mod} 为矿物表面/孔模型的能量；E_{total} 为体系的相互作用能，该值越大，两者间的相互作用越强。

4.3.2.2 不同表面的水分子润湿行为

水分子与不同矿物表面间发生分子相互作用，造成纳米水滴在表面上发生吸附铺展行为，纳米水滴仍呈团簇结构，但不同表面上的纳米水滴形状存在差异，呈现出各种不规则结构，其中在石英矿物和伊利石矿物表面的铺展状更明显。根据公式(4.2)和公式(4.3)，计算纳米水滴在不同矿物表面的润湿接触角，结果如图 4.11 和图 4.12 所示。

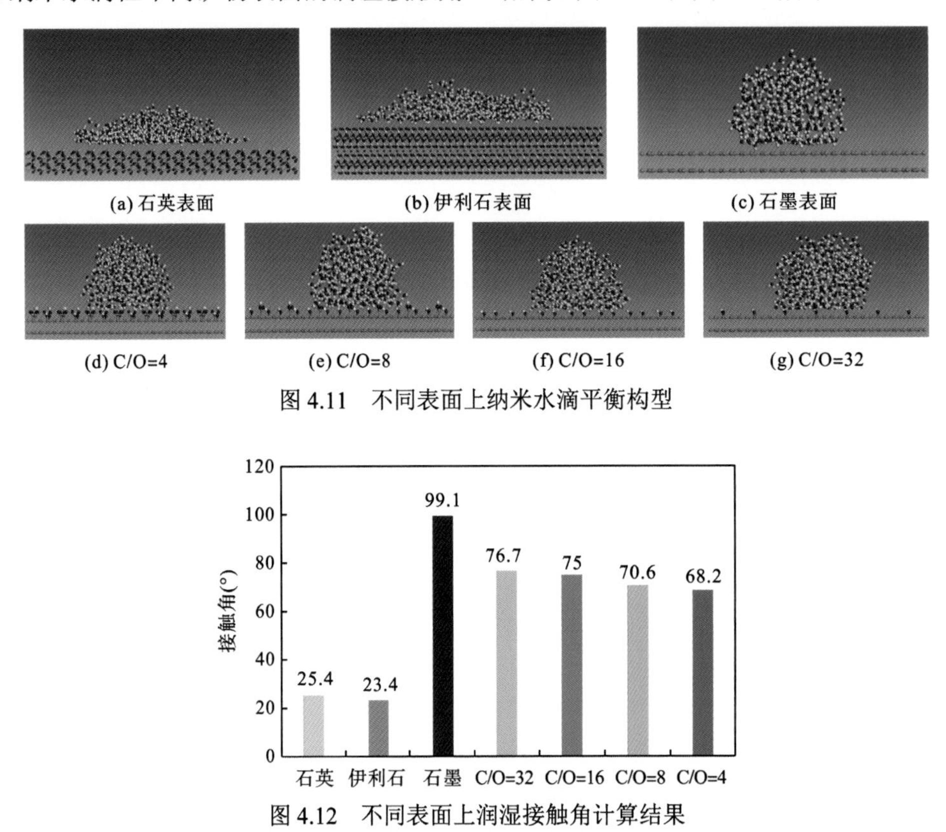

图 4.11 不同表面上纳米水滴平衡构型

图 4.12 不同表面上润湿接触角计算结果

从图 4.11 和图 4.12 中可发现，纳米水滴在石英和伊利石表面接触角较小，分别为 25.4°和 23.4°，即石英矿物和伊利石矿物表面具有亲水性；而在纯石墨表面的润湿接触角较大，为 99.1°，说明纯石墨表面具有疏水性。C/O 比分别为 4、8、16、32 的石墨表面纳米水滴的接触角分别为 68.2°、70.6°、75°、76.7°，说明含氧官能团化石墨表面润湿性为亲水性，且随 C/O 的增大，亲水性逐渐减弱。

纳米水滴和不同矿物表面的相互作用能如表 4.4 所示。从表 4.4 中可以发现，水分子与不同矿物表面之间的相互作用主要为库仑相互作用和范德华相互作用，其中水分子-矿物表面模型体系的相互作用能主要由库仑作用贡献，在体系的相互作用力下，靠近表面的水分子能够迅速吸附在矿物表面，而且水分子与含氧官能团化石墨表面的相互作用能小于水分子与石英矿物表面和伊利石矿物表面的相互作用能，这种差异随 C/O 比的降低而逐渐减小，其中水分子与纯石墨表面的相互作用能最小，从而造成纳米水滴在纯石墨表面的润湿接触角更大。同时，从图和表中可看出，随着 C/O 比的降低，含氧官能团化石墨表面的润湿接触角从 76.7°降低到 68.2°，即随着 C/O 比的减小，表面润湿接触角呈减小的趋势，表面更亲水，说明石墨结构表面含氧官能团增多，表面的水湿趋强，对水分子的吸附作用增强。这是因为石墨结构表面经含氧官能化处理后，其表面的羟基和羧基都是极性官能团，而水分子也是极性分子，水分子与含氧官能化石墨结构表面存在较强的库仑力作用(表 4.4)，水滴与含氧官能团化石墨结构表面间的相互作用使靠近表面的水分子能够迅速吸附在其表面。随着 C/O 比的增加，水分子与含氧官能团化石墨结构表面的库仑作用降低，造成水分子-石墨结构表面模型体系的相互作用能降低，即水分子与表面的相互作用减弱，表面润湿接触角减小，表面亲水性增强。

表 4.4　水滴与不同表面的相互作用能结果

表面	润湿角(°)	E_{total}(kJ/mol)	E_{vdW}(kJ/mol)	E_{elec}(kJ/mol)
石英	25.4	−4448.27	733.695	−5181.96
伊利石	23.4	−4399.24	707.839	−5107.08
C	99.1	−4811.61	867.449	−5679.06
C32	76.7	−4722.7	856.2	−5579.0
C16	75	−4680.7	825.7	−5506.4
C8	70.6	−4633.4	785.8	−5419.1
C4	68.2	−4585.7	763.9	−5349.6

注：E_{total} 为总势能，E_{vdW} 为范德华非键结势能，E_{elec} 为库仑静电势能。

从图 4.13 和图 4.14 中可看出，相同 C/O 比石墨结构表面-水体系下，不同温度的含氧官能团化石墨表面的水滴形态差异较明显，例如，C/O 比为 4，随着温度升高，含氧官能团化石墨表面的润湿接触角从 68.2°降低为 45.9°，即随着温度增加，纳米水滴在表面上的接触半径增大，纳米水滴的高度降低，纳米水滴在表面上铺展得更开，说明随着温度升高，含氧官能团化石墨结构表面的润湿接触角减小，表面更润湿。这是因为随着温度的升高，水分子与含氧官能团化石墨结构表面间的库仑作用增强，造成水分子-石墨结构表面模型体系的相互作用能增大，如表 4.5 所示，水分子与表面的相互作用增强，进而导致表面润湿接触角减小，表面亲水性增强。

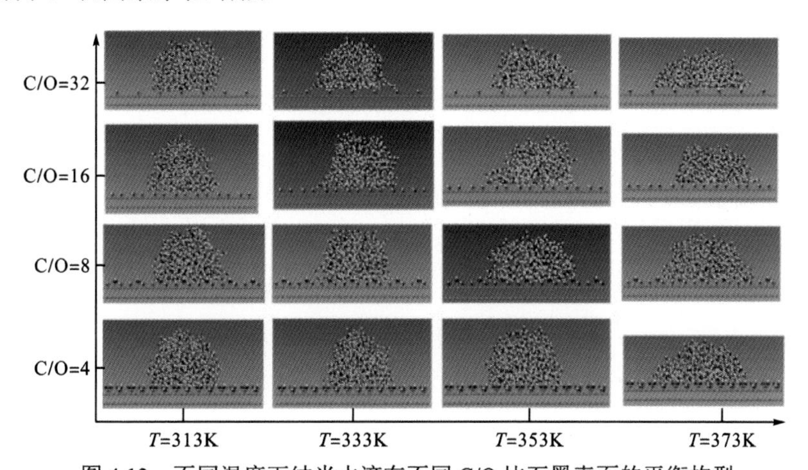

图 4.13　不同温度下纳米水滴在不同 C/O 比石墨表面的平衡构型

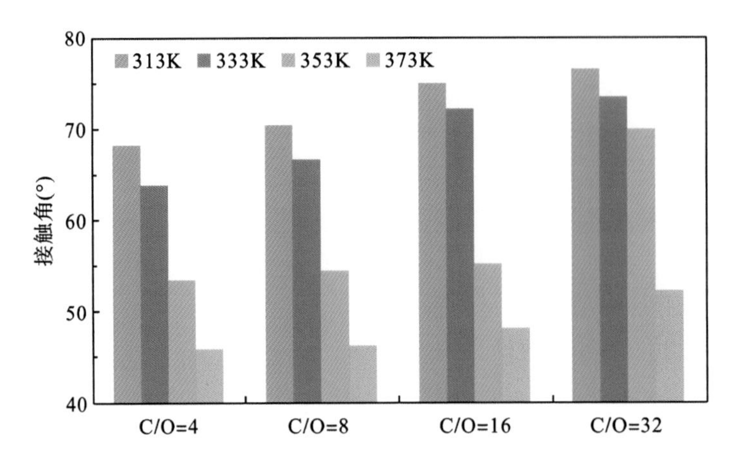

图 4.14　不同温度下纳米水滴在不同 C/O 比石墨表面的润湿角

表 4.5　水滴与不同 C/O 比的石墨结构表面的相互作用能

表面(C/O)	温度(K)	E_{total} (kJ/mol)	E_{vdW} (kJ/mol)	E_{elec} (kJ/mol)	表面(C/O)	温度(K)	E_{total} (kJ/mol)	E_{vdW} (kJ/mol)	E_{elec} (kJ/mol)
4	313	-4722.7	856.2	-5579.0	4	353	-4772.3	874.3	-5646.6
8		-4680.7	825.7	-5506.4	8		-4719.6	843.2	-5562.8
16		-4633.4	785.8	-5419.1	16		-4654.9	816.6	-5471.4
32		-4585.7	763.9	-5349.6	32		-4624.2	799.1	-5423.3
4	333	-4744.8	864.8	-5609.6	4	373	-4784.1	884.6	-5668.6
8		-4683.9	839.7	-5523.5	8		-4742.8	855.0	-5597.7
16		-4643.4	813.6	-5457.0	16		-4683.3	833.7	-5517.0
32		-4608.7	793.6	-5402.2	32		-4660.9	816.3	-5477.2

综上所述，页岩孔隙中的黏土矿物孔隙和非黏土矿物孔隙一般具有亲水性，而有机质孔隙可能亲水也可能亲油，亲水或亲油程度依赖于有机质表面分布的含氧官能团，造成页岩孔隙中润湿性分布的差异性，即微观非均质性润湿性，从而影响页岩孔隙中水的分布特征。

4.4　孔隙的结构特征

泥页岩孔隙结构的研究包括岩石中孔隙形态、孔隙类型、比表面积、孔容、孔径范围、孔径分布等。巨大的比表面积常使泥页岩具有较高的化学活泼性，能够优先与侵入地层的外来流体发生化学反应和物理化学作用，并具有较高的化学反应速度。泥页岩的比表面积受有机质、矿物组成、颗粒排列方式、粒径和颗粒形状等因素的影响。

4.4.1　低压氮气吸附测试

低压氮气吸附法常用来研究固体纳米级孔隙的分布情况，本研究中低压氮气吸附实验采用美国康塔公司 NOVA2000e 型比表面积和孔隙度分析仪进行，仪器孔径测量范围为 0.35～400nm。在 77K、不同相对压力范围(0.001～0.998)下进行等温吸附-脱附实验，获得低压氮气吸附-脱附等温数据。以低压氮气吸附等温数据为基础，根据 BET 二常数公式[式(4.5)]在相对压力为 0.05～0.35 时，计算得到单分子层吸附量，再根据式(4.6)计算得到样品的比表面积(Brunauer et al.，1938)。BET 二常数公式为

$$\frac{p}{V\left(p_{\mathrm{o}}-p\right)}=\frac{1}{V_{\mathrm{m}}\cdot C}+\frac{C-1}{V_{\mathrm{m}}\cdot C}\cdot\frac{p}{p_{\mathrm{o}}} \tag{4.5}$$

式中，p 为被吸附气体在吸附温度下的平衡压力，MPa；p_{o} 为被吸附气体在吸附温度下的饱和蒸气压，MPa；V 为平衡压力 p 下的吸附量，$\mathrm{cm^3/g}$；V_{m} 为形成单分子吸附层时的吸附量，$\mathrm{cm^3/g}$；C 为常数。

比表面积计算公式为

$$S_{\mathrm{BET}}=\frac{V_{\mathrm{m}}NA_{\mathrm{m}}}{22400W}\times10^{-18} \tag{4.6}$$

式中，S_{BET} 为样品的比表面积，$\mathrm{m^2/g}$；N 为阿伏伽德罗常数，6.023×10^{23}；A_{m} 为吸附质分子截面积，即每个氮气分子在样品表面上所占的面积($0.162\mathrm{nm^2}$)；W 为相对分子量。

在此基础上，将泥页岩样品按国家标准进行取样、破碎和筛分，对样品进行低压氮气吸附测试。基于低压氮气吸附测试结果，可得到泥页岩样品的吸附-脱附等温线，从而进一步获得泥页岩样品的比表面积、孔容等参数。

4.4.1.1　低压氮气吸附-脱附等温线

泥页岩样品低压氮气吸附等温线和脱附等温线如图 4.15 所示。从图中可看出，泥页岩样品吸附等温线在形态上略有差别，且在相对压力较高($p/p_{\mathrm{o}}>0.45$)时，样品吸附-脱附等温线的吸附分支与解吸分支分离，形成吸附回线，说明样品孔隙存在中孔和大孔(Gregg and Sing，1982；Xiong et al.，2015)。根据吸附等温线的 BDDT 分类(Mastalerz et al.，2013)，

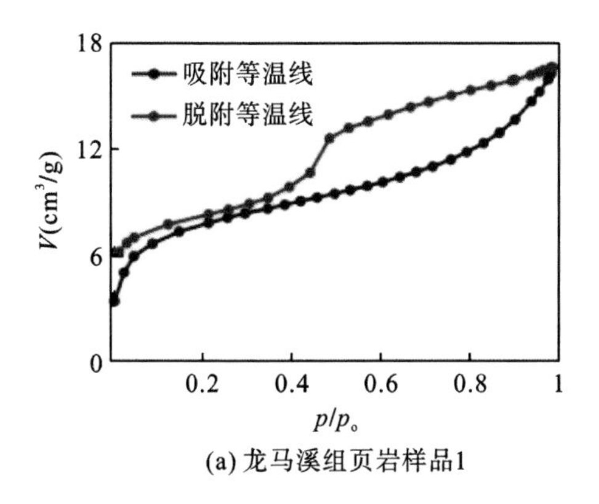

(a) 龙马溪组页岩样品1

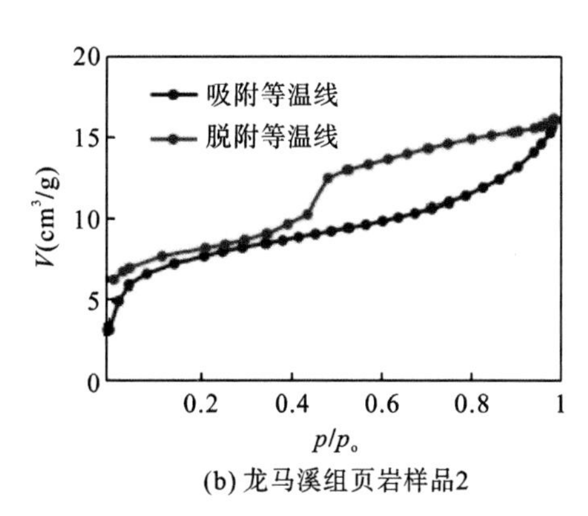

(b) 龙马溪组页岩样品2

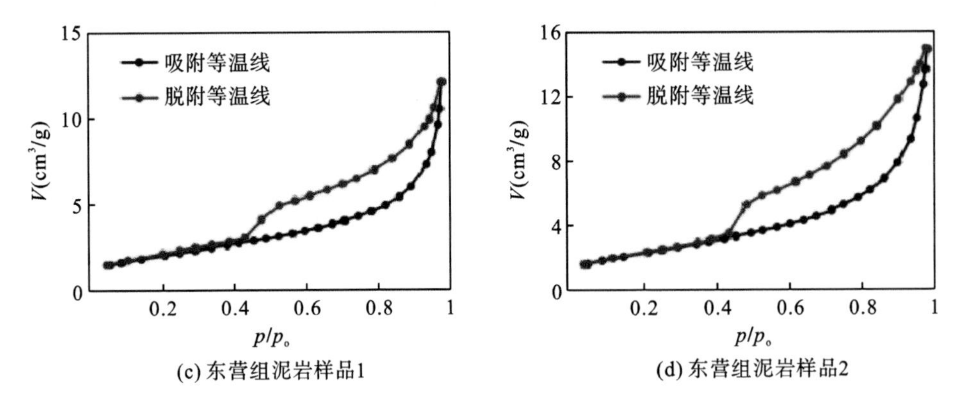

(c) 东营组泥岩样品1　　(d) 东营组泥岩样品2

图 4.15　泥页岩样品的吸附-脱附等温线

样品吸附曲线形态与Ⅳ型吸附等温线接近(等温线存在吸附回线)，吸附曲线前段上升缓慢，曲线中段近似呈线性，曲线后段上升较快。根据 Boer(Boer et al.，1966)和国际纯粹与应用粹联合会(International Union of Pure and Applied Chemistry，IUPAC)(Sing et al.，1985)的分类法，泥页岩样品吸附线主要为 Boer 分类法的 B 型和 IUPAC 分类法的 H2 型，其吸附、脱附等温线中脱附等温线分支有明显拐点，反映出泥页岩样品的孔隙形态呈开放性，主要以墨水瓶状、狭缝状等孔为主(Mastalerz et al.，2013；Xiong et al.，2015)。

4.4.1.2　比表面积和总孔容

由低压氮气吸附法测得不同层组泥页岩样品的比表面积，见图 4.16，泥页岩样品的总孔容见图 4.17，泥页岩样品的平均孔径见图 4.18。从图 4.16～图 4.18 中可看出，不同层组泥页岩样品的比表面积、总孔容和平均孔径存在差异，且分布范围较广，其中比表面积分布在 1.754～10.632m^2/g，总孔容分布在 0.0062～0.0399cm^3/g，平均孔径分布在 2.223～10.436nm。这说明不同层组泥页岩具有较高的比表面积和较大的平均孔径，从而为水分子进入泥页岩内部空间和吸附在孔隙表面提供了条件。

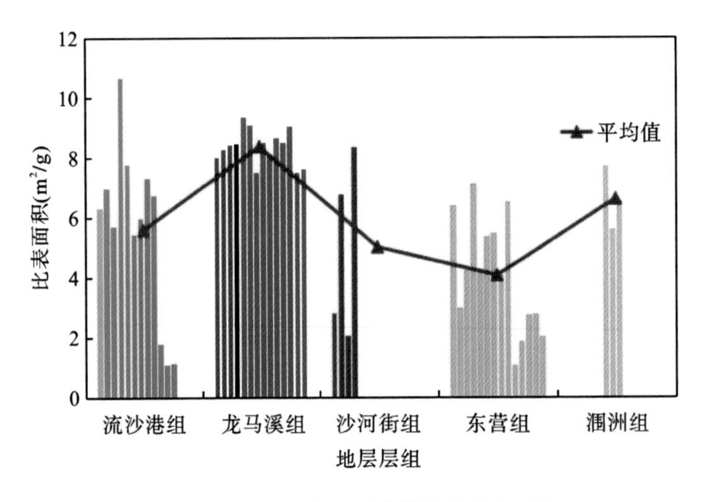

图 4.16　不同层组泥页岩样品的比表面积

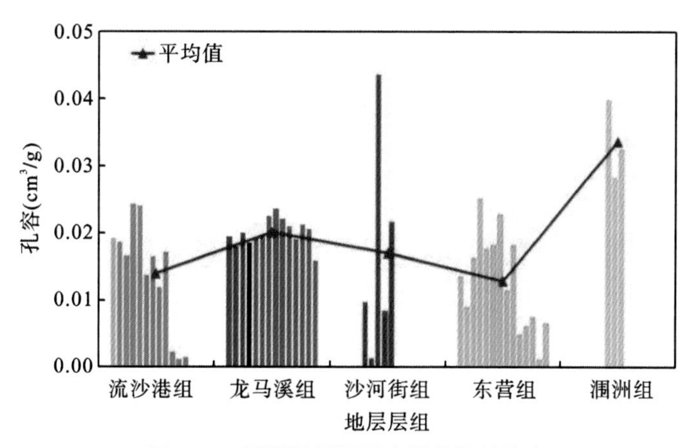

图 4.17　不同层组泥页岩样品的总孔容

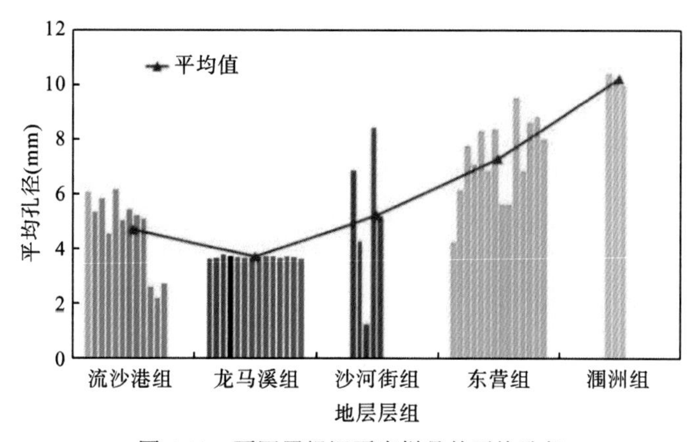

图 4.18　不同层组泥页岩样品的平均孔径

4.4.2　扫描电镜

不同层组泥页岩样品的扫描电镜观察结果如图 4.19 所示，从图中可看出，不同地层泥页岩样品的黏土矿物呈定向排列，且发育有微裂缝。同时，基于聚焦离子束扫描电子显微镜(focused ion beam-scanning electronmicroscope，FIB-SEM)手段可识别龙马溪组页岩中的无机孔隙和有机孔隙网络，在阈值分割中选用合适的阈值，即可分割出无机孔与有机孔，颜色较深的为无机孔，颜色稍浅一点的为有机孔。页岩的 FIB-SEM 观察结果如图 4.20 所示，从图中可以看出龙马溪页岩样品中发育有大量的纳米孔隙，包括有机孔和无机孔，孔隙形状表现为多样性，如椭圆形、无规则形及狭缝形等，孔隙类型也表现出多样性，可见粒内孔、粒间孔及微裂纹。泥页岩样品中发育的微孔隙和微裂缝将为流体进入其内部空间提供渗流通道，从而有助于液相侵入和扩大液相波及范围。同时，在钻井压差及毛细管压力的作用下，流体进入泥页岩地层后，一方面泥页岩地层岩石中黏土矿物与流体接触后发生相互作用，即泥页岩中的孔隙空间为水化作用提供了场所，反映出岩石的矿物组成和孔隙空间为泥页岩与水相互作用提供条件；另一方面降低岩石颗粒间的黏聚力，从而降低岩石强度，并且随着钻井压差增大还可能引起水力尖劈作用。

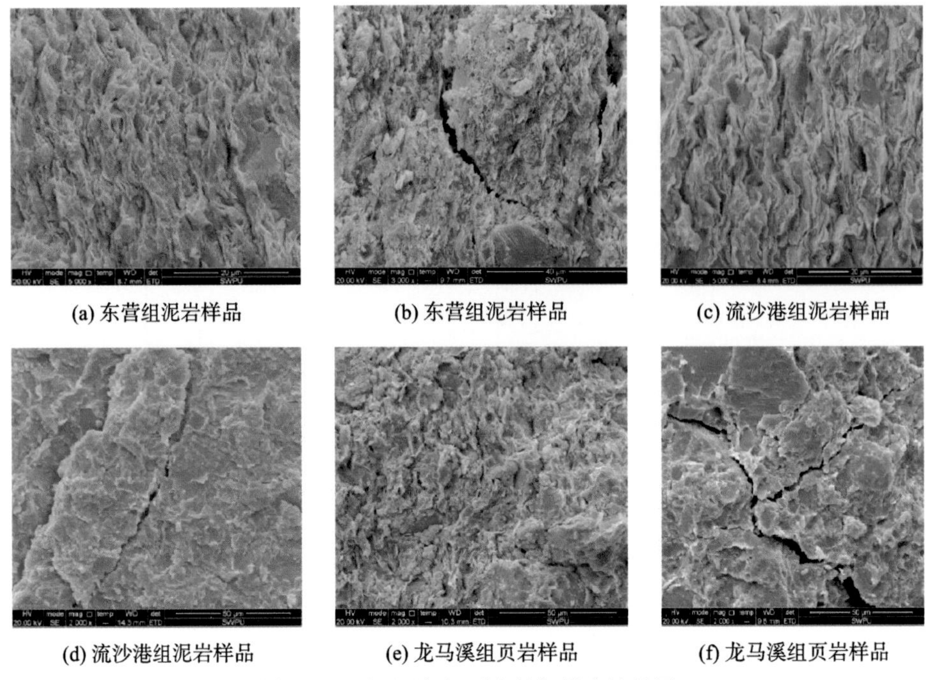
(a) 东营组泥岩样品 (b) 东营组泥岩样品 (c) 流沙港组泥岩样品

(d) 流沙港组泥岩样品 (e) 龙马溪组页岩样品 (f) 龙马溪组页岩样品

图 4.19 不同层组泥页岩的扫描电镜结果

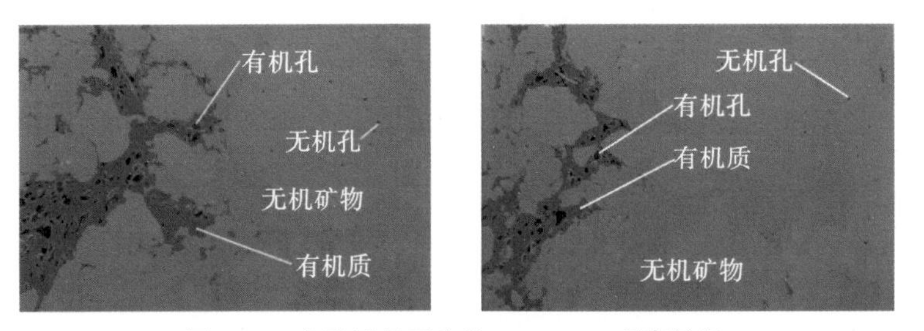

图 4.20 龙马溪组页岩的 FIB-SEM 观察结果

4.5 页岩的渗吸规律

龙马溪组页岩样品的渗吸实验采用全浸泡渗吸方式进行，其实验结果如图 4.21 所示。从图中可看出，不同实验条件下页岩的自发渗吸曲线具有相同的整体特征，即在实验过程中，页岩渗吸吸水率(单位质量的吸水量)随时间增加而增加，直至达到平衡阶段；页岩渗吸吸水率是随时间变化的，即初期渗吸吸水率随时间增长较快，随后上升速度逐渐变小，直至趋于零。同时，从图中还注意到垂直层理面页岩样品的渗吸吸水率大于平行层理面的页岩样品，该研究结果与任凯等(2015)的研究结果不一致，这可能是因为本研究的实验方法与任凯等的实验方法不一致，其在渗吸实验过程中采用不透水的环氧树脂和固化剂将页岩样品封固，只留一面与液体接触。一般而言，页岩基质较致密，而层理面发育有较多微裂纹，所以层理面可为水提供更多进入页岩内部的流动空间。因此，实验过程中垂直层理面的页岩样品与水接触时，水沿圆柱体侧面的层理面进入页岩岩石内部空间，而平行层理面页岩样品与水接触时，水主要沿圆柱体两个端面进入页岩岩石内部空间，故水与垂直层理面页岩样品的接触面积明显大于平行层理面的页岩样品，所以垂直层理面页岩样品的渗吸吸水率要大于平行层理面。这说明压裂过程中当亲水压裂液流动方向与龙马溪组页岩的层理面平行时，页岩地层对亲水压裂液的渗吸吸入量大，或者说层理面将加大页岩的渗吸吸入量。

此外，从图中还可以看出页岩样品对无机盐溶液的渗吸吸水率低于页岩样品对去离子水的渗吸吸水率，说明无机盐对页岩的渗吸吸水能力产生影响，换句话说，无机盐将在一定程度上抑制页岩的渗吸吸水能力。这可能是因为页岩对水的渗吸能力除了受毛管效应作用的影响，还受黏土矿物水化作用引起黏土矿物对水的吸附力作用和渗透压差的影响，无机盐的加入将对页岩中黏土矿物的水化作用产生抑制作用，同时减小渗透膜两侧的初始浓度差，降低页岩的水化作用和初始渗吸动力，从而降低页岩的渗吸吸水能力。进一步可观察到，页岩对三种无机盐溶液的渗吸吸水率存在差异，说明三种无机盐对页岩渗吸吸水能力的抑制作用存在差异，相同质量分数下的三种盐离子对页岩的渗吸抑制关系为 K^+＞Na^+＞Ca^{2+}。从三者的分子式可知，相同质量分数下溶液的 Na^+浓度最大，Ca^{2+}次之，K^+最小。其中，K^+水化能低，黏土单元晶层-K^+-黏土单元晶层之间的静电引力较大，故抑制黏土分散的能力较强；Ca^{2+}有较大的水化能，且本身所带电荷比 K^+多一倍，故黏土单元晶层-Ca^{2+}-黏土单元晶层之间的静电引力较大，故黏土颗粒也不易分散；Na^+的水化能大，带电又少，故对黏土的水化膨胀抑制力较弱。在离子平衡过程中，溶液中 K^+、Na^+和 Ca^{2+}进入黏土矿物晶层，替代部分原始黏土矿物中的 K^+，造成黏土矿物水化膨胀能力改变。结合页岩渗吸吸水率随时间变化关系曲线发现，Na^{2+}抑制力比 Ca^{2+}高，说明相同质量分数条件下，具有高浓度低抑制力的 Na^+对页岩渗吸能力的降低程度强于具有低浓度高抑制力的 Ca^{2+}。综合以上所述，K^+降低页岩的渗吸能力大于其余两者，Na^+降低页岩的渗吸能力大于 Ca^{2+}。

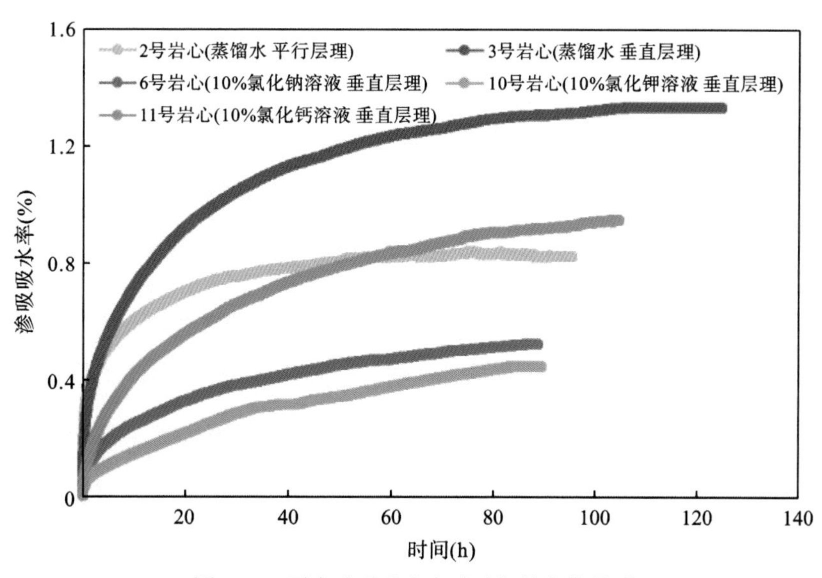

图 4.21　页岩渗吸吸水率随时间的变化关系

根据页岩渗吸实验数据，可建立$\frac{V_{吸}}{A_c L}-\sqrt{t/L^2}$之间的关系，如图 4.22 所示。该关系有效地将页岩岩石的大小和形状对渗吸特征的影响进行归一化消除。在获取的曲线中，曲线的峰值代表页岩岩石的渗吸能力，斜率则代表页岩岩石的渗吸速率。从图中可看出，在不同实验条件下页岩的自发渗吸曲线具有相同的整体特征，即页岩对水的渗吸速率随时间增加逐渐变小，最终趋于零。同时，可用三段式结构来描述页岩渗吸的变化。从中可看出，在早期的自发渗吸阶段，页岩渗吸速率随时间增加而迅速增大，这个阶段因页岩富含大量的纳米级孔隙，毛细管力大，在毛细管效应的作用下水将进入页岩岩石孔隙中，此时具有较高的渗吸速率；随着时间继续增加，页岩渗吸速率逐渐降低，减缓进入过渡阶段，这个阶段随含水饱和度的增加，毛细管效应作用减弱，页岩渗吸速率逐渐降低；进入后期渗吸阶段后，页岩渗吸速率随时间增加明显降低，直至趋于零，同时页岩渗吸吸入量的变化十分小，增加趋势并不明显。

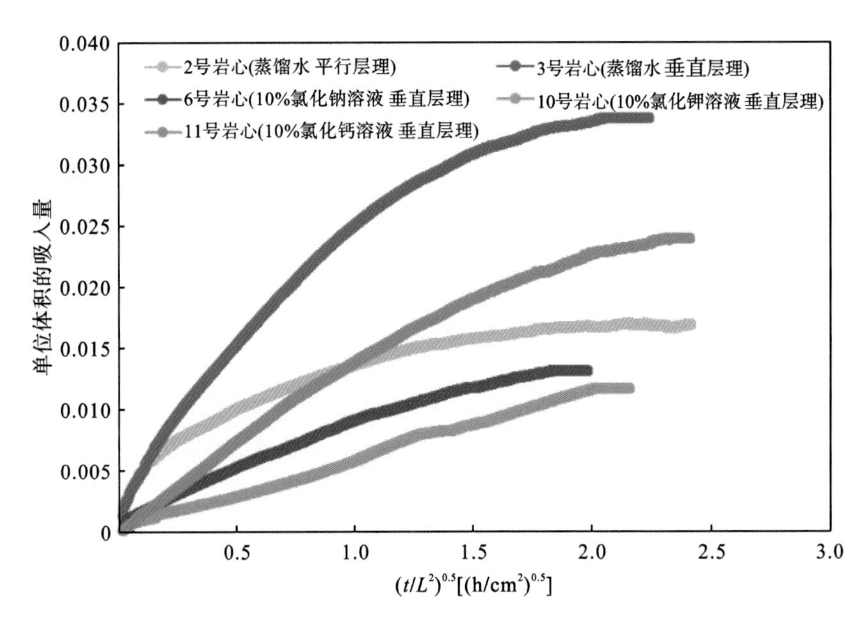

图 4.22 页岩单位体积的吸水量与的$\sqrt{t/L^2}$关系

对页岩渗吸曲线的三个阶段分别进行线性拟合得到曲线斜率，该斜率代表页岩岩石的渗吸速率，曲线的峰值代表页岩岩石的渗吸能力，统计结果如表 4.6 所示，其中第三阶段的斜率几乎接近零，因此未统计该阶段的斜率数据。从表中可看出，不同实验条件下 I 阶段曲线斜率较大，页岩的渗吸速率较快；进入 II 阶段，曲线变缓，且渗吸速率逐渐减小；当从 II 阶段进入III阶段后，渗吸曲线近乎平直，渗吸速率几乎为零。同时，从表中还可以看出，曲线斜率越大，表明页岩渗吸速率越高，初期渗吸速率的相对关系为页岩(垂直层理)＞页岩(水平层理)、页岩(水)＞页岩(白油)、页岩(水)＞页岩(10%氯化钙)＞页岩(10%氯化钠)＞页岩(10%氯化钾)；曲线的峰值越大，表明页岩渗吸能力越强，渗吸能力的相对关系为页岩(垂直层理)＞页岩(水平层理)、页岩(水)＞页岩(白油)、页岩(水)＞页岩(10%氯化钙)＞页岩(10%氯化钠)＞页岩(10%氯化钾)。这说明无机盐对页岩渗吸速率和渗吸能力产生影响，即无机盐将在一定程度上抑制页岩的渗吸吸水能力。这可能与无机盐的加入对页岩中黏土矿物的水化作用产生抑制有关。这说明页岩对水的渗吸除受毛细管效应作用外，还受黏土矿物水化作用的影响。半透膜两侧的盐度差会产生促使流体从低盐度溶液到高盐度溶液的渗透压，页岩中黏土矿物特殊的晶体结构使其成为离子交换过程中的半透膜，页岩基质中的含盐度很高，与流体之间的盐度差促使流体在渗透压作用下进入黏土晶层，并在黏土颗粒表面发生水化作用而附着在黏土颗粒内部，该黏土矿物的吸附力作用也将造成页岩渗吸速度增大。随着含水饱和度增加，半透膜两侧的盐离子浓度差异逐渐变小，其产生的渗吸动力也减小，在这个过程中毛细管效应作用和黏土矿物吸附力作用的减弱将导致页岩渗吸速度逐渐降低。

表 4.6　页岩渗吸数据曲线参数

岩心编号	实验条件	Ⅰ阶段斜率	Ⅱ阶段斜率	曲线峰值	岩心编号	实验条件	Ⅰ阶段斜率	Ⅱ阶段斜率	曲线峰值
1	平行层理	0.0121	0.0055	0.0210	5	白油	0.0009	0.0003	0.0040
2	平行层理	0.0108	0.0060	0.0240	8	白油	0.0011	0.0004	0.0038
3	垂直层理	0.0210	0.0071	0.0340	9	10%氯化钾	0.0058	0.0024	0.0100
4	垂直层理	0.0230	0.0065	0.0320	10	10%氯化钾	0.0061	0.0027	0.0090
6	10%氯化钠	0.0079	0.0046	0.0130	11	10%氯化钙	0.0080	0.0043	0.0140
7	10%氯化钠	0.0069	0.0042	0.0110	12	10%氯化钙	0.0082	0.0058	0.0170

4.6　页岩水化的离子逸出特征

页岩与溶液接触后，溶液中的低价阳离子置换页岩黏土矿物晶胞中的高价阳离子，使晶层内产生多余的负电荷，导致黏土矿物颗粒具有较强的表面特性，通过吸附 K^{+}、Na^{+}、Ca^{2+}等阳离子来平衡多余的负电荷，从而改变了黏土矿物颗粒表面的双电层，使页岩颗粒间的吸力与斥力发生变化，从而影响页岩岩石的物理力学性质。以四川盆地长宁地区龙马溪组页岩为研究对象，利用火焰原子吸收法和离子色谱法测试溶液中阳离子和阴离子的含量，研究页岩水化过程中的离子逸出特征，并测试溶液 pH，研究页岩水化过程中溶液 pH 的变化规律。实验步骤包括：①将页岩样品进行打粉处理，并通过 200 目筛网，筛选出 200g 页岩粉末；②取四个烧杯，分别制备 1000mL 的去离子水、1000mL 浓度为 5000mg/L 的 NaCl 盐水、1000mL 浓度为 5000mg/L 的 $CaCl_2$ 盐水和 1000mL 浓度为 5000mg/L 的 KCl 盐水；③在每个烧杯中加入 50mg 页岩粉末，然后密封；④取出水化前、水化 1 天、5 天和 10 天的溶液分别进行电感耦合等离子体发射光谱仪测试、多功能离子色谱仪测试和 pH 测试。

4.6.1　离子逸出特征

考虑到在 5000mg/L NaCl 溶液的 Na^{+}、5000mg/L $CaCl_2$ 溶液中的 Ca^{2+}和 5000mg/L KCl 溶液中 K^{+}等的离子浓度远高于其他离子，故将三种溶液中三种离子浓度的变化规律进行单独分析，结果如图 4.23 所示，其他离子在不同溶液中的变化规律如图 4.24～图 4.27 所示。

从图 4.23 中可看出，在富 Na^+溶液中，Na^+的析出量随水化作用时间增加呈现出先上升后下降而后又上升的趋势；K^+在富 K^+溶液、Ca^{2+}在富 Ca^{2+}溶液中随水化作用时间增加均表现为先被吸收后析出的趋势。总体上，Na^+含量的变化很小，K^+最后析出，而 Ca^{2+}最后被吸收。单独分析某种离子的变化无法对其原因进行深入分析，故结合图 4.24～图 4.27 进行系统分析。

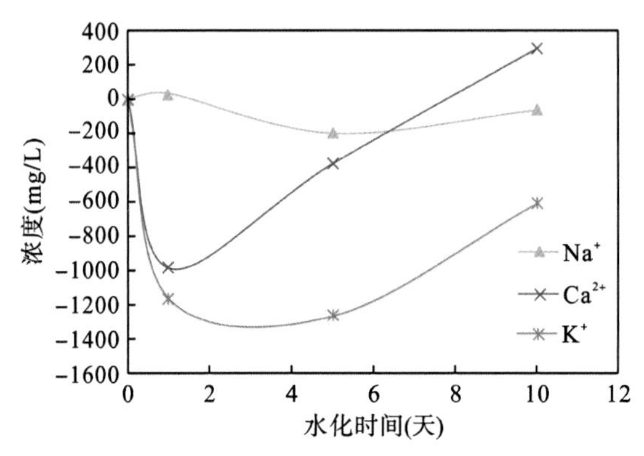

图 4.23　富盐溶液中盐随水化时间的变化量

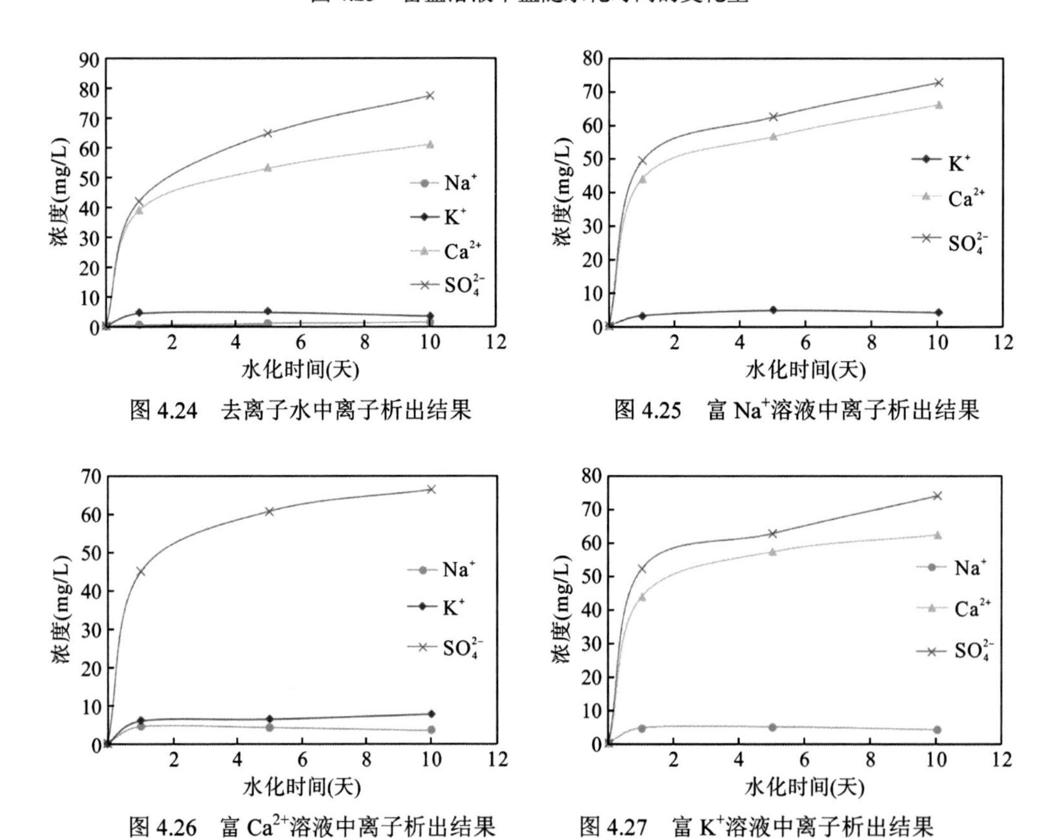

图 4.24　去离子水中离子析出结果

图 4.25　富 Na^+溶液中离子析出结果

图 4.26　富 Ca^{2+}溶液中离子析出结果

图 4.27　富 K^+溶液中离子析出结果

从图 4.24 可看出，在去离子水中页岩与水相互作用，Na^{+}、K^{+}、Ca^{2+}、SO_4^{2-}等均有不同程度的析出，其中析出最多的是 SO_4^{2-}，水化作用 10 天后，其浓度达到了 77.07mg/L，这可能是因为页岩中黄铁矿被氧化，产生了 H^{+}和 SO_4^{2-}；Na^{+}的析出量很少，一是因为 Na^{+}本身析出很少且 Na^{+}矿物的溶解量很少，二是因为 Na^{+}很容易置换黏土矿物晶胞中的 Ca^{2+}等，溶解的 Na^{+}迅速置换了 Ca^{2+}；相对而言，Ca^{2+}的析出量较多，水化作用 10 天后，浓度达到了 60.98mg/L，这是因为一方面可能含 Ca^{2+}矿物溶解，另一方面是页岩黏土矿物晶胞中的 Ca^{2+}很容易被 Na^{+}、K^{+}置换；K^{+}的析出量较少，表现出与 Na^{+}相同的变化规律。

从图 4.25 和图 4.23 可看出，在富 Na^{+}溶液中页岩与水相互作用，Na^{+}浓度的析出量随水化作用时间的增加先上升后下降而后又上升，但变化幅度相对较小。这是因为页岩水化过程中，含 Na^{+}矿物溶解，Na^{+}浓度增加，Na^{+}置换黏土矿物层晶胞中 Ca^{2+}，Na^{+}浓度下降，但随着 K^{+}增多置换了黏土矿物晶胞中 Ca^{2+}，溶解的 Na^{+}不需要再去置换，故 Na^{+}浓度又升高。除了 Na^{+}，溶液中 K^{+}、Ca^{2+}、SO_4^{2-} 等均有不同程度的析出，其中析出最多的依然是 SO_4^{2-}，水化作用 10 天后，浓度为 72.24mg/L，这可能是因为页岩中的黄铁矿被氧化，产生了 H^{+}和 SO_4^{2-}；Ca^{2+}析出量较多，且随着水化作用时间而增大，水化作用 10 天后，浓度达到了 45.53mg/L，这是因为页岩矿物组成中含有 Ca^{2+}矿物的溶解和黏土矿物晶胞中 Ca^{2+}容易被 Na^{+}、K^{+}置换。

从图 4.26 和图 4.23 可看出，在富 Ca^{2+}溶液中页岩与水相互作用，K^{+}、Na^{+}、SO_4^{2-}等表现出与去离子水相似的变化规律，其中析出最多的依然是 SO_4^{2-}，水化作用 10 天后，浓度为 66.10mg/L；Ca^{2+}表现出在水化过程中先被大量吸收，而后析出的变化规律。Ca^{2+}的变化规律与 Na^{+}和 K^{+}的变化规律相反，也说明黏土矿物中存在明显的阳离子置换；Ca^{2+}最终的浓度高于初始浓度，说明水化过程中 Ca^{2+}最终被析出，这是因为页岩水化过程中，黄铁矿氧化，产生了弱酸性环境，造成方解石、白云石等碳酸盐矿物的大量溶解，从而产生了大量的 Ca^{2+}，因此溶液中最终的 Ca^{2+}浓度高于原始溶液中的 Ca^{2+}浓度。

从图 4.27 和图 4.23 可看出，在富 K^{+}溶液中页岩与水相互作用，K^{+}、Na^{+}、SO_4^{2-} 等表现出与去离子水相似的变化规律，其中析出最多的依然是 SO_4^{2-}，水化作用 10 天后，浓度为 133.54mg/L；Ca^{2+}、Na^{+}析出量的变化规律与去离子水中的变化规律具有一致性，而 K^{+}析出量的变化规律为先被吸收而后析出，且最终的 K^{+}浓度高于原始溶液中的 K^{+}浓度。在富 K^{+}溶液中，前期 K^{+}置换黏土矿物层晶胞中的 Ca^{2+}等而被大量吸收，但随着水化作用时间的增加，页岩矿物组成中的含 K^{+}矿物溶解，从而使 K^{+}的浓度不断增加，最终表现出 K^{+}析出的特征，这也与去离子水中的实验结果相对应。

从图 4.23～图 4.27 可看出，在不同类型的盐溶液中，各种离子的变化规律具有相似性，页岩不仅发生阳离子交换，也发生矿物溶解。SO_4^{2-}的大量析出也从侧面反映了黄铁矿与溶液中溶解的氧气发生反应，生成了 SO_4^{2-}和 H^{+}，从而产生了弱酸环境；在弱酸环境中，方解石、白云石等碳酸盐矿物及少量长石等硅酸盐矿物发生溶解，这也是 Na^{+}、K^{+}、Ca^{2+}析出的重要原因。同时，无机盐的类型主要对黏土矿物晶胞中阳离子置换的影响较显著，而对矿物溶解主要规律的影响并不显著。矿物溶解主要受黄铁矿的含量及氧化程度的影响，同时阳离子的析出速度也是矿物溶解的主要参考之一。为了研究证实页岩水化过程中的离子交换特征，需进一步分析溶液 pH 的变化规律。

4.6.2 pH 变化特征

页岩在各溶液中不同水化时间的 pH 如图 4.28 所示。从图中可看出，页岩在不同类型溶液中的 pH 随水化作用时间的变化规律具有相似性，其中页岩在去离子水中发生水化作用，降低了去离子水的 pH，使去离子水呈弱酸性，水化作用发生 5 天后，溶液回归中性，并一直维持；页岩在富 Na^+溶液中，水化作用发生 1 天后，pH 下降到 6.66，溶液呈弱酸性，随着水化作用时间的增加，溶液的 pH 逐渐升高，且 10 天后溶液接近中性；页岩在富 K^+溶液中，水化作用发生 1 天后，pH 下降到 6.56，溶液呈弱酸性，水化作用发生 5 天后，pH 增加到 6.86，且溶液 pH 随水化作用时间增加的变化幅度较小；页岩在富 Ca^{2+}溶液中，水化作用发生 1 天后，pH 下降到 6.36，随着水化作用时间的增加，pH 不断增大，且水化作用发生 10 天，pH 增加到 6.86。以上结果表明页岩在不同类型的溶液中均会使溶液呈弱酸性，而随着水化作用时间增加，溶液又逐渐回归中性，这是因为页岩中的黄铁矿被溶液中的氧气氧化，产生了 H^+，而 H^+与溶液中的方解石、白云石等碳酸盐矿物发生反应，使溶液又逐渐趋于中性。

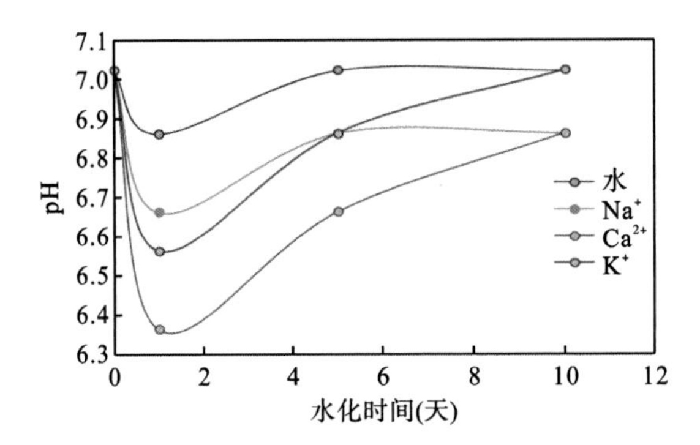

图 4.28　页岩在各溶液中不同水化作用时间的 pH

第 5 章 黏土矿物水化行为特征的微观机制

泥页岩的矿物组成主要分为黏土矿物和非黏土矿物，其中非黏土矿物对泥页岩水化作用的影响较小，而黏土矿物对泥页岩水化起主要控制作用。水化膨胀性泥页岩易发生水化膨胀分散，而硬脆性泥页岩易发生水化致裂而不易发生膨胀分散，两类泥页岩水化后的宏观表现差异较明显，反映出两者的水化作用机制存在较大差异，这与泥页岩中黏土矿物的类型和含量有关。为此，本章将研究蒙脱石、伊利石等黏土矿物的水化膨胀规律及无机盐溶液对其的抑制效果，建立蒙脱石、伊利石和伊/蒙混层等黏土矿物水化过程的分子动力学模型，揭示黏土矿物水化的微观动力学机制。

5.1 黏土矿物水化过程中晶层间距膨胀规律

1. 黏土矿物提纯

每种物相都有一套固定图谱，通过与其形成的标准卡片进行比对(比对 d 或 2θ)，便可确定材料对应的物相。市场上的黏土矿物一般含有石英、有机质等杂质，为了确保实验结果的精确度，采用抽提法对所购黏土矿物进行提纯(巢前等，2019)。提纯步骤包括：①将黏土矿物按 1∶10(质量比 m/m)与去离子水混合，并加入适量浓度为 30%的 H_2O_2，高速搅拌 10min 后，静止停放在操作台上使其充分水化 24h；②在 60℃水浴条件下温和加热分解可能剩余的 H_2O_2；③高速搅拌 30min，静置 1h 后取上部浑浊悬浮体，底部残留物为杂质；④将收集的上部浑浊悬浮体搅拌均匀后使用高速离心机进行离心分离；⑤将收集好的黏土矿物继续用去离子水混合，搅拌均匀后重复步骤④，并用电导率仪测量离心后上层液体的电导率，当其等于去离子水的电导率时，即电解质去除完全；⑥在 60℃条件下烘干至恒重并使用研钵研磨成粉后过 100 目筛，最终得到提纯后的黏土矿物样品。

对产地为浙江诸暨的蒙脱石矿物和产地为辽宁大连的伊利石矿物进行提纯处理，提纯后黏土矿物的 X 射线衍射(X-ray diffraction，XRD)图谱如图 5.1 所示。从图中可看出，提纯后的蒙脱石(MMT)、伊利石(Illite)等矿物含量超过 95%，说明提纯的蒙脱石、伊利石等样品的纯度较高，满足实验要求。

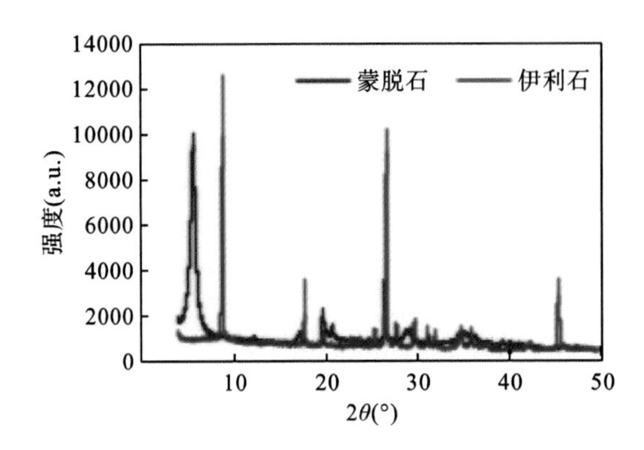

图 5.1 黏土矿物 XRD 衍射图谱

2. 黏土矿物的水化膨胀特征

取 4g 提纯烘干、研磨后的黏土矿物并放入圆柱形试样筒中，使用压力机以 1.5MPa 压力将黏土矿物压紧，压力保持 10min，制成实验样品。根据固定体积法原理，利用 NP-3 型页岩/黏土水化膨胀仪对伊利石和蒙脱石样品进行水化应力和水化膨胀量的测试，结果如图 5.2 所示。从图 5.2(a)可看出，Na-MMT 的膨胀速度相比于伊利石较缓慢，前 6min 的速度为 0.23MPa/(m·min)，在较长时间约 60min 才达到稳定，这是由于 Na-MMT 在发生表面水化反应后又发生了渗透水化；伊利石的膨胀速度极快，前 6min 内的速度为 0.54MPa/(m·min)，远大于 Na-MMT，在较短时间约 10min 便达到平衡，且伊利石的水化应力最大值为 3.03MPa/m，接近蒙脱石的最大水化应力值 3.19MPa/m。同时，从图 5.2(b)可看出，1g 伊利石的膨胀量约为 0.52mm，远低于蒙脱石的膨胀量 1.07mm，但其体积膨胀速度非常快，在较短时间内就可达到平衡状态，Na-MMT 的膨胀速度则相对慢很多。这说明伊利石遇水在较短时间内吸附水分子并达到饱和，瞬间产生的水化应力大，而蒙脱石完成水化所需的水分子较多，水化应力产生速度较慢(刘锟，2015；王跃鹏等，2022a，2022b)。

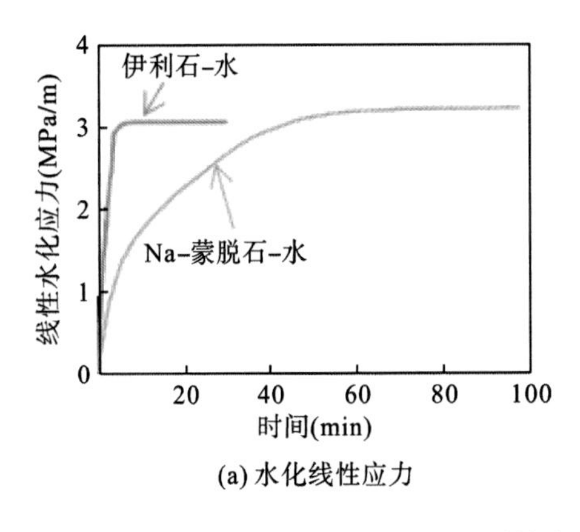

(a) 水化线性应力

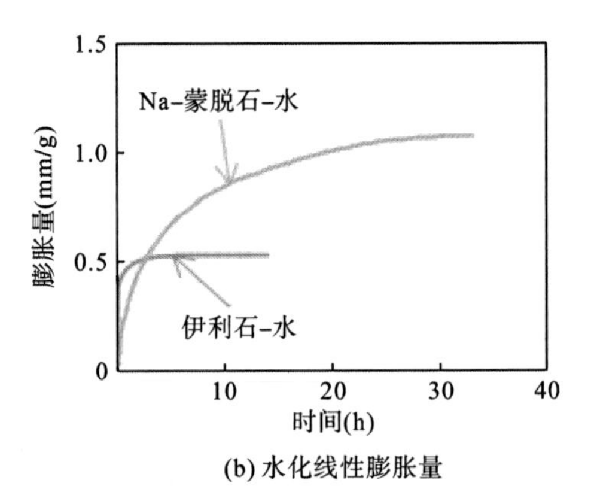

(b) 水化线性膨胀量

图 5.2 黏土矿物水化作用与浸泡时间的关系

3. 蒙脱石晶层间距随浸泡时间的变化

在不同浸泡时间条件下，蒙脱石的 XRD 图谱及晶层间距的变化规律如图 5.3 所示。图中，0min 表示在 60℃条件下烘干蒙脱石样品，含有 1 层水分子。在 1min、6min、11min、31min、和 61min 表示加入水之后的首次、第 2、第 3、第 4 和第 5 次开始测试的时间。从图中可看出，随着蒙脱石与去离子水作用时间的增加，d_{001} 晶层间距逐渐增大，由 14.590Å 增加到 18.504Å，膨胀性大且迅速，在接触水 1min 后极快地增加至 17.970Å，而 d_{003} 和 d_{005} 晶层间距变化较小，变化范围分别为 4.454～4.481Å 和 3.018～3.031Å；蒙脱石 d_{001} 晶层间距最终的膨胀率较大为 26.858%，d_{003} 晶层间距为 0.594%，d_{005} 晶层间距为 0.432%。

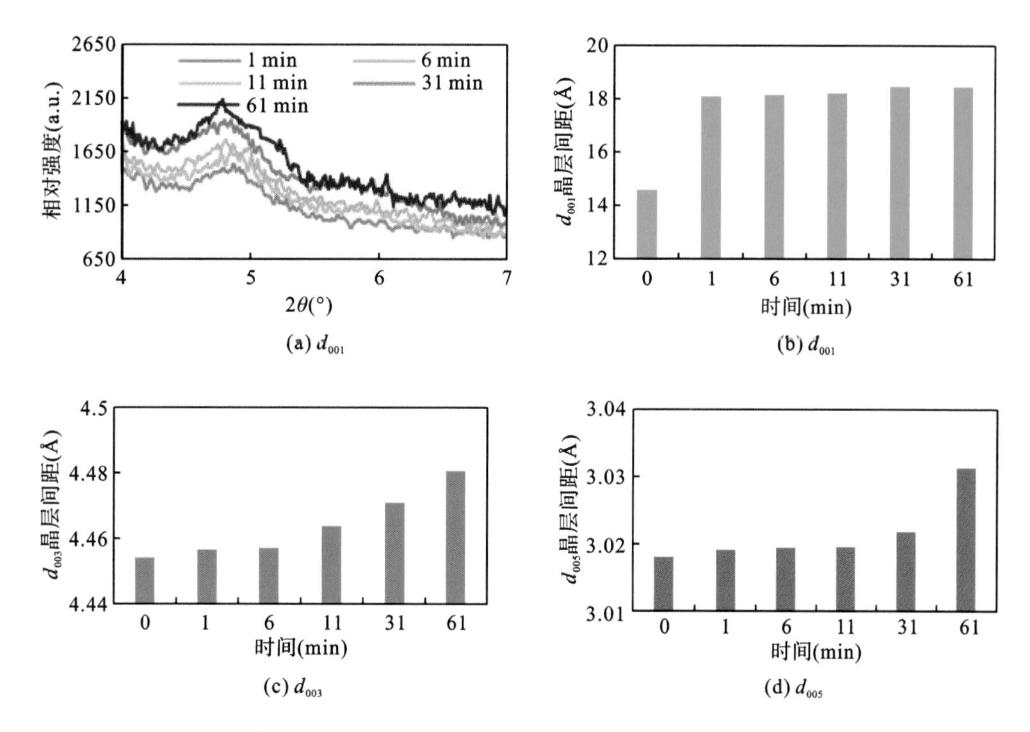

图 5.3　蒙脱石 XRD 图谱及晶层间距随去离子水浸泡时间的变化规律

4. 伊利石晶层间距随浸泡时间的变化

在不同浸泡时间条件下，伊利石的 XRD 图谱及晶层间距的变化规律如图 5.4 所示，图中第 1 个 0min 表示在 60℃烘干后的烘干岩样，第 2 个 0min 表示未处理自然状态下的岩样，1min、6min、11min、31min、61min、101min 表示加入水之后的首次、第 2、第 3、第 4、第 5 和第 6 次开始测试的时间，时间间隔为 5min。从图中可看出，随着伊利石与去离子水作用时间的增加，d_{001} 晶层间距逐渐增大，由 9.6693Å 增加到 10.0681Å，d_{002} 和 d_{003} 变化较小，其中 d_{002} 由 4.920Å 增加 5.009Å、d_{003} 由 3.296Å 增加到 3.335Å；d_{001}、d_{002} 和 d_{003} 的膨胀率分别为 3.803%、1.812%和 1.160%。相比于蒙脱石晶层间距的变化，伊利石晶层间距的变化量很小，即伊利石水化作用引起的晶层膨胀程度极小。由物理实验引起的晶层间距变化很小，在加入的 1min 迅速完成膨胀，之后增加变缓。

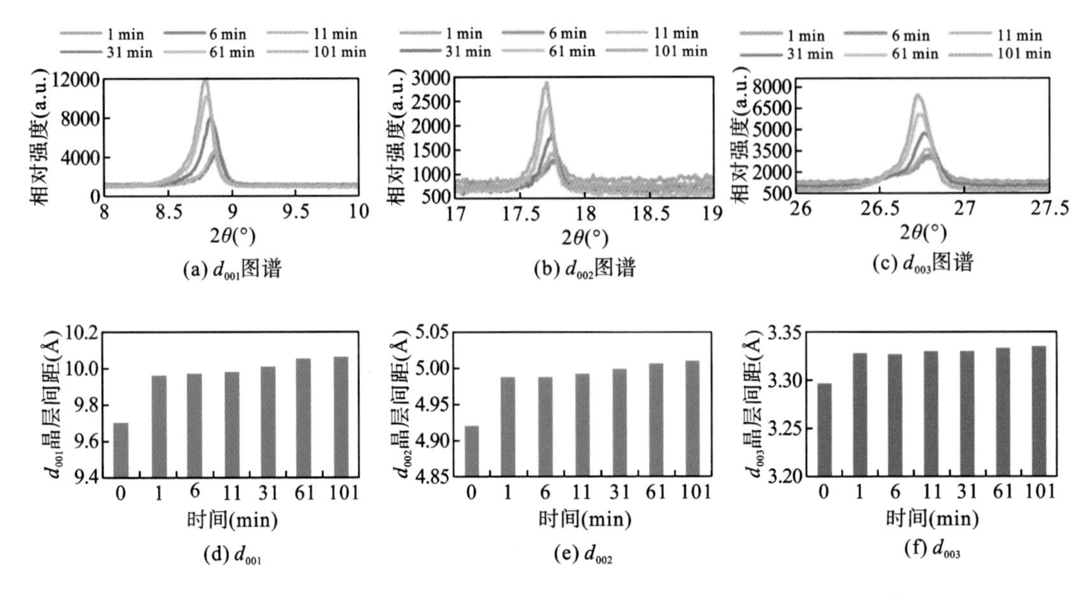

图 5.4 伊利石的 XRD 图谱及晶层间距随去离子水浸泡时间的变化规律

5.2 无机盐溶液对黏土矿物水化的抑制作用

1. 对蒙脱石水化的抑制作用

基于无机盐溶液浸泡后蒙脱石样品的 XRD 测试结果获取相应的晶层间距，如图 5.5 所示。从图中可看出，无机盐溶液浸泡后的蒙脱石晶层间距都小于去离子水浸泡后的晶层间距，无机盐溶液主要影响 d_{001} 晶层间距，对 d_{003} 和 d_{005} 晶层间距的影响程度相对较小；对于相同的无机盐溶液，随着无机盐溶液浓度增加，晶层间距逐渐减小，即无机盐的抑制性逐渐增强。其中在无机盐溶液浓度为 0.6mol/L 时，KCl 溶液的抑制性最好，NaCl 溶液次之，$CaCl_2$ 溶液最差；在无机盐溶液浓度为 1.2mol/L 时，KCl 溶液的抑制性最好，$CaCl_2$ 溶液次之，NaCl 溶液最差。这说明无机盐溶液的浓度对无机盐溶液抑制蒙脱石水化作用有一定影响。总体上，KCl 溶液的抑制性最好，$CaCl_2$ 溶液次之，NaCl 溶液最差。

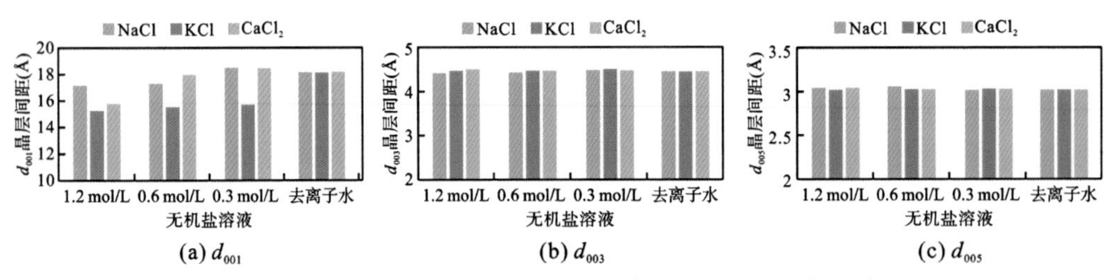

图 5.5 无机盐溶液的类型和浓度对蒙脱石晶层间距的影响

2. 对伊利石水化的抑制作用

基于无机盐溶液浸泡后伊利石样品的 XRD 测试结果获取相应的晶层间距，如图 5.6 所示。从图中可看出，无机盐溶液浸泡后的伊利石晶层间距均小于去离子水浸泡的晶层间距，说明三种无机盐都有抑制效果；在特定浓度下，三种无机盐溶液的抑制效果不同，即无机盐溶液抑制伊利石水化作用时，存在达到最佳抑制效果的浓度范围，其中在溶液浓度为 0.3mol/L 时，$CaCl_2$ 溶液的抑制性最好，KCl 溶液次之，NaCl 溶液最差；在溶液浓度为 0.6mol/L 时，KCl 溶液的抑制性最好，NaCl 溶液次之，$CaCl_2$ 溶液最差；而在溶液浓度为 1.2mol/L 时，$CaCl_2$ 溶液的抑制性最好，NaCl 溶液次之，KCl 溶液最差。

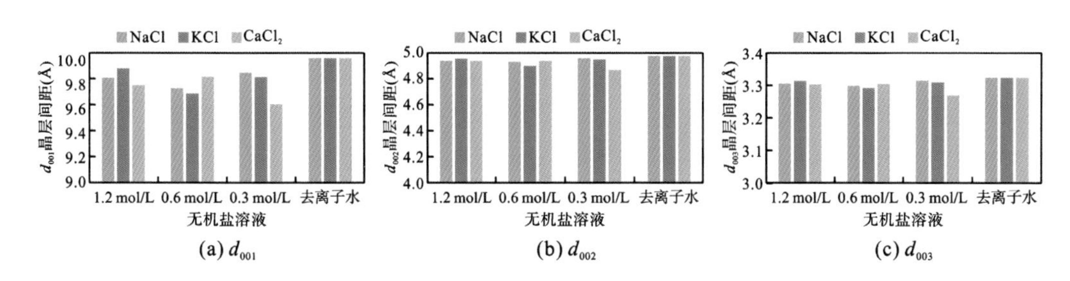

(a) d_{001}　(b) d_{002}　(c) d_{003}

图 5.6　无机盐类型和浓度对伊利石晶层间距的影响

5.3　黏土矿物的水化膨胀规律

根据泥页岩中黏土矿物组成的特征，利用分子模拟方法建立了蒙脱石、伊利石和伊/蒙混层的水化分子动力学模型，研究水化过程中蒙脱石、伊利石和伊蒙混层的膨胀规律及物理力学参数的演化规律。构建的蒙脱石、伊利石和伊/蒙混层单晶胞模型如图 5.7 所示，晶胞参数如表 5.1 所示，其中蒙脱石层间阳离子主要考虑 Na^+、K^+、Ca^{2+}等类型，分别为 Na-MMT、K-MMT、Ca-MMT；伊利石晶胞考虑两种空间群构型，一种空间群为 C2/m，简称为 1M-tv 型伊利石，另一种空间群为 C2，简称为 1M-cv 型伊利石；伊/蒙混层由伊利石层和蒙脱石层按 1∶1 组成规则型混层矿物。

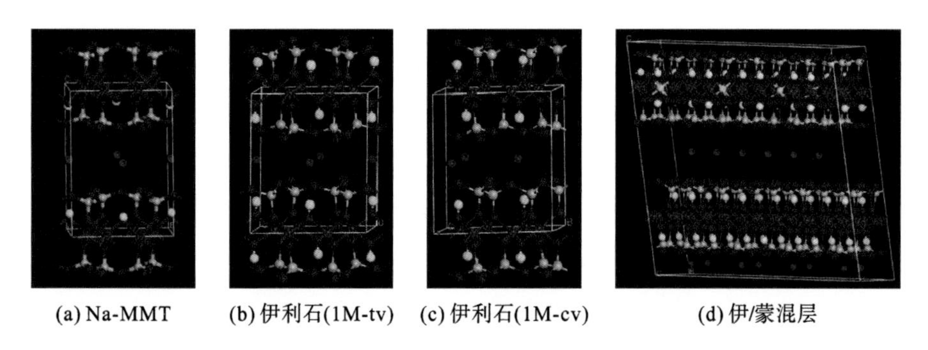

(a) Na-MMT　(b) 伊利石(1M-tv)　(c) 伊利石(1M-cv)　(d) 伊/蒙混层

图 5.7　黏土矿物单晶胞模型(●为铝原子、●为钾原子、○为氢原子、●为氧原子、●为硅原子)

表 5.1　黏土矿物单晶胞参数

类型	a(Å)	b(Å)	c(Å)	α(°)	β(°)	γ(°)
Na-MMT	20.920	18.12	9.600	90.00	99.00	90.00
K-MMT	20.920	18.12	9.600	90.00	99.00	90.00
Ca-MMT	20.920	18.12	9.600	90.00	99.00	90.00
伊利石(1M-tv)	20.790	18.00	10.150	90.00	99.00	90.00
伊利石(1M-cv)	20.810	17.96	10.230	90.00	101.57	90.00
伊/蒙混层	20.855	18.06	22.647	90.00	99.00	90.00

注：a、B、c 代表晶体轴长，α、β、γ 代表晶体轴角。

5.3.1　蒙脱石的水化膨胀规律

在 298K(25℃)和 0.1MPa 条件下开展包含 0～96 个水分子的蒙脱石水化分子动力学模拟，研究不同阳离子基蒙脱石的水化膨胀规律及其差异，并分析含水量对蒙脱石晶体物理力学性质的影响规律。在此基础上，研究不同温度、压力及水溶液环境等因素对蒙脱石水化特征的影响规律。

5.3.1.1　含水量的影响

1. 层间水分子蒙脱石晶体的微观结构

以吸附 1 层水分子和 2 层水分子的 Na-MMT、K-MMT 和 Ca-MMT 模型为例，对分子动力学的模拟结果进行构象分析，如图 5.8～图 5.13 所示，选取 4 个时间节点(0ps、125ps、250ps 和 500ps)的构象图来观察并分析动力学运动过程中层间域阳离子与水分子的运动特征。从图中可看出，层间阳离子同时受四面体和八面体电荷的静电引力作用，并与四面体和八面体置换位置分别形成内层和外层配位。部分阳离子直接停留在四面体和八面体的置换负电荷位上方，或者在其周围徘徊运动，说明蒙脱石的层间域阳离子位置和电荷位置相关。

同时，从图中还可看出，当在蒙脱石层间形成 1 层水分子膜时，水分子分布在层间域中间部位，而层间阳离子更接近硅氧表面，Na^+在 1 层水分子膜时呈外球络合，K^+为内球络合和外球络合并存，Ca^{2+}呈外球络合。当在蒙脱石层间形成 2 层水分子膜时，水分子发生自扩散，分层现象逐渐模糊，水分子开始向蒙脱石片层表面移动，一部分 Na^+、K^+、Ca^{2+} 在层中心附近运动，同时另一部分阳离子(主要为 Na^+和 K^+)有向蒙脱石片层表面扩散且向负电荷位靠近的趋势。Na^+和 K^+呈内球络合和外球络合并存，Ca^{2+}主要呈外球络合，蒙脱石层间阳离子和水分子存在竞争负电荷位的现象。

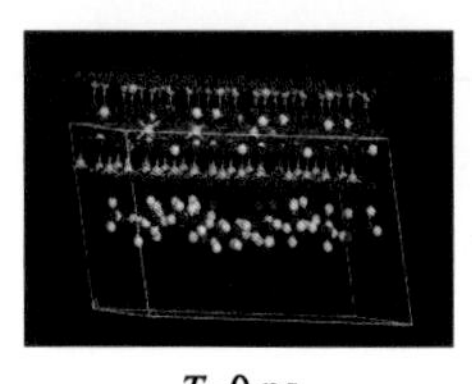

T=0 ps

T=125 ps

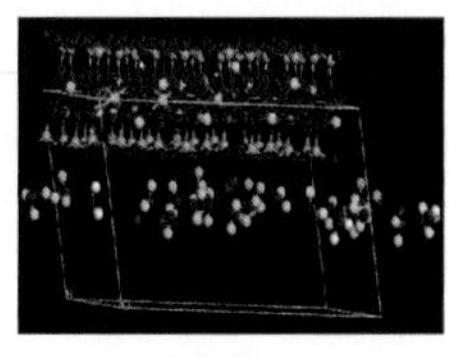

T=250 ps

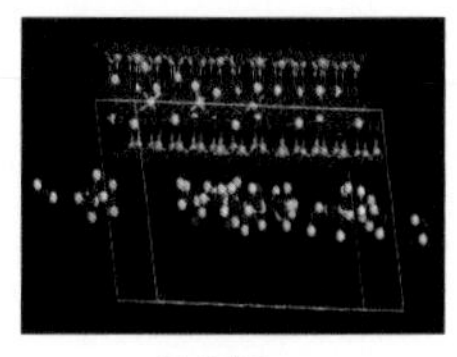

T=500 ps

图 5.8　吸附 1 层水分子的 Na-MMT 模型的分子动力学模拟过程

T=0 ps　　T=125 ps　　T=250 ps　　T=500 ps

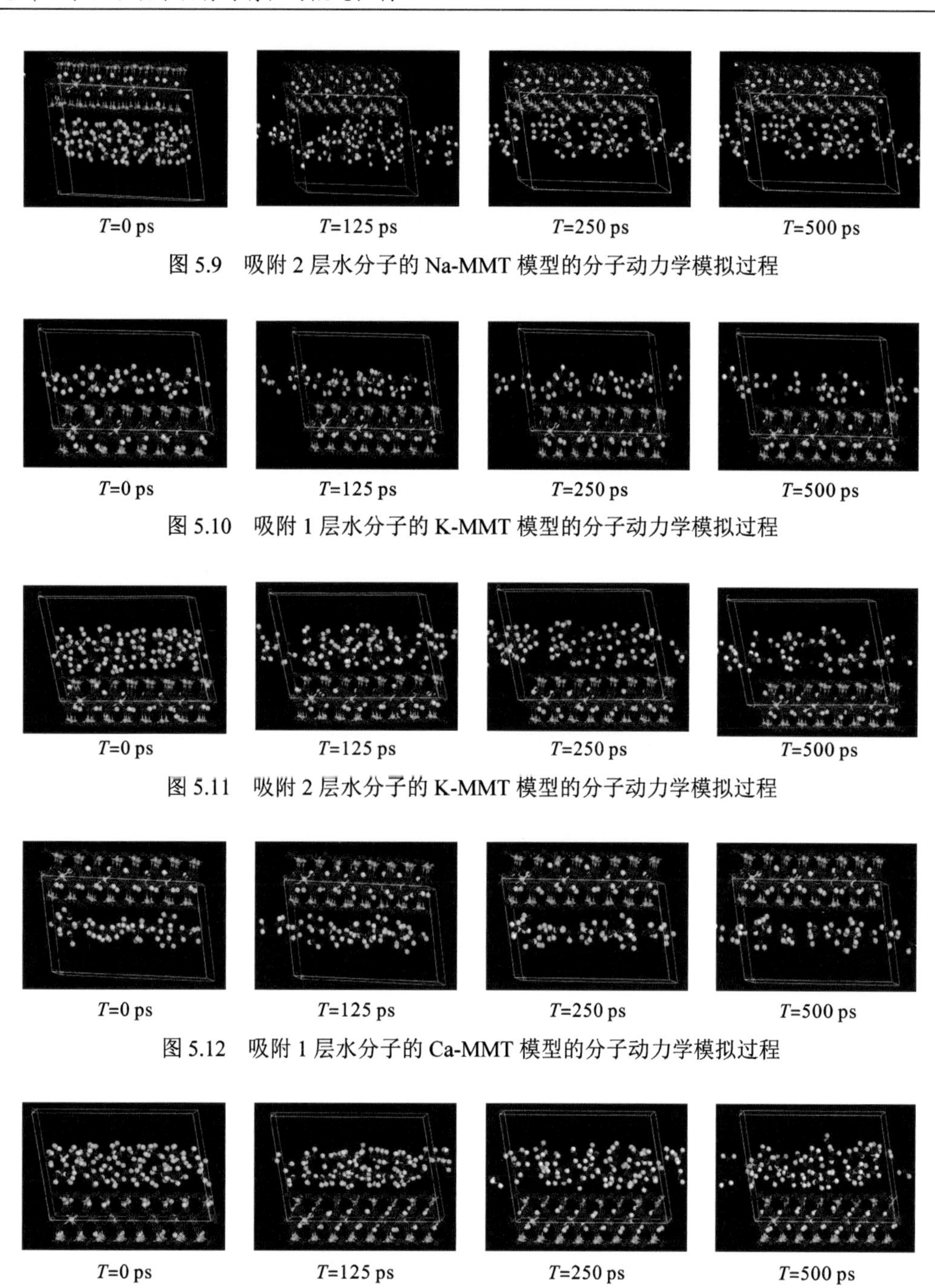

图 5.9　吸附 2 层水分子的 Na-MMT 模型的分子动力学模拟过程

T=0 ps　　T=125 ps　　T=250 ps　　T=500 ps

图 5.10　吸附 1 层水分子的 K-MMT 模型的分子动力学模拟过程

T=0 ps　　T=125 ps　　T=250 ps　　T=500 ps

图 5.11　吸附 2 层水分子的 K-MMT 模型的分子动力学模拟过程

T=0 ps　　T=125 ps　　T=250 ps　　T=500 ps

图 5.12　吸附 1 层水分子的 Ca-MMT 模型的分子动力学模拟过程

T=0 ps　　T=125 ps　　T=250 ps　　T=500 ps

图 5.13　吸附 2 层水分子的 Ca-MMT 模型的分子动力学模拟过程

2. 晶层间距、体积和密度的变化特征

基于分子动力学模拟结果，蒙脱石晶层间距与含水量的关系如图 5.14 所示。从图中可看出，随含水量的增加而晶层间距逐渐增大，Na-MMT、K-MMT、Ca-MMT 的 d_{001} 晶层间距呈阶梯形上升，出现明显的分层现象。吸附 0～16 个水分子时 d_{001} 晶层间距的增长

速度较快，在吸附 16～32 个水分子时，晶层间距增加缓慢并趋于平衡，这与蒙脱石层间形成的第 1 层水分子膜有关。超过 32 个水分子后，d_{001} 晶层间距的增加速度又变快，吸附 40～64 个水分子时 d_{001} 晶层间距的增加速度变缓，在吸附 64 个水分子时晶间距增加缓慢并趋于平衡，这与蒙脱石层间形成的第 2 层水分子膜有关。在吸附 64～72 个水分子时，晶层间距变大，这是因为水分子层的厚度增加，吸附 72～96 个水分子时晶层间距的增加速度变缓，这与蒙脱石层间形成的第 3 层水分子膜有关。蒙脱石膨胀的初期为黏土矿物表面水化，并随层间水分子数的增加，表面吸附的层间域阳离子向水中扩散，形成扩散双电层，进入渗透水化阶段。

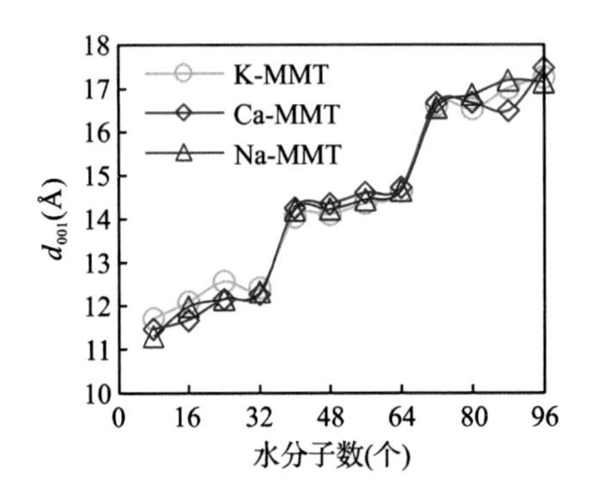

图 5.14 晶间距随含水量的变化规律

图 5.15 为 Na-MMT、K-MMT 和 Ca-MMT 吸附不同水分子数后体积和密度的变化规律。从图中可看出，随着含水量的增加，Na-MMT、K-MMT 和 Ca-MMT 的体积不断增大，密度逐渐减小，也说明了蒙脱石层间膨胀的过程。

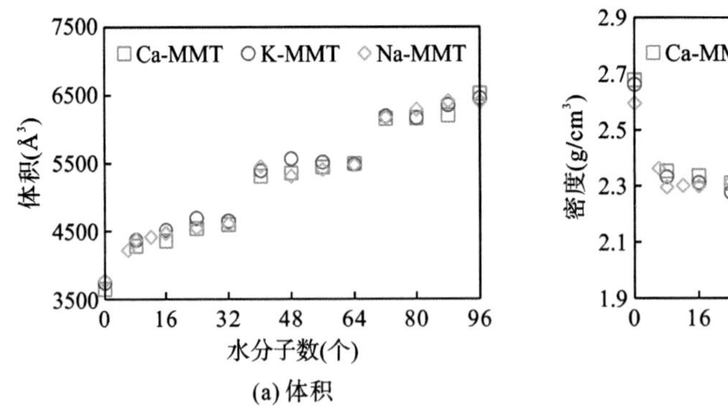

(a) 体积

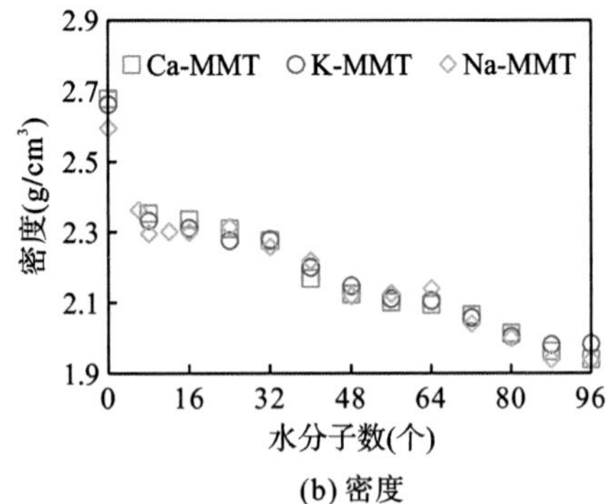

(b) 密度

图 5.15 蒙脱石体积、密度随含水量的变化规律

3. 水和离子的传导特征

层间域内水和离子的传导特征，即运移规律，可以通过均方位移和扩散系数来表征，其中通过均方位移曲线的斜率可计算水分子和阳离子扩散系数。基于模拟结果，蒙脱石层

间域内形成稳定的 1 层、2 层和 3 层水分子膜时层间域内水分子和阳离子的均方位移(mean square displacement，MSD)和扩散系数结果如图 5.16、图 5.17 和表 5.2 所示。从图和表中可看出，蒙脱石层间域内水分子和阳离子的扩散系数随含水量增加呈增大的趋势，这是因为随着含水量增加，蒙脱石晶层间距增大，提供了更多的扩散与迁移通道，带负电的蒙脱石晶片对层间域内水分子和 Na^+的束缚作用减弱；在相同含水量的条件下，蒙脱石中层间域内水分子的扩散系数高于阳离子，这是因为带负电的蒙脱石晶片对带正电 Na^+的静电力作用明显强于对极性水分子的引力作用，所以对 Na^+的束缚作用限制了其扩散。同时，从图和表中还可看出，在相同含水量条件下，蒙脱石层间域内水分子的扩散系数表现为 K-MMT＞Na-MMT＞Ca-MMT，说明较少的水分子即可造成 K-MMT 的水化；蒙脱石层间域内阳离子的扩散系数中 Ca^{2+}的扩散系数最小，这可能与其本身半径较大、水化半径较大、配位数较大及层间域 1 价阳离子数目是 2 价阳离子数目的 2 倍有关。

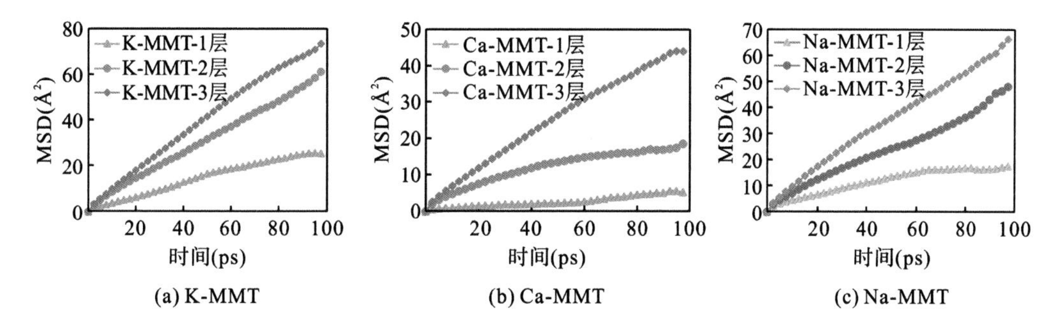

图 5.16　蒙脱石中层间域内水分子的均方位移

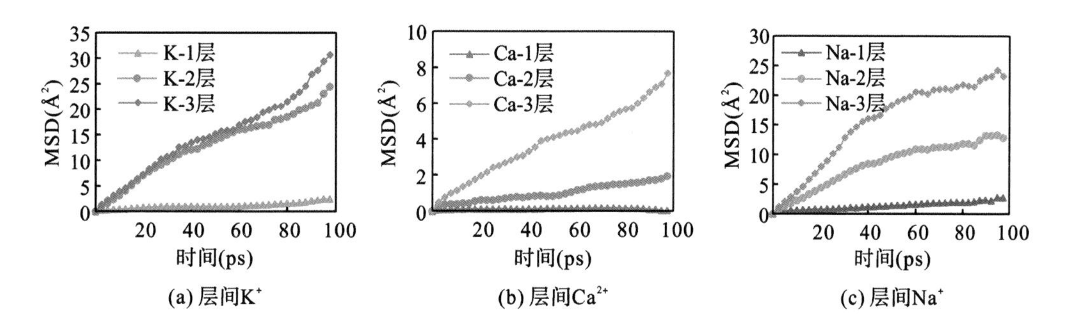

图 5.17　蒙脱石中不同阳离子的均方位移

表 5.2　蒙脱石层间域内水分子和阳离子扩散系数

水分子层	Na-MMT($10^{-10}m^2/s$)		K-MMT($10^{-10}m^2/s$)		Ca-MMT($10^{-10}m^2/s$)	
	水分子	Na^+	水分子	K^+	水分子	Ca^{2+}
1 层	2.785	0.38	4.538	0.3067	0.865	0.1183
2 层	7.270	2.79	5.085	2.4317	2.693	0.2483
3 层	10.500	3.36	12.455	4.4967	7.488	1.298

4. 声学参数和弹性参数的变化特征

基于蒙脱石水化体系的运动轨迹可获得基于单晶假设的晶体弹性刚度常数和柔度系数。再借助 Voigt-Reuss-Hill 理论，由单晶的弹性常数计算多晶的弹性参数极值，进而获取蒙脱石水化过程中弹性模量与泊松比的变化规律。在此基础上，根据牛顿运动定律和弹性波动理论推导出声波速度和弹性参数的关系，即可得到蒙脱石晶体的声波速度。

图 5.18 为在常温常压条件下，蒙脱石晶体的平均纵波速度随含水量的变化规律。从图中可看出，随着含水量的增加，蒙脱石晶体的纵波速度呈降低的趋势，其中 Na-MMT 晶体的纵波速度为 2.45～1.38km/s，在 1 层、2 层、3 层水分子膜的纵波速度分别为 1.92km/s、1.77km/s 和 1.38km/s；K-MMT 晶体的纵波速度为 2.43～1.39km/s，在 1 层、2 层、3 层水分子膜的纵波速度分别为 2.35km/s、1.77km/s 和 1.39km/s；Ca-MMT 晶体的纵波速度为 2.45～1.45km/s，在 1 层、2 层、3 层水分子膜的纵波速度分别为 2.17km/s，1.95km/s 和 1.45km/s。

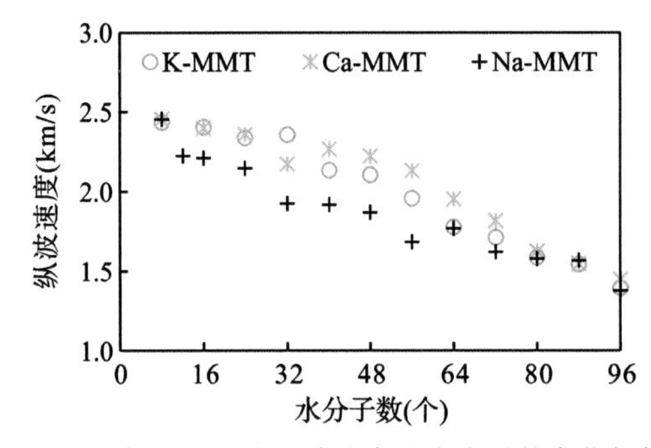

图 5.18 蒙脱石晶体纵波速度随含水量的变化规律

不同含水量下蒙脱石晶体弹性参数的变化特征如图 5.19 所示。从图中可看出，随着含水量的增加，弹性模量逐渐减小，泊松比逐渐增大，即蒙脱石水化后对其强度的弱化效应明显，其中前期下降速率较显著，后期下降速率相对变小，说明含水量增加，蒙脱石的强度降低，但形变能力增强；在含水量相同的条件下，Ca-MMT 和 K-MMT 的强度较高，Na-MMT 较低，其中 Ca-MMT 弹性模量的变化范围为 36.49～63.25GPa，K-MMT 为 36.48～62.12GPa，Na-MMT 为 35.42～60.97GPa。

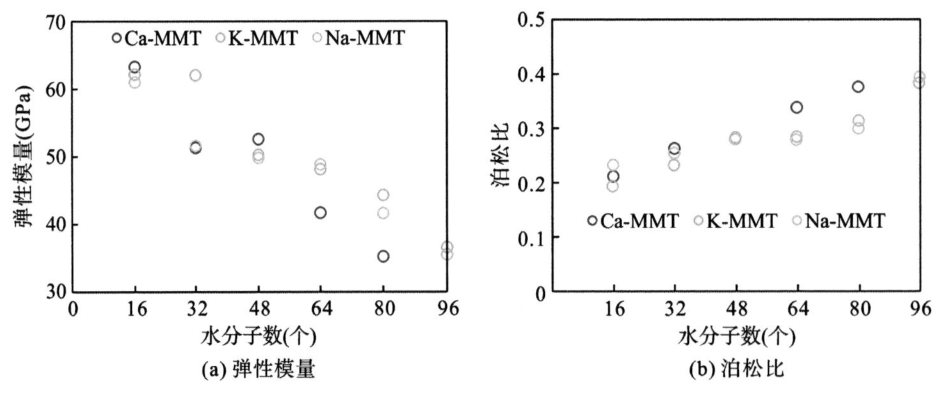

图 5.19 蒙脱石晶体弹性参数随含水量的变化规律

5.3.1.2 温度和压力的影响

以 Na-MMT 为例，开展了不同温度和压力条件下不同含水量的蒙脱石水化分子动力学模拟，从晶层间距和弹性参数等方面分析不同温度和压力对蒙脱石水化特征的影响。

1. 晶层间距的变化特征

基于分子动力学模拟结果，不同温度和压力条件下 Na-MMTd_{001} 晶层间距的变化规律如表 5.3 所示。从表中可看出，随含水量的增加，蒙脱石晶层间距增大；但在相同含水量下，随着温度和压力的变化，蒙脱石晶层间距的变化不明显，仅随温度增加呈微弱的增加趋势，说明温度和压力对蒙脱石晶层间距的影响很小。不同温度和压力下，Na-MMTd_{001} 晶层间距的变化趋势不明显，即使温度升高，促进了层间水分子的扩散，但由于数值模拟时的水分子含量是固定的，没有额外水分子向层间补充，蒙脱石晶层间距依然未发生较大变化。因此，在宏观黏土水化线性膨胀实验中揭示了随温度升高黏土矿物膨胀量增加的现象，不是因为高温促进了晶格热膨胀，其实质是高温条件促进了水分子的扩散，在外界水含量充足时，含水量的增加造成了蒙脱石的膨胀量增加(张亚云等，2018)。这说明控制黏土矿物水化膨胀，抑制黏土矿物的水化作用，应避免黏土矿物颗粒和水接触，即合理高效“控水”是关键。

表 5.3 不同温度和压力条件下 Na-MMT d_{001} 晶层间距的变化

水分子层	T(℃)	0.1MPa	30MPa	50MPa	60MPa	90MPa
		d_{001}(Å)	d_{001}(Å)	d_{001}(Å)	d_{001}(Å)	d_{001}(Å)
1 层	25	12.318	12.335	12.333	12.327	12.306
	50	12.316	12.306	12.317		
	70	12.310	12.307	12.313		
	100	12.330	12.321	12.308		
2 层	25	14.641	14.625	14.641	14.638	14.630
	50	14.657	14.660	14.659	14.646	
	70	14.632	14.634	14.571	14.657	
	100	14.674	14.666	14.664		
3 层	25	17.141	17.135	17.130	17.093	17.116
	50	17.121	17.149	17.145	17.148	
	70	17.114	17.125	17.124	17.119	
	100	17.152	17.156	17.154		

2. 弹性参数的变化特征

温度和压力对蒙脱石晶体弹性模量和泊松比的影响如图 5.20 所示。从图中可看出，随着温度升高和压力下降，蒙脱石晶体的弹性模量逐渐减小，泊松比逐渐增大，蒙脱石水化劣化效应逐渐增强。

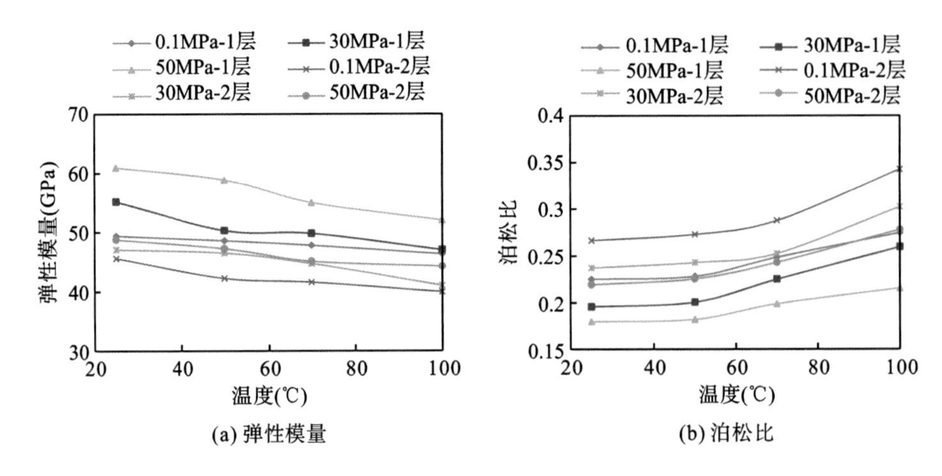

(a) 弹性模量 (b) 泊松比

图 5.20 温度和压力对蒙脱石晶体弹性模量和泊松比的影响

5.3.1.3 无机盐溶液的影响

以 Na-MMT 为例，在 298K(25℃)和 0.1MPa 下开展了不同无机盐溶液的蒙脱石水化分子动力学模拟，从水分子及离子的传导特征和弹性参数等方面分析了不同无机盐溶液对蒙脱石水化特征的影响。

1. 水分子和离子的传导特征

加入无机盐后，蒙脱石体系中水分子和离子扩散系数的变化如表 5.4 所示。从表中可看出，随着无机盐溶液浓度(质量分数)的增加，层间域水分子和 Na^+的扩散系数总体上呈降低的趋势，其中无机盐类型为 Ca^{2+}和 Mg^{2+}时水分子扩散系数较低，而无机盐类型为 K^+和 Na^+时水分子扩散系数相对较高。这可能是因为 Ca^{2+}和 Mg^{2+}的水化半径较大，配位数较大，能吸附较多的层间域水分子，占据了较多层间域内空间，所以加入 Ca^{2+}和 Mg^{2+}后蒙脱石体系中水分子扩散能力降低得较明显。

表 5.4 无机盐类型和浓度对 Na-MMT 体系中水分子和离子扩散系数的影响

无机盐类型	质量分数(小数)	水分子扩散系数($10^{-10}m^2/s$)	Na^+扩散系数($10^{-10}m^2/s$)	无机盐类型	质量分数(小数)	水分子扩散系数($10^{-10}m^2/s$)	Na^+扩散系数($10^{-10}m^2/s$)
未添加	0	3.868	0.375	未添加	0	3.868	0.375
$CaCl_2$	0.162	1.843	0.372	$MgCl_2$	0.142	1.292	0.647
	0.278	0.725	0.168		0.248	1.487	0.603
	0.366	0.857	0.248		0.331	0.788	0.125
	0.435	0.228	0.023		0.397	0.132	—
	0.491	0.938	0.078	KCl	0.115	2.050	0.398
NaCl	0.092	3.588	0.872		0.206	1.753	0.012
	0.169	0.195	0.065		0.280	1.853	0.070
	0.234	0.350	0.245		0.341	0.518	0.043
	0.289	0.797	0.235				

2. 弹性参数的变化特征

无机盐类型和浓度对蒙脱石晶体弹性模量和泊松比的影响如图 5.21 所示。从图中可看出，随着无机盐浓度的增加，弹性模量、体积模量和剪切模量呈先增加后降低的趋势，而泊松比呈先降低后增加的趋势。其中，$CaCl_2$ 和 KCl 的抑制效果较好，相应的弹性模量较高，而 $MgCl_2$ 和 NaCl 的抑制性较差。这可能是因为在无机盐溶液浓度较低的情况下，层间域阳离子竞争吸附水分子，造成蒙脱石层间域自由水减少，即水分子扩散系数降低，加之离子增多，离子间静电引力作用增强，弹性模量增大，水化劣化效应减弱。当无机盐质量分数增加到一定程度后，层间域阳离子、阴离子间的碰撞概率增加，离子配位数降低，释放出一部分自由水，所以水分子扩散系数增加，对蒙脱石的抑制作用减弱，弹性模量降低，水化劣化效应增强。同时，从图中还可看出，蒙脱石中加入 $CaCl_2$ 溶液的最佳质量分数为 36.6%～43.5%，KCl 溶液的最佳质量分数为 20.6%～28.0%，$MgCl_2$ 溶液的最佳质量分数为 24.8%～33.1%，NaCl 的溶液最佳质量分数为 16.9%～28.9%。

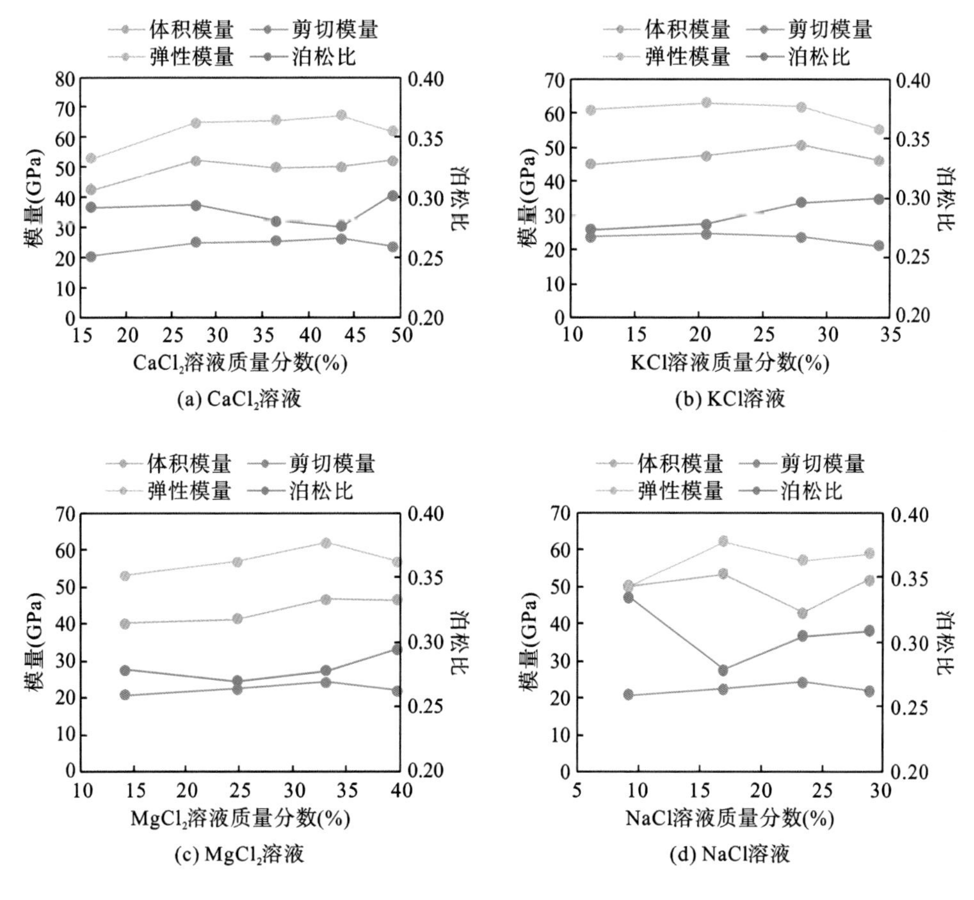

图 5.21　蒙脱石晶体弹性参数与无机盐类型及浓度的关系

考虑到在实际钻井液的配置过程中极少使用 Mg^{2+}，这是由于钻井液普遍偏碱性，容易与 Mg^{2+} 反应生成 $Mg(OH)_2$ 沉淀。因此，针对 KCl、$CaCl_2$ 和 NaCl 三种无机盐溶液的最佳抑制浓度进行物理实验验证。取 4g 提纯烘干并研磨后的 Na-MMT 放入圆柱形试样筒中，使用压力机以 1.5MPa 压力将 Na-MMT 压紧，压力保持 10min，制成实验样品。根据固定体积法原理，利用 NP-3 型页岩/黏土水化膨胀仪对蒙脱石样品进行水化膨胀量测试，取 24h 膨胀量作为最终膨胀量，结果如图 5.22 所示，图中三种无机盐的质量分数以 0%～50%(饱和)，间隔取 5%。

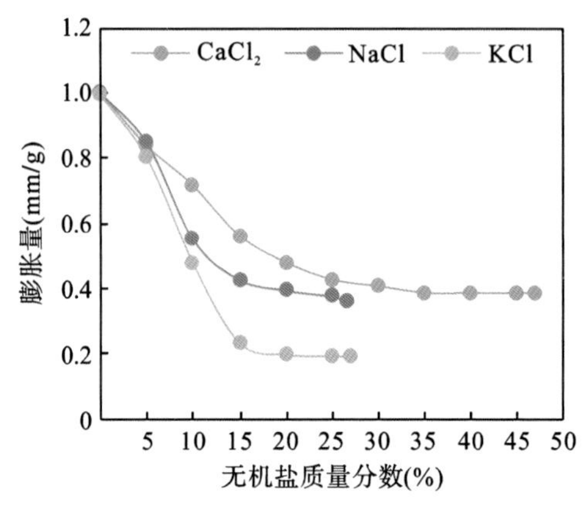

图 5.22 Na-MMT 在不同质量分数溶液中的最终膨胀量

从图 5.22 可看出，当无机盐溶液质量分数较低时，Na-MMT 最终的膨胀量都较大，与去离子水中浸泡后的膨胀量相差不大；随着无机盐溶液质量分数的增加，蒙脱石膨胀量呈先下降后趋于平缓的趋势，即无机盐对蒙脱石的水化抑制作用逐渐增强，并且无机盐溶液的质量分数存在最佳浓度范围，这与蒙脱石水化分子动力学的模拟结果具有一致性。当无机盐溶液质量分数达到最佳浓度范围后，蒙脱石的膨胀量趋于稳定，此时膨胀量最小，抑制效果最好。

5.3.2 伊利石的水化膨胀规律

在 298K(25℃)和 0.1MPa 下开展了包含 0～20 个水分子的伊利石水化分子动力学模拟，研究伊利石的水化膨胀规律，分析含水量对伊利石晶体物理力学性质的影响规律。在此基础上，研究不同温度、压力及水溶液环境等因素对伊利石水化特征的影响规律。

5.3.2.1 含水量的影响

1. 含层间水分子伊利石晶体的微观结构

以吸附 19 个水分子的 1M-tv 和 1M-cv 型伊利石模型为例，对其分子动力学的模拟结果进行分析，结果如图 5.23 和图 5.24 所示，图中选取四个时间节点(0ps、125ps、250ps 和 500ps)的构象图来观察分析动力学运动过程中层间域阳离子与水分子的运动特征。从图中可看出，随着模拟时间增加，层间域阳离子和水分子的分散性变大，且 1M-tv 的分散程度更高。

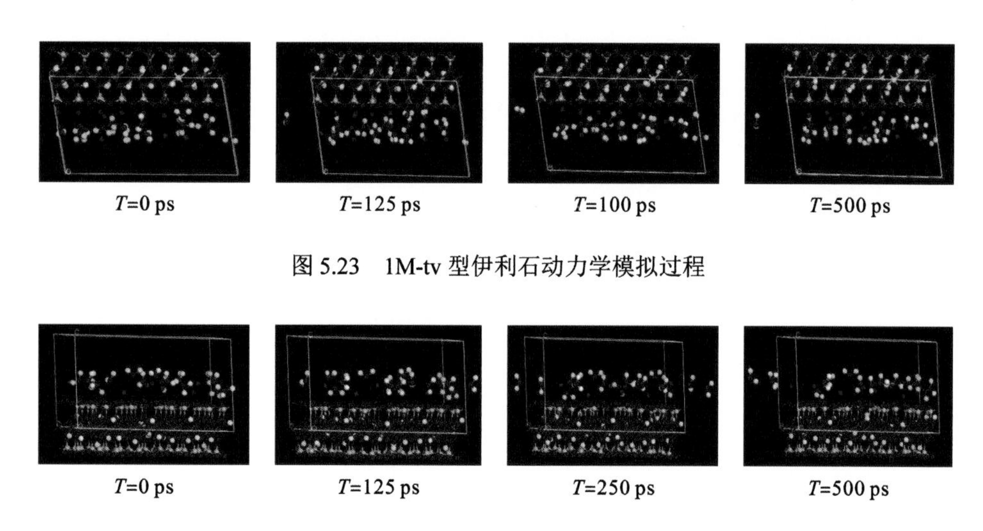

图 5.23　1M-tv 型伊利石动力学模拟过程

图 5.24　1M-cv 型伊利石动力学模拟过程

2. 晶层间距、体积和密度的变化特征

基于分子动力学模拟结果，伊利石层间距与含水量的关系如图 5.25 所示。从图中可看出，伊利石 d_{001} 晶层间距随含水量增加而逐渐增大，与蒙脱石的水化膨胀相比，伊利石晶层间距的变化幅度明显较小，这与蒙脱石和伊利石在水化过程中晶层间距膨胀的实验结果具有相似性。同时，从图中还可看出，当含水量较低时，1M-tv 晶层间距大于 1M-cv，这可能与层间域水分子和 K^+的分布特征有关。在含水量增加初期，1M-tv 晶层间距的上升速度较大，而随着含水量增加，其上升速度逐渐变缓；当含水量增加到一定值后，两种构型的伊利石晶层间距又逐渐重合。

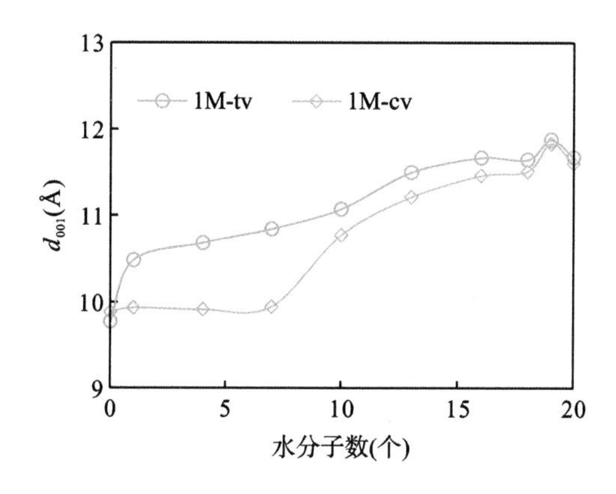

图 5.25　伊利石层间距随含水量的变化规律

图 5.26 为伊利石吸附不同水分子数后体积和密度的变化规律。从图 5.26(a) 可看出，随着含水量的增加，伊利石的体积逐渐增大，其中当含水量较低时，1M-cv 型伊利石的体积比 1M-tv 型伊利石的体积小，上升速度较慢，当含水量增加到一定值时，1M-cv 型伊利

石的体积上升速度加快，两种类型伊利石模型的体积逐渐重合。同时，从图 5.26(b) 可看出，随着含水量增加，伊利石的密度逐渐降低，当含水量较低时，1M-cv 型伊利石的密度比 1M-tv 型伊利石的密度大，下降速度较慢，而当含水量较高时，1M-cv 型伊利石的密度比 1M-tv 型伊利石的密度小。这是因为 1M-tv 型伊利石体系含有的阳离子原子数目较多，且四面体取代的同时还有八面体取代，八面体取代时 Fe 原子比 Al 原子大得多，在体积相近时，其密度明显增大。

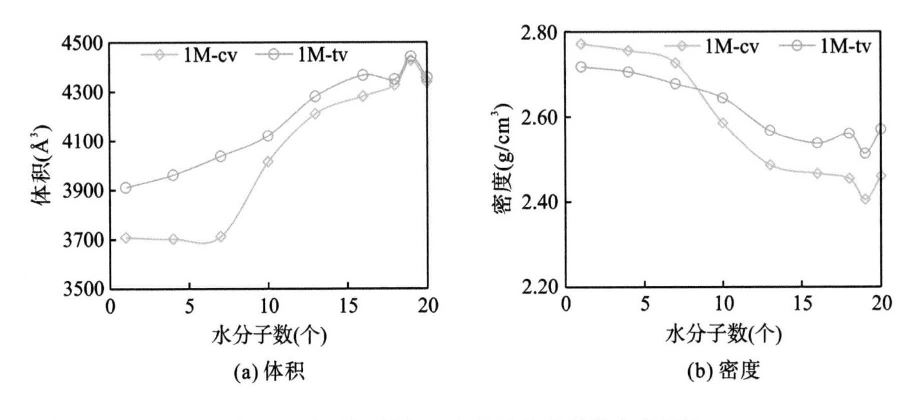

(a) 体积 (b) 密度

图 5.26 伊利石体积、密度随含水量的变化规律

3. 水和离子的传导特征

基于模拟结果，以吸附 4、7、10 和 20 个水分子为例，对 1M-cv 和 1M-tv 两种伊利石构型中水分子及 K^+ 的均方位移进行分析，结果如图 5.27 和图 5.28 所示。从图中可看出，当含水量较低时，不同含水量的 1M-cv 型伊利石和 1M-tv 型伊利石的水分子和 K^+ 均方根位移差异较小；随着含水量增加，水分子和 K^+ 均方根位移总体呈增大的趋势。

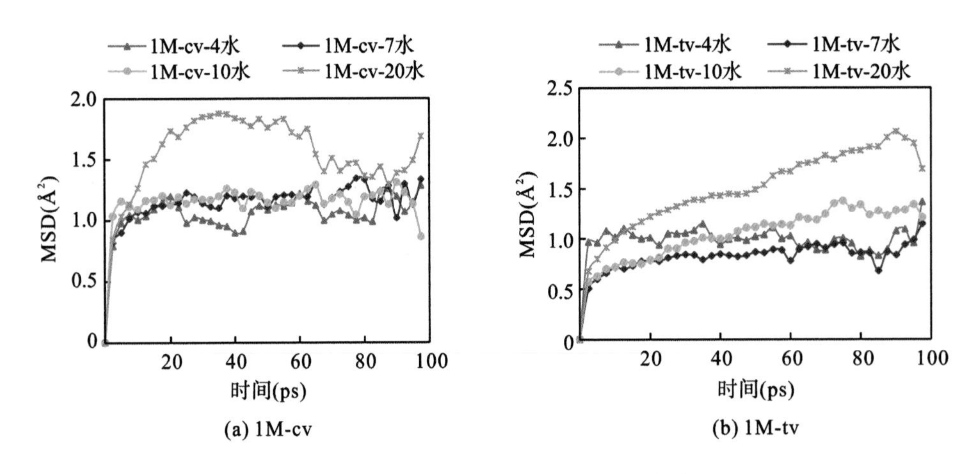

(a) 1M-cv (b) 1M-tv

图 5.27 伊利石层间域内水分子的均方根位移

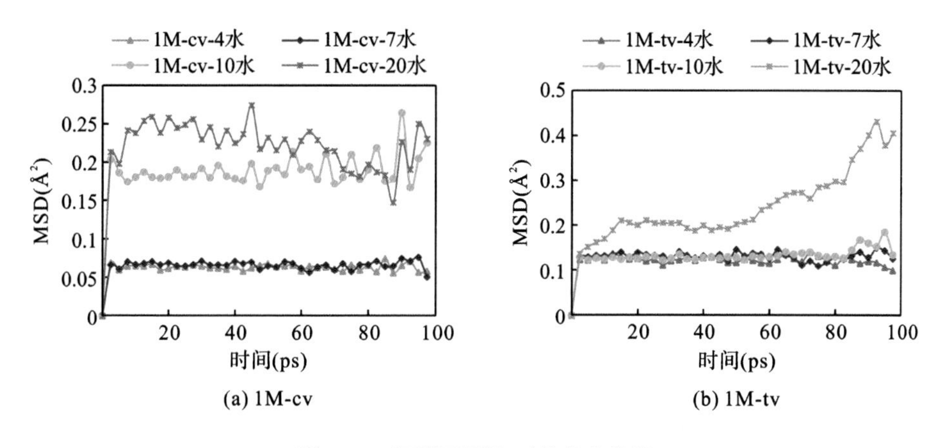

(a) 1M-cv (b) 1M-tv

图 5.28 伊利石层间 K^+的均方位移

1M-cv 和 1M-tv 型伊利石层间域水分子扩散系数如表 5.5 所示。从表中可看出，随着含水量增加，水分子扩散系数逐渐增加，这是因为随着含水量增加，伊利石的层间距增大，提供了更多的扩散与迁移通道，造成带负电的伊利石晶片对层间域内水分子的束缚作用减弱。同时，从表中还可看出，两种构型伊利石的水分子扩散系数存在一定差异，其中 1M-cv 型伊利石的水分子扩散系数相对较大，这可能与其晶胞所带电荷(即层间补偿阳离子的数目)少于 1M-tv 型伊利石有关，即 1M-cv 型伊利石所带电荷数较少，其对水分子的静电吸附作用相对较弱，故其更容易扩散。

表 5.5 1M-cv 和 1M-tv 型伊利石层间域水分子扩散系数

水分子数(个)	构型	水分子扩散系数($10^{-10}m^2/s$)	构型	水分子扩散系数($10^{-10}m^2/s$)
4	1M-cv	0.43	1M-tv	0.31
7		0.51		0.36
10		0.48		0.37
20		0.94		0.64

4. 声学参数和弹性参数的变化特征

基于伊利石水化体系的运动轨迹可以获得基于单晶假设的晶体弹性刚度常数和柔度系数。再借助 Voigt-Reuss-Hill 理论，由单晶的弹性常数计算多晶的弹性参数极值，进而获取伊利石水化过程中弹性模量与泊松比的变化规律。在此基础上，根据牛顿运动定律和弹性波动理论推导出声波速度和弹性参数的关系，即可得到伊利石晶体的声波速度。

图 5.29 为在常温常压条件下，伊利石晶体的平均纵波速度随含水量的变化规律。从图中可看出，在常温常压条件下，1M-cv 型伊利石晶体的纵波速度变化范围为 1.84～2.75km/s，而 1M-tv 型伊利石晶体的纵波速度变化范围为 2.08～3.03km/s；随含水量的增加，伊利石晶体的纵波速度逐渐降低，与蒙脱石晶体的变化规律一致。相同含水量时，与蒙脱石晶体相比，伊利石晶体的纵波速度更大，这可能是因为相同含水量，伊利石晶体的膨胀量小于蒙脱石晶体。

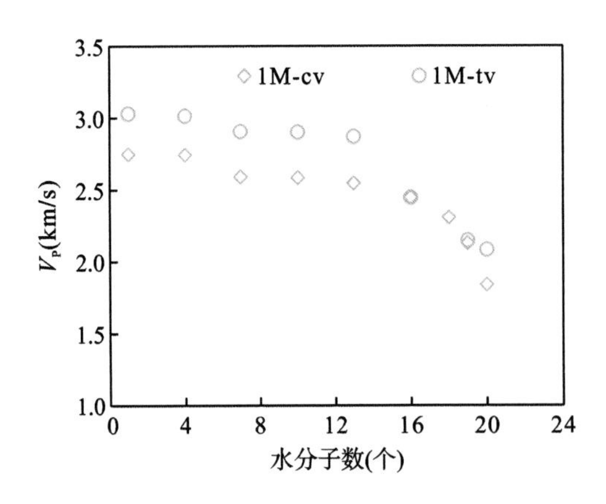

图 5.29 伊利石晶体纵波速度随含水量的变化规律

不同含水量下伊利石晶体的弹性参数变化特征如图 5.30 所示。从图中可看出，随着含水量增加，弹性模量逐渐降低，泊松比逐渐增大，即伊利石水化后对其强度的弱化效应明显，说明含水量增加，伊利石强度降低，但形变能力增强；在含水量相同的条件下，1M-cv 型伊利石的弹性模量更大，水化劣化效应相对较弱，其中 1M-cv 型伊利石的变化范围为 61.57～87.13GPa，1M-tv 型伊利石的变化范围为 52.10～84.11GPa。

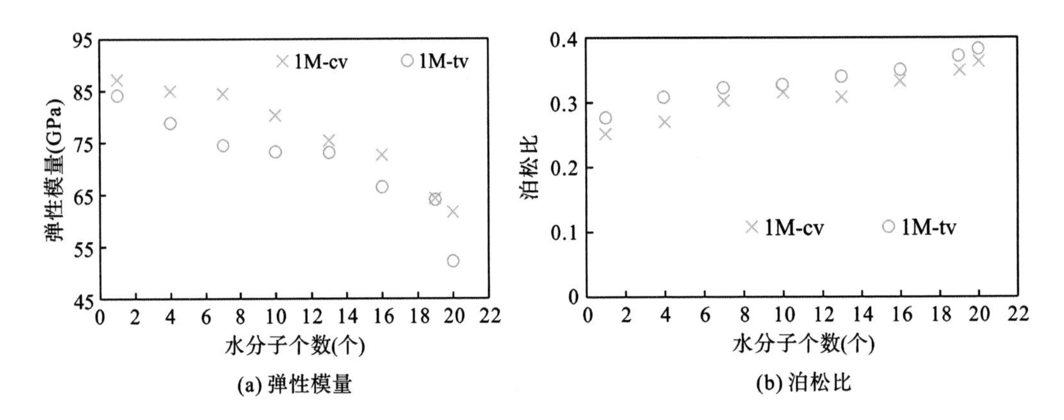

图 5.30 伊利石晶体弹性参数随含水量的变化规律

5.3.2.2 温度和压力的影响

在不同温度和压力条件下开展伊利石水化分子动力学模拟，从晶层间距和弹性参数等方面分析不同温度和压力对伊利石水化特征的影响。

1. 晶层间距的变化特征

基于分子动力学模拟结果，不同温度和压力条件下伊利石 d_{001} 晶层间距的变化规律如表 5.6 所示。从表中可看出，随着温度和压力的变化，伊利石晶层间距变化不明显，仅随温度升高呈微弱的增加趋势，说明温度和压力对伊利石晶层间距的影响很小，这与温度和压力对蒙脱石水化特征的影响规律类似。

表 5.6　不同温度和压力下含 19 个水分子的伊利石 d_{001} 晶层间距

压力 P(MPa)	温度 T(℃)	1M-tv 型伊利石 晶层间距(Å)	1M-cv 型伊利石 晶层间距(Å)
0.1	25	11.89	11.84
	50	11.92	11.85
	70	11.92	11.85
	100	11.93	11.87
30	25	11.89	11.86
	50	11.91	11.84
	70	11.93	11.87
	100	11.94	11.86
50	25	11.91	11.84
	50	11.9	11.83
	70	11.93	11.85
	100	11.91	11.85

2. 弹性参数的变化特征

温度和压力对伊利石晶体弹性模量和泊松比的影响如图 5.31 所示。从图中可知，随着温度升高和压力下降，伊利石晶体的弹性模量逐渐减小，泊松比逐渐增大，伊利石水化劣化效应逐渐增强，其中 1M-tv 型伊利石的变化趋势更明显。

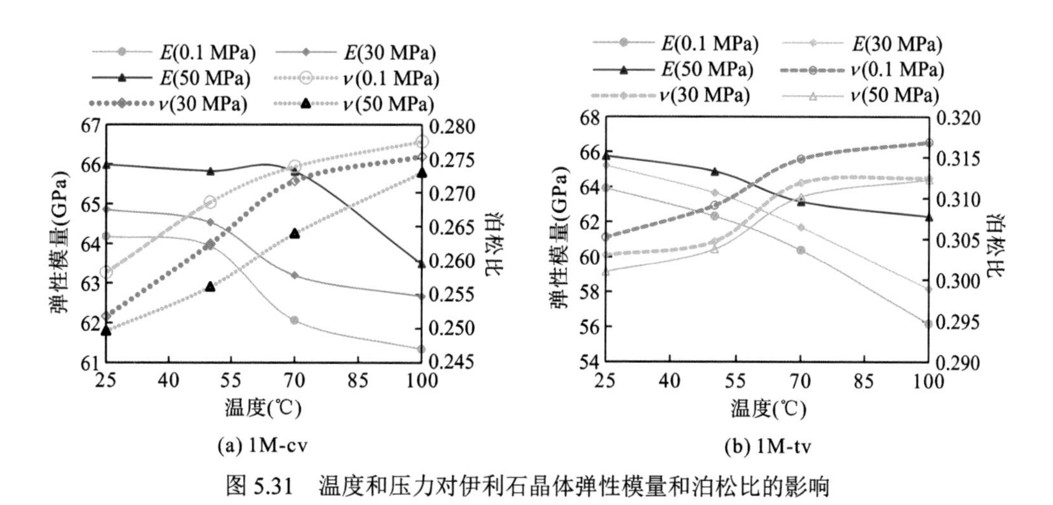

图 5.31　温度和压力对伊利石晶体弹性模量和泊松比的影响

5.3.2.3　无机盐溶液的影响

在 298K(25℃)和 0.1MPa 下开展不同无机盐溶液的伊利石水化分子动力学模拟，从水分子及离子的传导特征和弹性参数等方面分析不同无机盐溶液对伊利石水化特征的影响。

1. 水和离子的传导特征

无机盐类型和浓度(质量分数)对伊利石体系中水分子扩散系数的影响如表 5.7 所示。从表中可看出，随着无机盐溶液浓度的增加，水分子扩散系数总体上呈降低的趋势，其中无机盐类型为 Ca^{2+}和 Mg^{2+}时的水分子扩散系数较低，而无机盐类型为 K^{+}和 Na^{+}时的水分子扩散系数相对较高。这可能是因为 Ca^{2+}和 Mg^{2+}的水化半径较大，配位数较大，能吸附较多水分子，占据了较多的扩散通道，所以加入 Ca^{2+}和 Mg^{2+}后伊利石体系中水分子的扩散能力降低得较明显。

表 5.7 无机盐类型和浓度对伊利石体系中水分子扩散系数的影响

无机盐类型	质量分数(小数)	水分子扩散系数($\times10^{-10}m^2/s$)	无机盐类型	质量分数(小数)	水分子扩散系数($\times10^{-10}m^2/s$)
无	无	10.84	无	无	10.84
NaCl	0.289	0.46	$MgCl_2$	0.397	0.14
	0.234	0.32		0.331	0.5
	0.169	0.55		0.248	0.3
	0.092	0.33		0.142	0.71
KCl	0.341	0.56	$CaCl_2$	0.435	0.39
	0.28	0.61		0.366	0.28
	0.206	0.31		0.278	0.35
	0.115	0.99		0.162	0.75

2. 弹性参数的变化特征

无机盐类型和浓度(质量分数)对伊利石晶体弹性参数的变化规律如表 5.8 所示。从表中可看出，加入无机盐后，伊利石弹性模量的变化程度不同，$CaCl_2$和 KCl 的抑制效果较好，相应的弹性模量较高，水化劣化效应减弱，而 $MgCl_2$和 NaCl 的抑制性较差。同时，从表中可看出，随着无机盐浓度的增加，弹性模量呈先增加后降低的趋势，泊松比先降低后增加，说明无机盐对伊利石的水化抑制作用存在最佳的无机盐溶液浓度值，其中 $CaCl_2$溶液的最佳浓度范围为 27.8%～36.6%; KCl 溶液的最佳浓度范围为 20.6%～28.0%; $MgCl_2$溶液的最佳浓度范围为 24.8%～33.1%；NaCl 溶液的最佳浓度范围为 16.9%～23.4%。

表 5.8 无机盐类型和浓度对伊利石晶体弹性参数的影响

无机盐类型	质量分数(小数)	E(GPa)	ν
$CaCl_2$	0.162	60.279	0.233
	0.278	80.457	0.207
	0.366	79.542	0.206
	0.435	76.276	0.195
KCl	0.115	58.379	0.219
	0.206	85.607	0.189
	0.280	86.937	0.172
	0.341	70.036	0.212

续表

无机盐类型	质量分数(小数)	E(GPa)	ν
$MgCl_2$	0.142	69.657	0.218
	0.248	72.974	0.191
	0.331	74.259	0.198
	0.397	67.498	0.218
NaCl	0.092	60.248	0.228
	0.169	67.342	0.223
	0.234	79.580	0.209
	0.289	72.173	0.230

5.3.3　伊/蒙混层的水化膨胀规律

在 298K(25℃)和 0.1MPa 下开展包含 0～96 个水分子的伊/蒙混层水化分子动力学模拟，研究伊/蒙混层的水化膨胀规律，分析含水量对伊/蒙混层晶体物理力学性质的影响规律。在此基础上，研究不同温度、压力及水溶液环境等因素对伊/蒙混层水化特征的影响规律。

5.3.3.1　含水量的影响

1. 晶层间距的变化特征

基于分子动力学模拟结果，伊/蒙混层层间距与含水量的关系如图 5.32 所示。从图中可看出，随着含水量的增加，伊/蒙混层 d_{001} 晶层间距呈阶梯形上升，出现明显的分层现象，这与蒙脱石的水化膨胀规律具有一致性，且层间域吸附水分子也形成三层水分子膜，其中在 32 个水分子时形成第 1 层水分子膜，64 个水分子时形成第 2 层水分子膜，96 个水分子时形成第 3 层水分子膜。同时，从图中还可看出，当形成第 1 层水分子膜时，伊/蒙混层晶层间距为 22.88Å，这与基于 GCMC 模拟方法获得的单层水分子膜累托石(伊利石

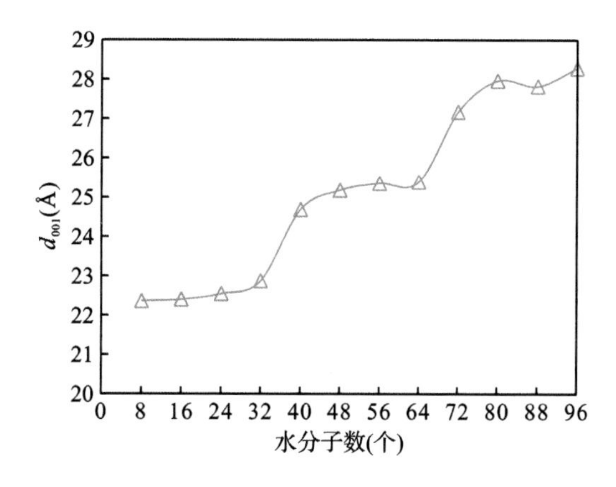

图 5.32　伊/蒙混层层间距随含水量的变化规律

层和蒙脱石层按 1∶1 比例组成的规则型混层矿物）晶层间距 22.25Å（周金虹，2019）和基于实验结果获得的单层水分子膜累托石晶层间距 22.5Å（Kawano and Tomita，1992）具有一致性。在常温常压条件下，对相同含水量下伊/蒙混层和 Na-MMT 的膨胀特征进行对比，以吸附 96 个水分子为例，发现伊/蒙混层的膨胀率为 28.89%，Na-MMT 的膨胀率为 78.68%，说明伊/蒙混层的膨胀程度远低于蒙脱石。

2. 水和离子的传导特征

基于模拟结果，伊/蒙混层层间域内形成稳定 1 层、2 层和 3 层水分子膜时层间域内水分子和阳离子扩散系数的结果如表 5.9 所示。从表中可看出，随着含水量的增加，层间域水分子和 Na^+扩散系数逐渐增加，这是因为随着含水量增加，伊/蒙混层层间距增大，提供了更多的扩散与迁移通道，带负电的蒙脱石和伊利石晶片对层间域内水分子和 Na^+的束缚作用减弱；在相同含水量的情况下，伊/蒙混层层间域水分子扩散系数高于阳离子，这是因为带负电的蒙脱石和伊利石晶片对带正电 Na^+的静电力作用明显强于对极性水分子的引力作用，所以对 Na^+的束缚作用限制了其扩散。与蒙脱石和伊利石的模拟结果相比，在相同含水量下，伊/蒙混层水分子扩散系数和 Na^+扩散系数小于 Na-MMT 体系，而大于伊利石体系。

表 5.9 伊/蒙混层层间域内水分子和 Na^+扩散系数

水分子层	扩散系数（$\times10^{-10}m^2/s$）	
	水分子	Na^+
1 层	2.600	0.280
2 层	5.343	0.575
3 层	3.765	0.697

3. 声学参数和弹性参数的变化特征

基于伊/蒙混层水化体系的运动轨迹可以获得基于单晶假设的晶体弹性刚度常数和柔度系数。再借助 Voigt-Reuss-Hill 理论，由单晶的弹性常数计算多晶的弹性参数极值，进而获取伊/蒙混层在水化过程中弹性模量和泊松比的变化规律。在此基础上，根据牛顿运动定律和弹性波动理论推导出声波速度和弹性参数的关系，即可得到伊/蒙混层晶体的声波速度。

图 5.33 为在常温常压条件下，伊/蒙混层晶体的平均纵波速度随含水量的变化规律。从图中可看出，常温常压条件下，伊/蒙混层晶体的纵波速度变化范围为 1.47～2.40km/s；随着含水量增加，伊/蒙混层晶体的纵波速度逐渐降低，与伊利石、蒙脱石晶体的变化规律一致。相同含水量时，伊/蒙混层晶体的纵波速度稍大于 Na-MMT 晶体的纵波速度，但小于伊利石晶体的纵波速度。

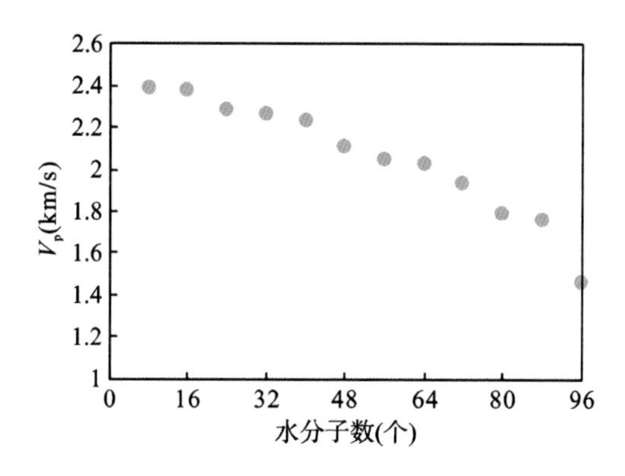

图 5.33　伊/蒙混层晶体的纵波速度随含水量的变化规律

不同含水量下伊/蒙混层晶体弹性参数的变化特征如图 5.34 所示。从图中可看出，随着含水量增加，弹性模量逐渐减小，泊松比逐渐增大，即伊/蒙混层水化后对其强度的弱化效应明显，说明含水量增加，伊/蒙混层的强度降低，但形变能力增强。在常温常压下，弹性模量的变化范围为 72.47～48.27GPa，泊松比为 0.272～0.298。与蒙脱石、伊利石的模拟结果相比，在相同含水量下，伊利石晶体的弹性模量最大，伊/蒙混层次之，蒙脱石最小。

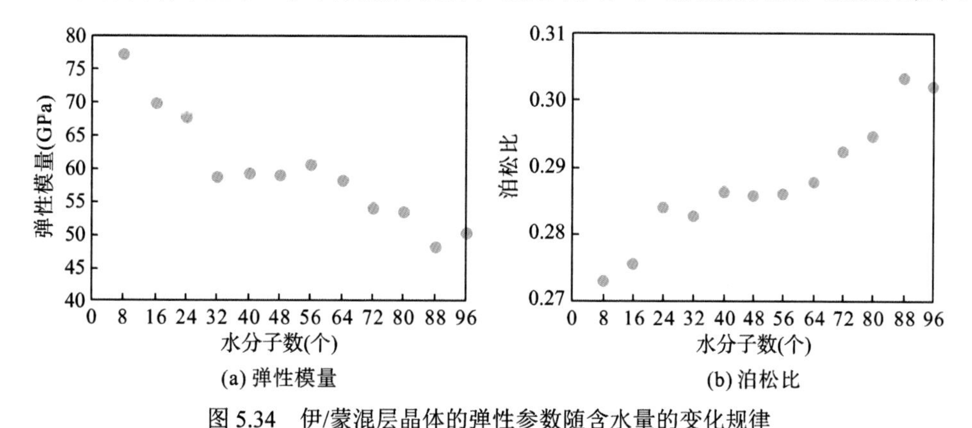

(a) 弹性模量　(b) 泊松比

图 5.34　伊/蒙混层晶体的弹性参数随含水量的变化规律

5.3.3.2　温度和压力的影响

在不同温度和压力条件下开展伊/蒙混层水化分子动力学模拟，从晶层间距和弹性参数等方面分析不同温度和压力对伊/蒙混层水化特征的影响。

1. 晶层间距的变化特征

基于分子动力学模拟结果，不同温度和压力条件下伊/蒙混层 d_{001} 晶层间距的变化规律如图 5.35 所示。从图中可看出，不同含水量条件下，随着温度和压力的变化，伊/蒙混层晶层间距的变化幅度较小，总体上随着温度升高，晶层间距呈微弱增加的趋势，随着压力增加，晶层间距呈微弱下降的趋势，说明温度和压力对伊/蒙混层晶层间距的影响很小，这与温度和压力对蒙脱石、伊利石晶层间距的影响规律类似。

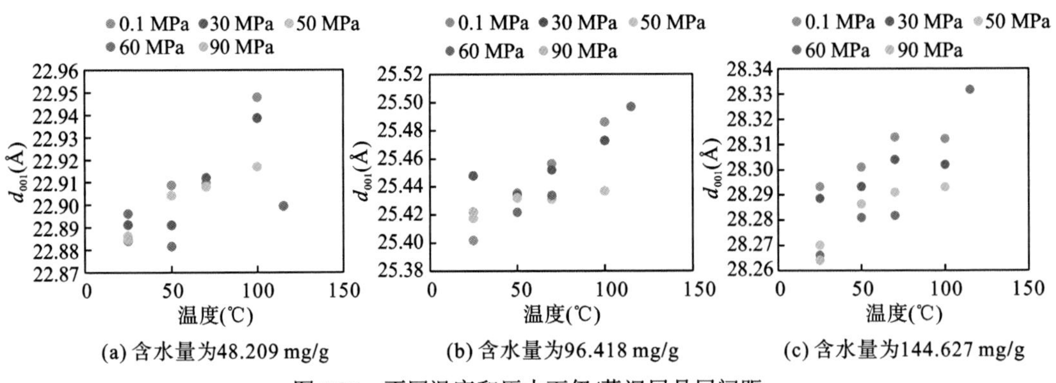

(a) 含水量为48.209 mg/g (b) 含水量为96.418 mg/g (c) 含水量为144.627 mg/g

图 5.35 不同温度和压力下伊/蒙混层晶层间距

2. 弹性参数的变化特征

温度和压力对伊/蒙混层晶体弹性模量和泊松比的影响如图 5.36 所示。从图中可以看出，随着温度升高和压力下降，伊/蒙混层晶体的弹性模量逐渐减小，泊松比逐渐增大，伊/蒙混层的水化劣化效应逐渐增强，这与温度和压力对蒙脱石、伊利石弹性参数的影响规律类似。

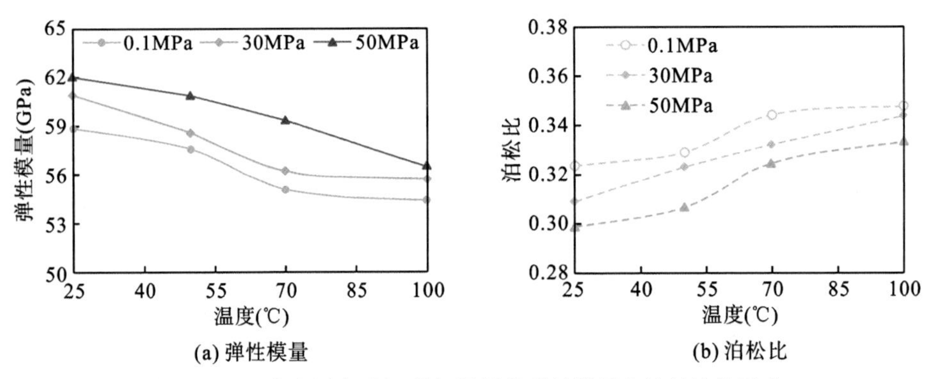

(a) 弹性模量 (b) 泊松比

图 5.36 温度和压力对伊/蒙混层晶体弹性模量和泊松比的影响

5.3.3.3 无机盐溶液的影响

在 298K(25℃)和 0.1MPa 的条件下开展不同无机盐溶液的伊/蒙混层水化分子动力学模拟，从水分子及离子的传导特征和弹性参数等方面分析不同无机盐溶液对伊/蒙混层水化特征的影响。

1. 水分子和离子的传导特征

无机盐类型和浓度(质量分数)对伊/蒙混层体系中水分子和 Na^+扩散系数的影响如表 5.10 所示。从表中可看出，随着无机盐溶液浓度的增加，水分子和 Na^+扩散系数总体上呈降低的趋势。这是由于无机盐阳离子的加入，造成层间域阳离子数目增加，并吸附较多的水分子，水分子的自由运动程度降低，而 Na^+可作用的水分子减少，相互间的作用力增加，造成水分子和 Na^+的扩散能力降低。

表 5.10 无机盐类型和浓度对伊/蒙混层体系中水分子扩散系数的影响

无机盐类型	质量分数(小数)	水分子扩散系数($\times10^{-10}m^2/s$)	Na^+扩散系数($\times10^{-10}m^2/s$)
无	无	2.600	0.280
$CaCl_2$	0.162	1.527	0.030
	0.278	1.160	0.030
	0.366	0.415	0.001
	0.435	0.112	0.017
KCl	0.115	1.847	0.035
	0.206	1.265	0.267
	0.280	1.050	0.202
	0.341	0.133	0.005
$MgCl_2$	0.142	2.732	0.265
	0.248	0.903	0.283
	0.331	0.492	0.057
	0.397	0.302	0.013
NaCl	0.092	0.325	0.020
	0.169	0.458	0.002
	0.234	1.325	0.308
	0.289	1.223	0.170

2. 弹性参数的变化特征

无机盐类型和浓度(质量分数)对伊/蒙混层晶体弹性参数的变化规律如图 5.37 所示。加入不同类型和不同浓度的无机盐后，伊/蒙混层-水-离子体系弹性参数的变化规律如图 5.37 所示。从图中可看出，加入无机盐后，伊/蒙混层的体积模量、剪切模量和弹性模量均呈增大的趋势，而泊松比呈减小的趋势，说明无机盐对伊/蒙混层水化作用有一定的抑制性。同时，从图中还可看出，随着无机盐质量分数的增加，体积模量、剪切模量和弹性模量先增加后降低，说明无机盐对伊/蒙混层的水化抑制作用存在最佳无机盐溶液浓度值，其中 NaCl 溶液的最佳浓度范围为 16.9%～23.4%，$CaCl_2$ 溶液的最佳浓度为 36.6%～43.5%，KCl 溶液的最佳浓度为 20.6%～28.0%，$MgCl_2$ 溶液的最佳浓度为 24.8%～39.7%。

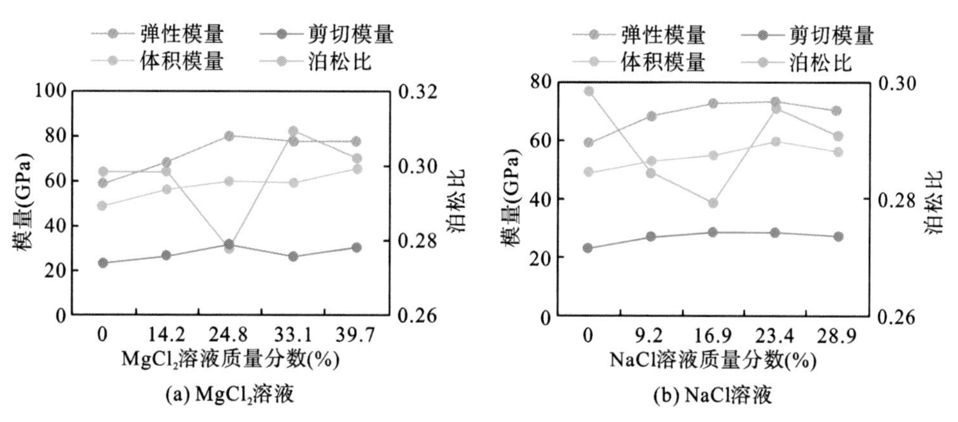

(a) $MgCl_2$溶液 (b) NaCl溶液

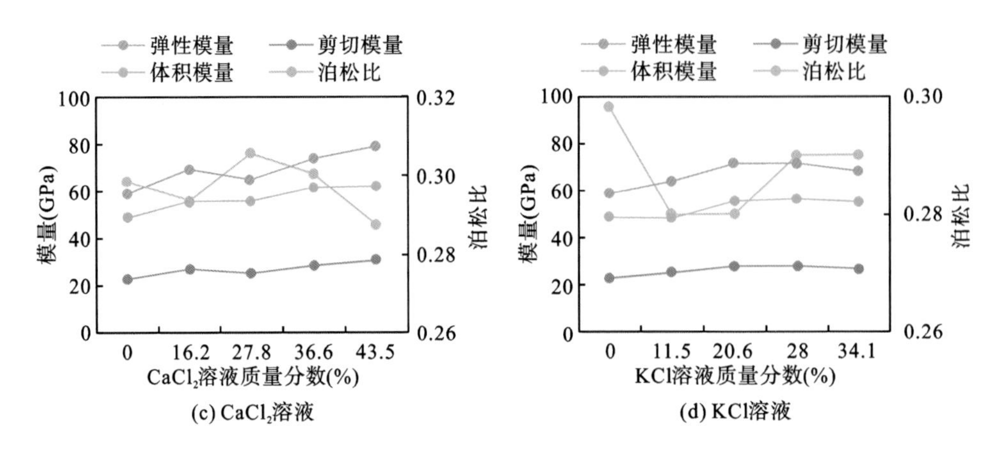

(c) $CaCl_2$溶液 (d) KCl溶液

图 5.37 伊/蒙混层晶体弹性参数与无机盐类型及浓度的关系

基于分子动力学模拟可得到不同黏土矿物水化的晶层膨胀规律，为了进一步对比不同类型黏土矿物的水化过程，给出不同类型黏土矿物的晶层膨胀率与含水量的关系如图 5.38(a)所示。从图中可看出，不同类型黏土矿物的晶层膨胀率随含水量增加而增大，其中在相同含水量下，蒙脱石上升速度最快，伊利石次之，伊/蒙混层最小。黏土矿物的晶层膨胀可使晶体的弹性参数发生变化，进而引起黏土矿物晶体损伤，不同类型黏土矿物损伤系数[(未水化时的弹性模量-水化后的弹性模量)/未水化时的弹性模量]与含水量的关系如图 5.38(b)所示。从图中可看出，不同类型黏土矿物的损伤系数随含水量增加而增大，不同类型黏土矿物损伤系数的上升速度均较快，且不同类型黏土矿物的损伤系数差异不大。这说明与蒙脱石相比，伊利石在较少的吸水量下发生的水化作用较显著，损伤系数较大，即水化劣化效应较显著，也反映了伊利石的水化作用不可忽略。

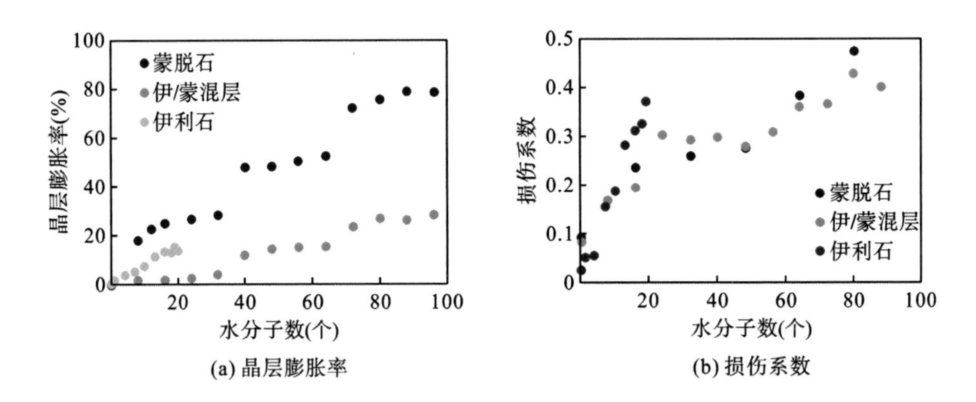

(a) 晶层膨胀率 (b) 损伤系数

图 5.38 黏土矿物晶层膨胀率和损伤系数与水分子数的关系

第 6 章　泥岩力学及声学性质的水化动态

当泥岩地层与水基工作液接触后，在钻井压差、钻井液与泥岩地层之间的化学势差、毛细管力等的共同驱动下，水相进入泥岩地层孔隙空间，泥岩中的黏土矿物将发生一系列物理、化学和物理化学反应，产生水化作用，造成泥岩微观结构及宏观结构的变化，导致泥岩力学参数发生变化，同时也会引起泥岩声学参数的同步响应变化。已有研究结果表明，泥岩与水间的相互作用强度除受泥岩矿物组成及结构的影响外，还受作用时间和环境的影响。为此，本章以硬脆性泥岩为研究对象，研究水化作用对泥岩微观结构及宏观结构的影响，以及泥岩水化过程中声学参数和力学参数的变化规律。

6.1　泥岩水化过程中宏微观结构的动态变化

6.1.1　宏观结构变化

以南堡凹陷东营组和沙河街组硬脆性泥岩为研究对象进行岩样浸泡实验，观察浸泡前后岩样宏观结构的变化规律，实验结果如表 6.1 和表 6.2 所示，其中浸泡液为地层所用钻井液滤液，浸泡时间为常温下 12h。从表中可看出，东营组和沙河街组硬脆性泥岩样品在工作液浸泡后均发生了结构破坏，即硬脆性泥岩遇水发生水化致裂现象，但浸泡前后两组样品宏观结构的变化程度不同，其中沙河街组硬脆性泥岩岩样浸泡后，其完整性被破坏，均形成贯通宏观裂缝，岩样破裂成碎块；而东营组硬脆性泥岩岩样保持了完整性，尽管岩样表面也生成了大量宏观裂缝，但这些宏观裂缝并没有使岩样进一步发生破坏。岩样宏观结构的变化特征说明，东营组和沙河街组硬脆性泥岩与钻井液滤液接触时都会发生水化作用，但水化程度不同，且水化作用对后者的影响更大。这与研究区沙河街组和东营组岩样的黏土矿物含量有关，两类泥岩的矿物组成相近，沙河街组泥岩中黏土矿物的平均含量大于东营组，且两类泥岩黏土矿物中伊利石的含量相近，沙河街组黏土矿物中的伊/蒙混层含量也较高。当东营组和沙河街组泥岩与水接触时，水相沿岩石内部微裂缝进入岩石，发生水化作用，在裂纹尖端产生应力集中，造成裂纹扩展，随着浸泡时间增加，裂纹进一步扩展形成宏观裂缝。其中，沙河街组泥岩形成的宏观裂缝在水化作用下进一步形成延伸，直到贯通宏观裂缝，导致岩样破裂成碎块；而东营组泥岩形成的宏观裂缝在水化作用下扩展到一定程度后，并没有继续扩展和延伸，岩样保持完整性。这说明硬脆性泥岩对水仍然表现为高度敏感，其与水化膨胀性泥岩不同，更多地表现为水化致裂而不是水化膨胀分散的特征，这主要与两者的黏土矿物类型有关，前者的黏土矿物以伊利石和伊/蒙混层中伊利石占比高为主，后者的黏土矿物主要以蒙脱石和伊/蒙混层中蒙脱石占比高为主，两者的差异根本还是体现在伊利石和蒙脱石在水化过程中晶层间距膨胀规律的差异。

表 6.1　沙河街组泥岩浸泡结果对比

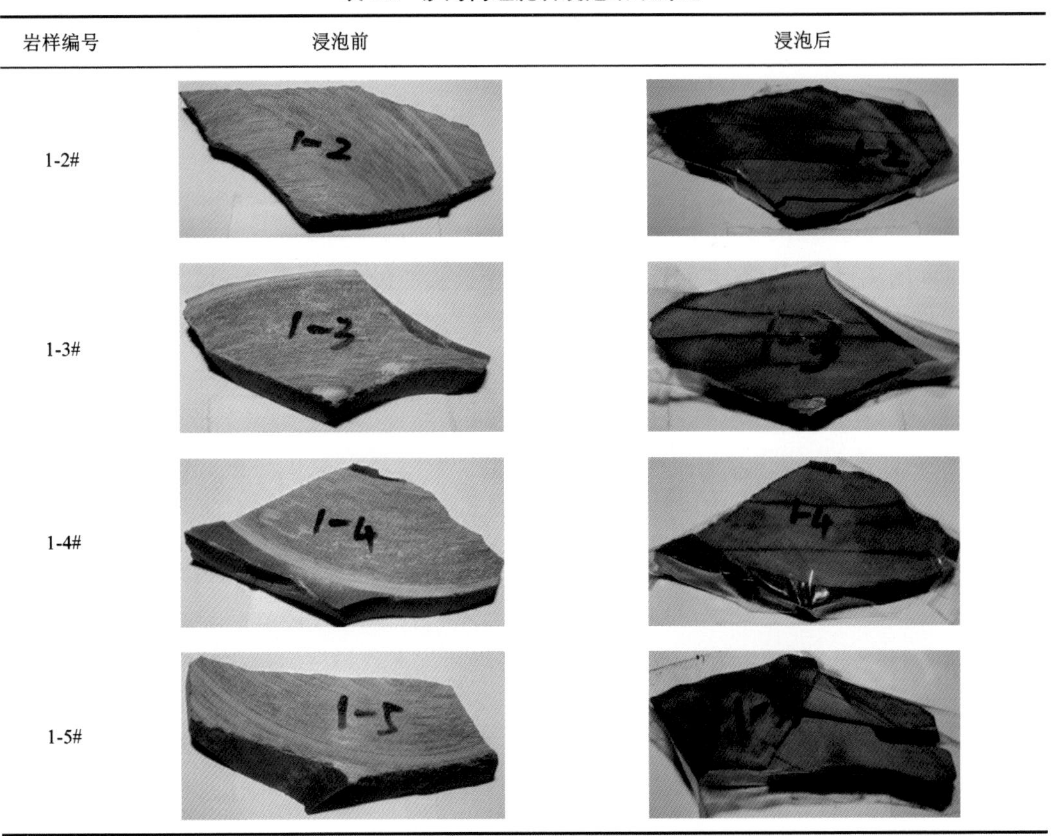

岩样编号	浸泡前	浸泡后
1-2#		
1-3#		
1-4#		
1-5#		

表 6.2　东营组泥岩浸泡结果对比

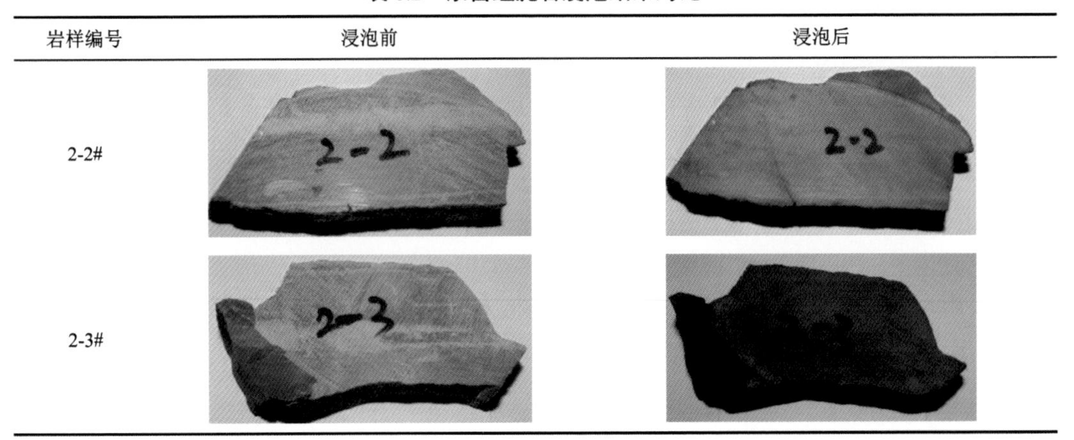

岩样编号	浸泡前	浸泡后
2-2#		
2-3#		

续表

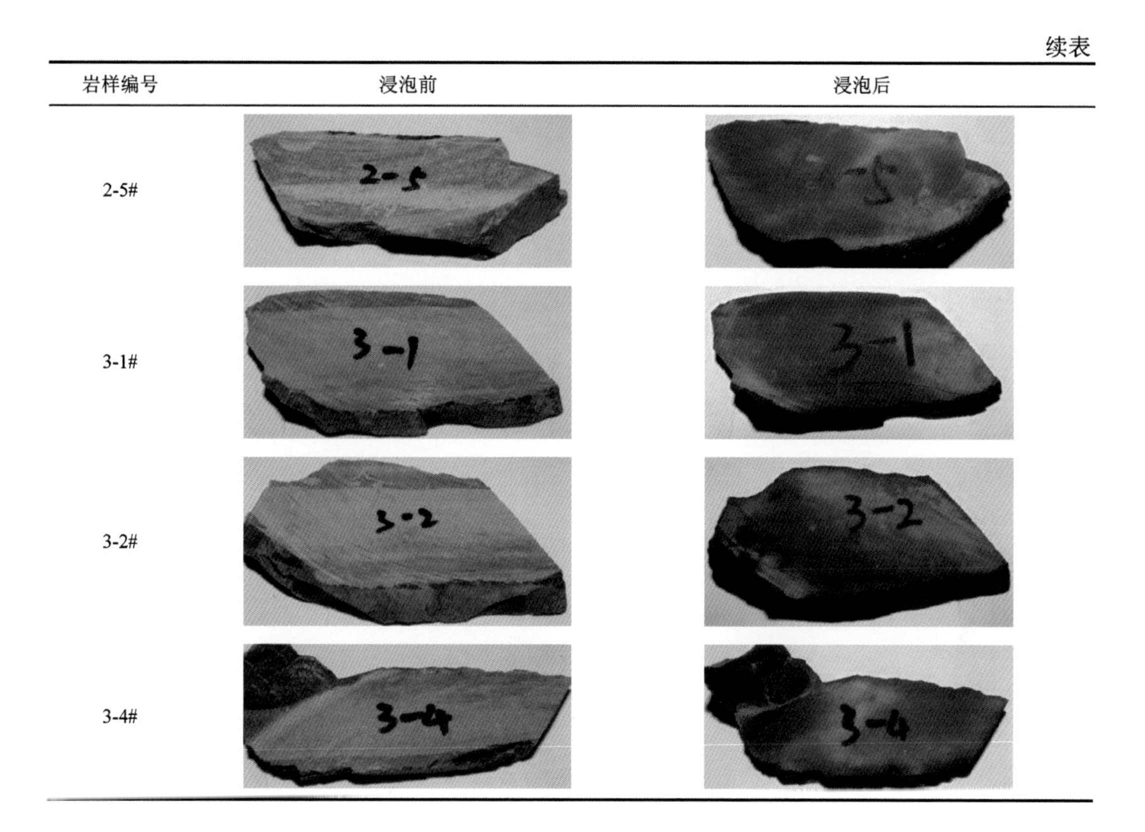

岩样编号	浸泡前	浸泡后
2-5#		
3-1#		
3-2#		
3-4#		

6.1.2　微观结构变化

利用尼康 LV100-POL 高倍偏光显微镜观察东营组和沙河街组硬脆性泥岩样品与钻井液滤液接触前后岩样微观结构的变化规律，实验结果如图 6.1 所示，接触时间设计为 24h、36h、48h、72h、96h。从图中可看出，与工作液滤液接触后，泥岩内部的微观结构逐渐发育成无规则形态的微裂纹，其中接触 48h 后，岩样微观结构的变化较明显，且随着与钻井液滤液接触时间的增加，岩石内部裂纹的扩展延伸越明显。一方面，在毛细管效应的作用下，钻井液滤液沿原有的初始微裂纹进入岩石内部，由于伊利石晶层、伊/蒙混层晶层具有较强的表面水化特征，所以伊利石和伊/蒙混层等黏土矿物与水接触后产生水化作用，伊利石和伊/蒙混层产生的水化膨胀应力将直接作用于裂缝骨架，造成裂缝尖端的应力集中，导致裂缝尖端处的应力强度因子增大，当应力强度因子大于断裂韧性时，裂缝将延伸扩展；随着水化作用时间的增加，岩石断裂韧性继续降低，裂缝尖端的应力强度因子持续增大，更易诱发微裂缝继续延伸扩展(Liang et al.，2015；熊健等，2022)。另一方面，不同类型矿物颗粒具有的水化膨胀特征不同，对应的水化膨胀程度和膨胀速度也不相同，从而造成岩石内部局部区域的应力不均匀，在胶结强度较弱处，易出现微裂缝的萌生、扩展和连通。随着泥岩与水相互作用的进行，这些裂缝继续向前延伸，并逐渐变宽，引起裂缝的生长和增宽，逐渐形成宏观裂缝，而宏观裂缝又将为钻井液滤液继续进入泥岩内部提供通道，使更多的水分子进入泥岩内部，与黏土矿物颗粒接触，进一步促进水化作用，使泥岩产生更多的微裂缝，加剧了泥岩内部结构的破坏。同时，从图 6.1(c) 和图 6.1(d) 中裂缝的微观形貌可以看出，水沿裂缝浸润到岩石表面，宏观断口边缘被水润湿，在裂缝两边形成暗黑色的条状带，且裂缝具有明显的拉伸裂缝特征，断口两侧的边界形态相似。

(a) 接触24h前后岩样结构变化

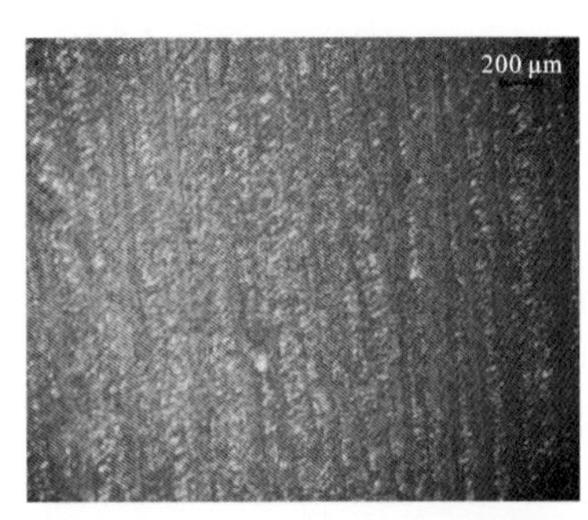

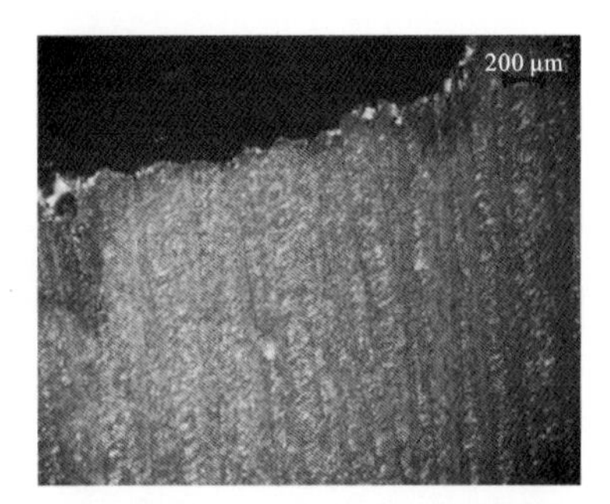

(b) 接触36h岩样结构变化

(c) 接触48h钻井液沿微裂缝侵入

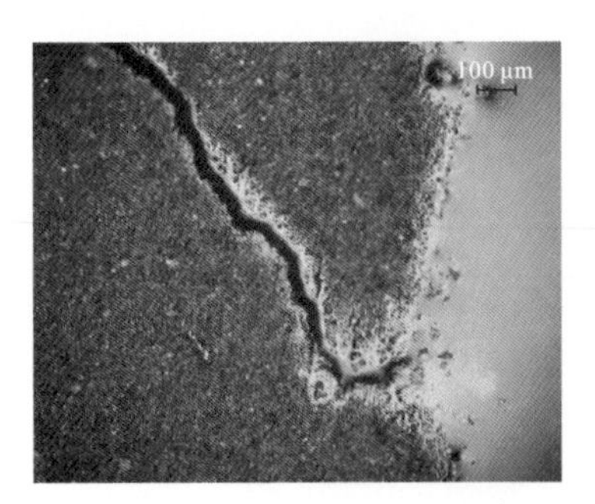

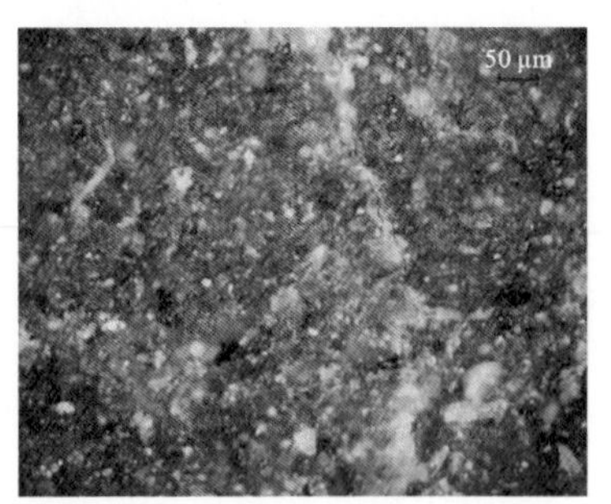

(d) 接触72h微裂缝扩展

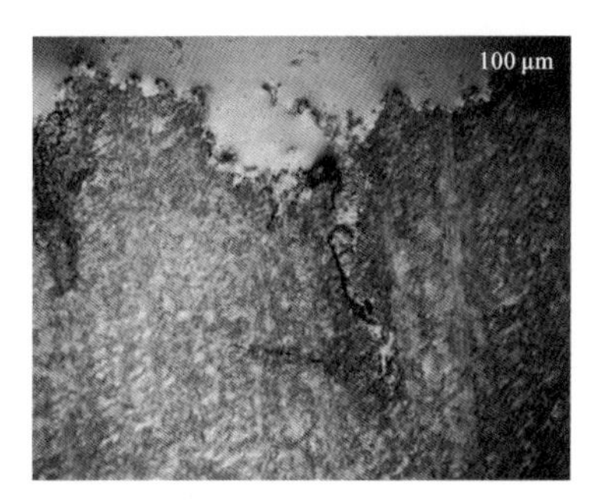

(e) 接触96h微裂缝形态变化

图 6.1　东营组和沙河街组泥岩样品在钻井液作用下的微观结构动态变化特征

6.2　泥岩水化过程中声学参数的动态变化

地层声波测井资料是储层地质参数研究和工程地质参数评价的重要基础资料，除受地层本身特性的影响外，也受钻井液类型和钻井液浸泡时间的影响。为此，以塔里木盆地克拉苏构造带巴西改组泥岩为对象，研究浸泡钻井液后(浸泡条件：浸泡压力 3MPa，浸泡温度 140℃，浸泡时间 48h)泥岩的时域信号、频域信号、小波信号、声波时差和衰减系数的变化规律，以及不同溶液对巴西改组泥岩声波时差的影响规律；以东营组泥岩为对象，研究浸泡时间对泥岩声波时差的影响规律(浸泡条件：浸泡压力 3MPa，浸泡温度为常温)。采用透射法测量获得浸泡钻井液前后泥岩的纵波信息，测试频率为 100kHz，且对浸泡后的泥岩进行低温(温度为 40℃)烘干 24h，消除岩石孔隙中水相介质对纵波信息的影响。

6.2.1　时域信号的变化规律

时域曲线是声波信号常见的表示方式，通过时域曲线能够获取声波的许多特征，首波初至、振幅、衰减快慢等重要信息均能从时域曲线获取，通过将浸泡钻井液前后的同一块岩样在相同条件下测试得到的时域信号叠加在一起，对比岩样浸泡前后时域曲线的变化情况，如图 6.2 所示。从图中可看出，浸泡钻井液前后泥岩的时域曲线特征存在明显差异，且浸泡后泥岩的振幅明显下降，其中原岩时域曲线特征表现为谱峰数量较多且能量值高，谱峰间距较小，而浸泡钻井液后岩样时域曲线特征呈现出谱峰数量减少、谱峰能量降低、谱峰间距增大等特点。这是因为钻井液浸泡泥岩后，钻井液滤液与泥岩发生水化作用，泥岩的微观结构发生变化，从而引起纵波在传播过程中发生折射、散射、反射等现象增多，纵波在岩石中的传播距离增大和传播过程中损耗增大或能量损失增大，所以纵波首波初至时间延迟，振幅减小。

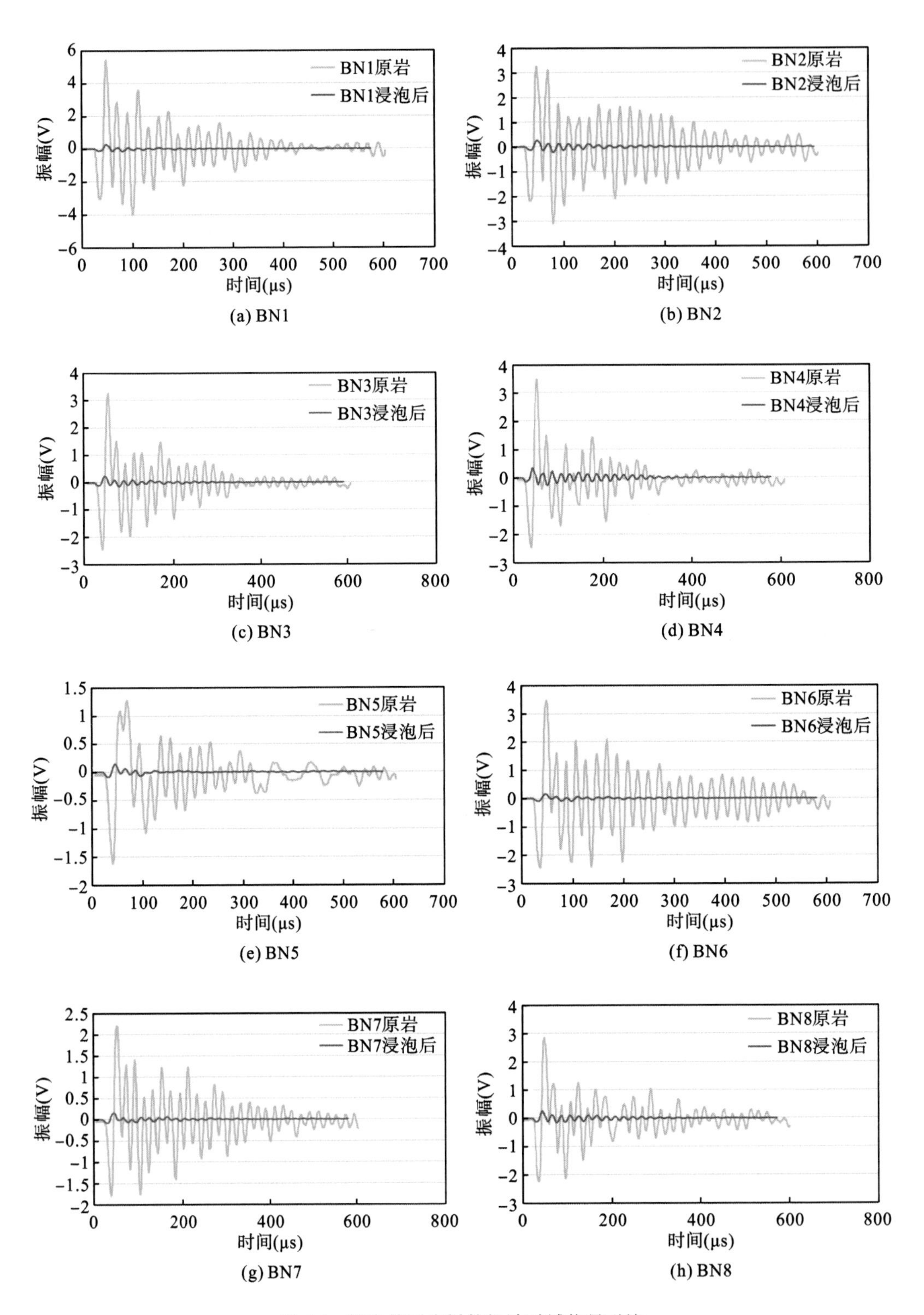

(a) BN1 (b) BN2

(c) BN3 (d) BN4

(e) BN5 (f) BN6

(g) BN7 (h) BN8

图 6.2 浸泡前后岩样的纵波时域信号对比

6.2.2　频域信号的变化规律

除时域信号外，声波频域信号也是岩石声波特性的重要参数，可反映岩石内部结构的大量信息。研究表明，任意信号都可以由多个不同频率的正弦交变信号相互叠加得到，通过将时域信号进行傅里叶变换即可得到频域信号。通过分析钻井液浸泡前后时域信号的幅度及主频位置可知水化作用对泥岩岩石微观结构的影响。

通过傅里叶变换得到浸泡钻井液前后泥岩的频域信号如图 6.3 所示。从图中可看出，浸泡钻井液前后泥岩的纵波频域曲线特征存在明显差异，其中原岩频域曲线表现为频域上谱峰较少且谱峰波形尖锐。这说明叠加信号的相应通带较窄，谱峰幅值较高，峰值多分布于 100kHz 附近，中心频率集中在 100kHz，透射波主频与探头发射频率相同。而浸泡后泥岩频域曲线特征表现为谱峰数量减少，谱峰幅值明显降低，泥岩原岩频域曲线的主频位置处信号幅度降低 94.70%。同时，从图中还可以看出，在相同的激发信号下，浸泡钻井液后泥岩频域信号的主频位置也发生改变，主频向左偏移，其中原岩主频主要为 100kHz，而浸泡钻井液后主频主要为 90～100kHz，且高频区域的谱峰消失。这是因为水化作用下泥岩的微观结构发生变化，微孔隙和微裂缝增多，微观结构变化导致岩石对纵波信号中不同频率成分的吸收不同；在相同的激发信号下，微裂缝增多致使岩石对纵波信号中高频部分的吸收增多，对低频部分的吸收减少，造成纵波信号中低频部分所占比例增加，主频降低。

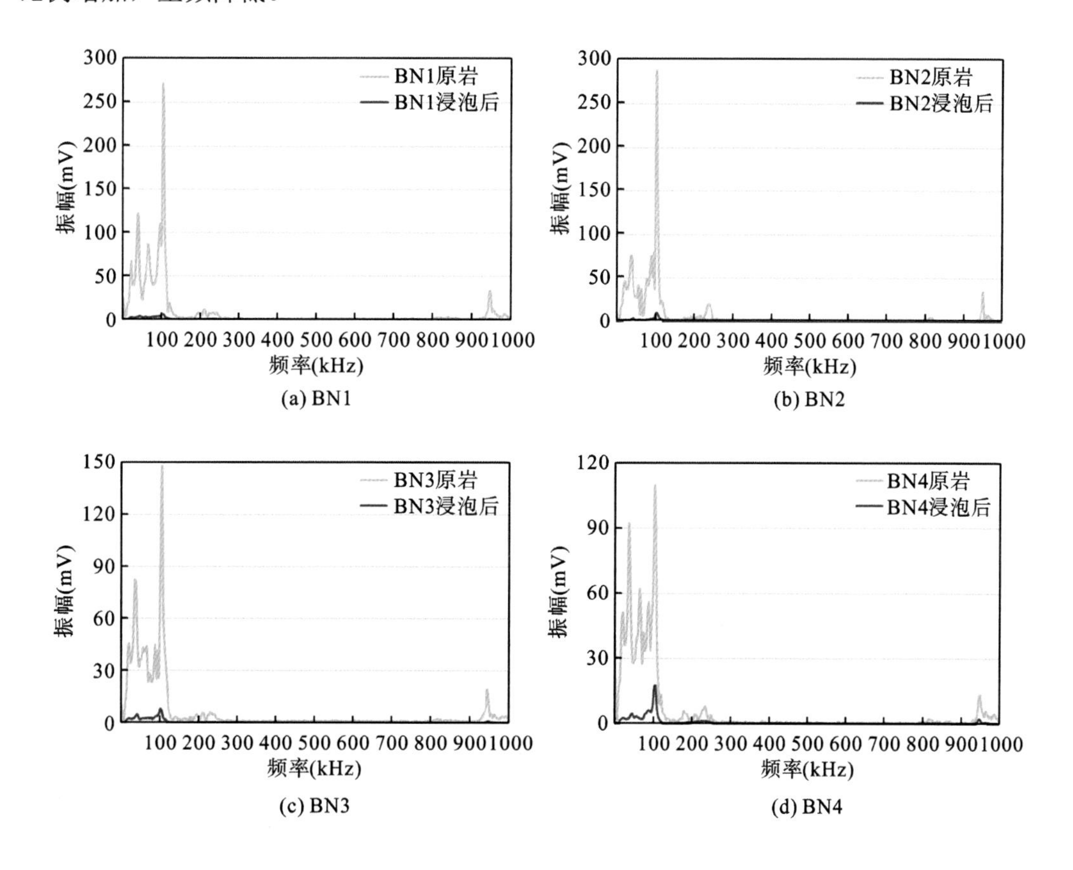

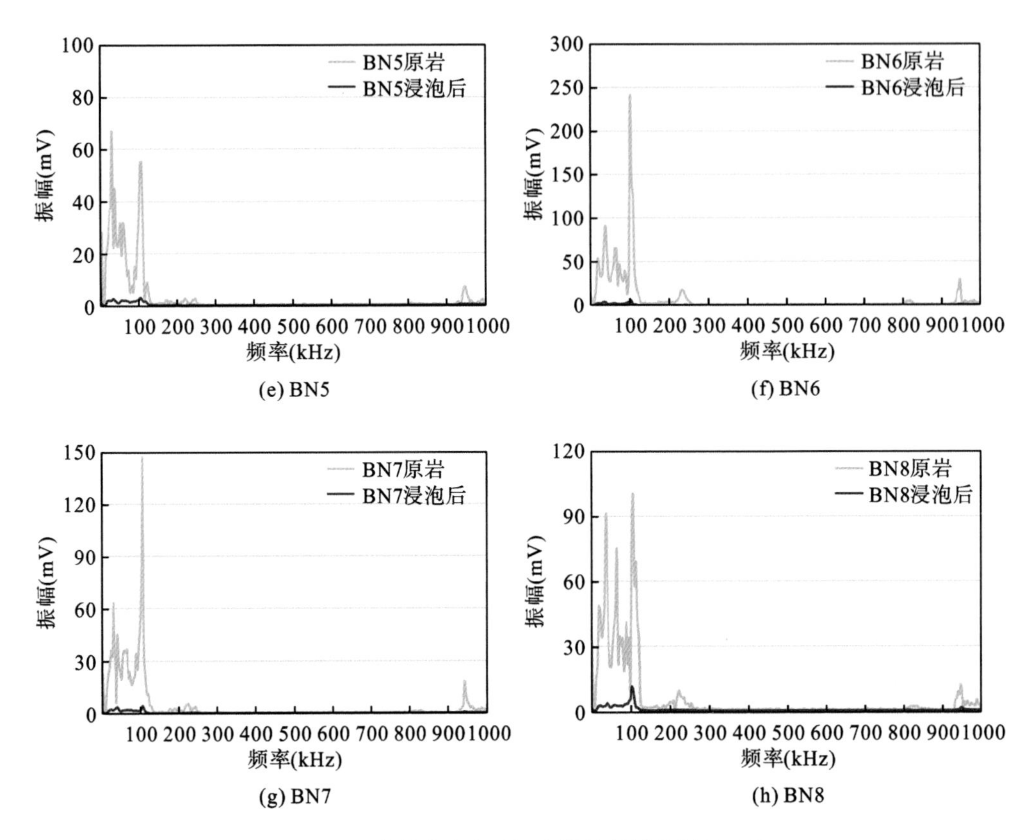

(e) BN5

(f) BN6

(g) BN7

(h) BN8

图 6.3 浸泡钻井液前后泥岩纵波频域信号的对比

6.2.3 小波信号的变化规律

在时域、频域的分析中，小波变换能够准确表征信号的局部特征。小波变换的原理是窗口的总面积不变，但窗函数的时间窗和频率窗的尺度形态都能够改变的时频局部化分析方法。对岩石声学信号进行连续小波变换，步长为2，变换尺度为30，得到相应的小波变换系数绝对值，计算并绘制小波变换系数图。根据小波变换系数灰度图像可进行岩石内部结构的特征分析，若小波变换系数灰度图像表现为亮色则表示该处声波突变点较少甚至没有，说明岩样结构比较完整，微观破裂面等较少；若小波变换系数灰度图像表现为暗色则表示该处存在声波突变点，说明岩样内部的微观破裂面较多，岩石结构不完整。

通过连续小波变换得到钻井液浸泡前后泥岩的小波变换系数灰度图像如图 6.4 所示。从图中可以看出，浸泡钻井液前后泥岩的小波变换系数存在明显差异，且浸泡后泥岩的暗色部分明显增加，即浸泡钻井液后，泥岩内部结构发生变化，微孔隙和微裂缝增多。这也说明钻井液浸泡作用对泥岩结构会产生影响，使泥岩结构发生变化，导致泥岩的纵波特性发生改变。

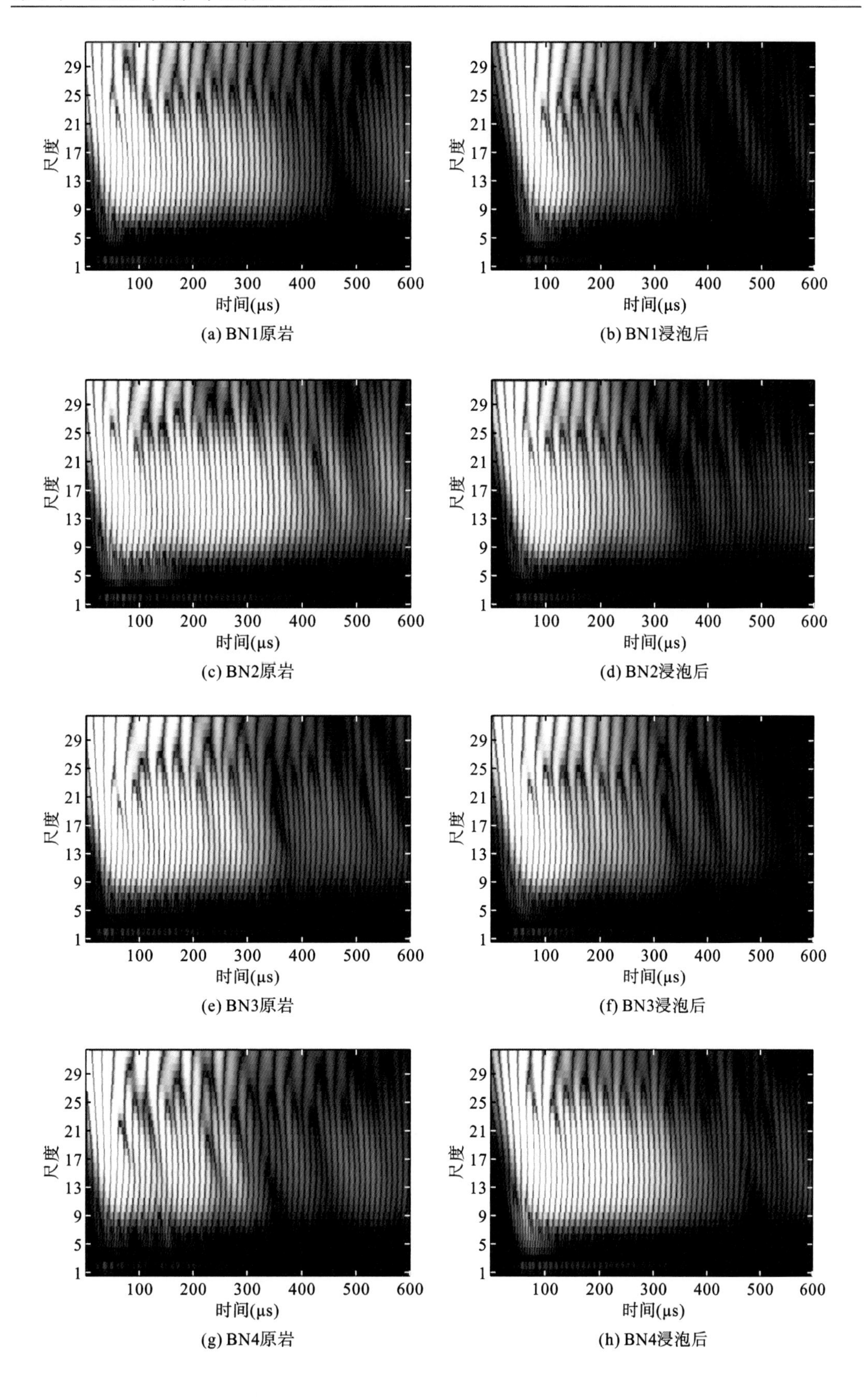

(a) BN1原岩

(b) BN1浸泡后

(c) BN2原岩

(d) BN2浸泡后

(e) BN3原岩

(f) BN3浸泡后

(g) BN4原岩

(h) BN4浸泡后

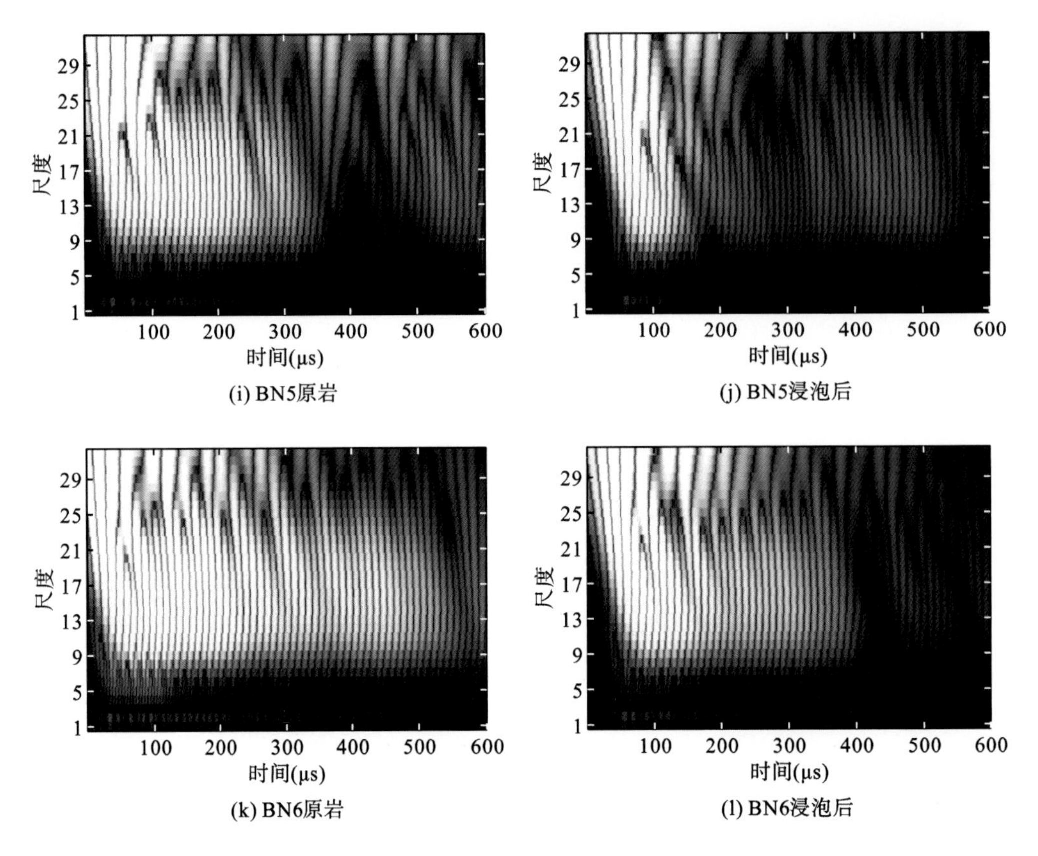

图 6.4 浸泡钻井液前后泥岩连续小波变换系数对比图

6.2.4 纵波时差和纵波衰减系数的变化规律

声波时差和声波衰减系数是表征岩石声波特性的重要参数之一，其中声波衰减系数对岩石结构特征的响应更敏感。根据时域曲线获取的首波初至时间可计算得到浸泡钻井液前后泥岩的纵波时差，结果如图 6.5(a)所示。从图中可看出，钻井液浸泡后泥岩的纵波时差增大。这是因为泥岩与钻井液接触后，水相进入泥岩内部空间，泥岩发生水化作用，岩石内部的微观结构发生变化，产生一些新的微孔隙和微裂隙(图 6.1)，所以纵波传播时在岩石中的反射、折射和衍射次数增多，反映了纵波在岩石中的传播路径增加，泥岩纵波时差增大。其中，浸泡钻井液后泥岩的纵波时差与原岩相比，最小增幅为 15.18%，最大增幅为 27.99%，平均增加 23.36%。同时，根据信号对比法计算可以得到浸泡钻井液前后泥岩的纵波衰减系数，结果如图 6.5(b)所示。从图中可看出，浸泡后泥岩纵波衰减系数大幅增加，且泥岩浸泡钻井液前后纵波衰减系数平均值的增加幅度为 100.33%。这是因为泥岩水化作用造成岩石内部的微观结构发生变化，产生一些新的微孔隙和微裂隙(图 6.1)，纵波传播时在岩石中的反射、折射和衍射次数增多，反映了纵波在岩石传播过程中的损耗增大或能量损失增大，泥岩纵波衰减系数增大。此外，从图 6.5 中还注意到，浸泡钻井液前后纵波衰减系数的变化值大于纵波时差的变化值，这说明水化作用后泥岩纵波衰减系数的敏感程度大于纵波速度的敏感程度。

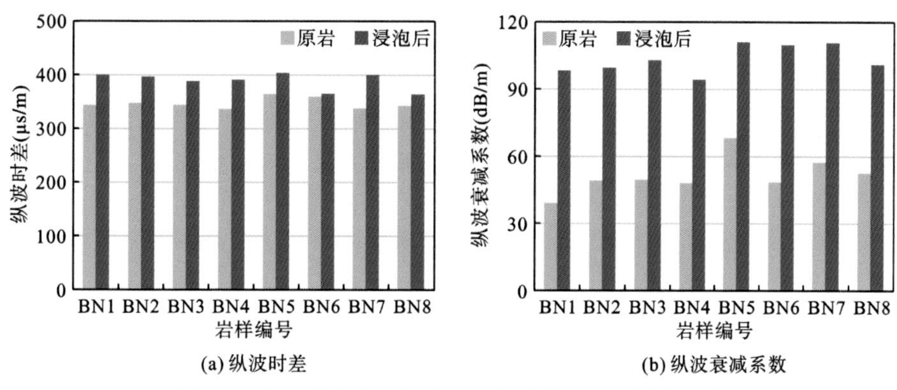

图 6.5　浸泡前后岩样纵波时差和纵波衰减系数的对比

6.2.5　浸泡溶液的影响

选取 4 组共 16 块岩心，巴西改组泥岩原岩与不同溶液浸泡后的纵波时差对比结果如图 6.6 所示，浸泡条件为常温常压浸泡 24h。从图中可看出，浸泡去离子水和无机盐溶液后，泥岩的纵波时差呈增大趋势。这是因为水化作用使泥岩的微观结构发生变化，纵波传播时在岩石中的反射、折射和衍射次数增多，反映了纵波在岩石中的传播路径增多，泥岩纵波时差增大。同时，从图中还注意到，浸泡无机盐溶液后，泥岩纵波时差的增幅小于浸泡去离子水的泥岩，反映了浸泡无机盐后，泥岩微观结构的变化程度小于去离子水，说明无机盐对泥岩水化有抑制作用，且 KCl 和 $CaCl_2$ 溶液的抑制性较好。这与黏土矿物水化过程的分子模拟结果具有相似性，也说明无机盐中 KCl 和 $CaCl_2$ 溶液的抑制性较好。此外，在相同盐类离子条件下，随着无机盐溶液浓度的增加，泥岩纵波时差的增加量逐渐降低，且无机盐溶液浓度不同，变化幅度也不同。

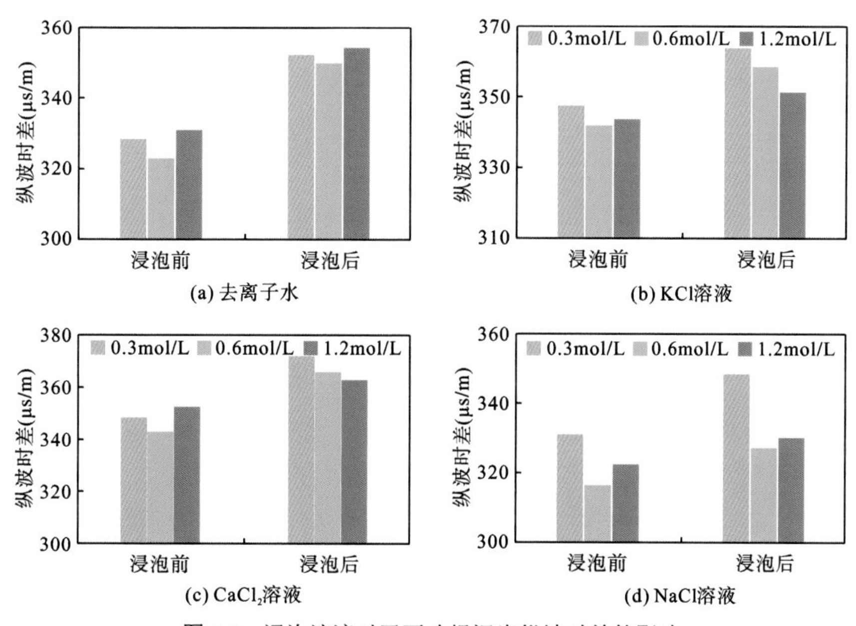

图 6.6　浸泡溶液对巴西改组泥岩纵波时差的影响

6.2.6 浸泡时间的影响

选取3组(DY1～DY3)共9块岩心，东营组泥岩原岩与不同浸泡时间后的纵波时差对比结果如图6.7所示，浸泡钻井液时间分别为6h、12h、18h。从图中可看出，随着浸泡时间的增加，泥岩岩样的纵波时差总体上呈增大趋势。这说明水化作用造成泥岩的微观结构发生变化，纵波在泥岩中的传播路径增多，泥岩纵波时差增大，且随着钻井液与泥岩接触时间的增加，泥岩水化程度逐渐加大，纵波时差逐渐增大，即水化过程中不同阶段的纵波时差值可以反映泥岩的水化程度。

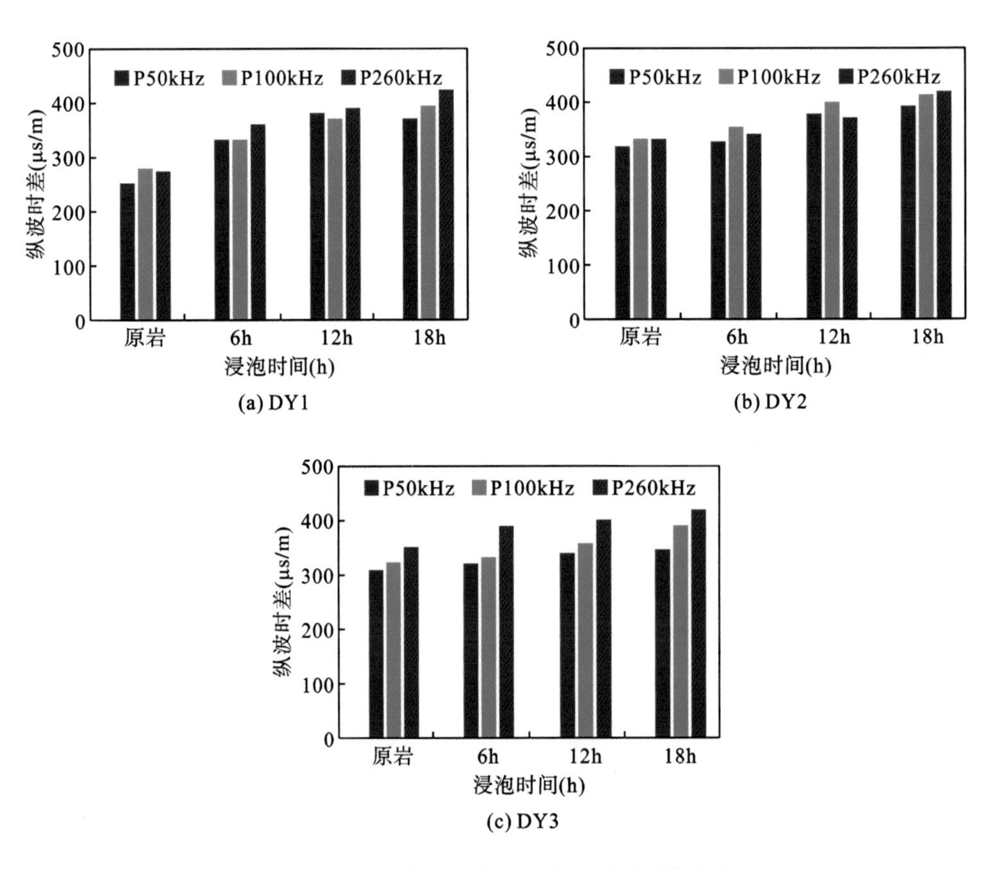

图6.7 浸泡时间对东营组泥岩纵波时差的影响

综上所述，水化作用会使泥岩声波属性参数发生较明显的变化。在钻井过程中，钻井液与泥岩地层接触后，泥岩地层的声波属性参数将随之发生变化，且随钻井液类型、钻井液浸泡时间的变化而变化，此时声波测井获取的泥岩地层声波信息不能反映泥岩地层原状条件下的物理特性，应用时应消除由钻井液作用引起的地层声波属性参数的改变。因此，在工程测井应用中需要对泥岩地层的声波测井曲线进行“去水化校正”，才能获取泥岩地层原状条件下的物理特性。

6.3　泥岩水化过程中力学参数的动态变化

岩石的力学特性是影响井眼稳定性的重要因素，可从不同角度表征岩石在受外力扰动作用过程中的变形和破坏特征及钻井液的影响，直接关系到安全钻井液密度、钻井液性能及可能发生的井下复杂事故的表现形式。以东营组泥岩为对象，研究浸泡时间对泥岩压入硬度和抗压强度特性的影响(浸泡条件：浸泡压力 3MPa，浸泡温度为常温)；以塔里木盆地克拉苏构造带康村组泥岩为对象，研究浸泡溶液(浸泡条件：浸泡压力 3MPa，浸泡温度 120℃，浸泡时间 48h)对泥岩强度特性的影响。

6.3.1　浸泡时间对泥岩压入硬度的影响

选取 4 组(DY1～DY4)共 36 块岩心，不同浸泡时间与压入硬度的变化规律如图 6.8 所示，浸泡钻井液时间分别为 6h 和 12h。从图中可看出，岩样的压入硬度随浸泡时间的增加呈下降趋势，且浸泡时间越长，压入硬度下降幅度越大，其中样品原岩压入硬度范围 346.25～512.82MPa；浸泡 6h 样品压入硬度值范围 210.67～451.20MPa，下降幅度平均值为 25.81%；浸泡 12h 样品压入硬度值范围 135.81～311.94MPa，下降幅度平均值为 47.56%。这是因为钻井液浸泡后，钻井液滤液进入泥岩岩石中，钻井液滤液与泥岩发生水化作用，泥岩的微观结构发生变化，造成泥岩的压入硬度降低，且随着钻井液与泥岩接触时间的增加，泥岩水化程度逐渐加大，压入硬度的下降幅度也增大。

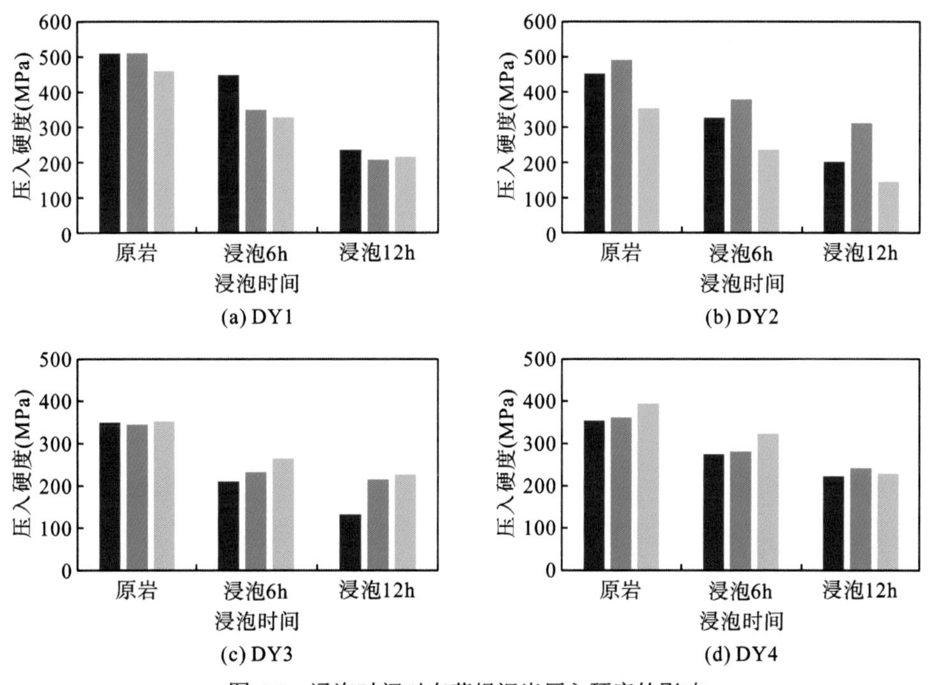

图 6.8　浸泡时间对东营组泥岩压入硬度的影响

6.3.2 浸泡时间对泥岩抗压强度特性的影响

在不同浸泡钻井液时间的条件下，东营组泥岩的应力-应变曲线和实验前后的照片如图 6.9～图 6.11 所示，岩样力学特性的变化规律如图 6.12 所示，浸泡钻井液时间分别为 6h 和 12h。从图中可看出，随着围压增大，东营组泥岩的抗压强度和弹性模量增大；浸泡钻井液后东营组泥岩的抗压强度和弹性模量降低，且随着浸泡时间的增加，东营组泥岩的抗压强度、弹性模量、内聚力和内摩擦角呈下降趋势，造成泥岩地层的坍塌压力增大，易致泥岩地层发生井壁坍塌等井下复杂事故。这是因为钻井液浸泡后，钻井液滤液进入泥岩岩石中，钻井液滤液与泥岩发生水化作用，泥岩的微观结构发生变化，使泥岩的力学特性弱化，且随着钻井液与泥岩接触时间的增加，泥岩水化程度逐渐加深，水化作用对泥岩力学特性的劣化效应逐渐增强。同时，钻井液滤液进入泥岩岩石中，其润滑作用将降低岩石骨架颗粒间的摩擦系数，也会造成泥岩力学性能的弱化。

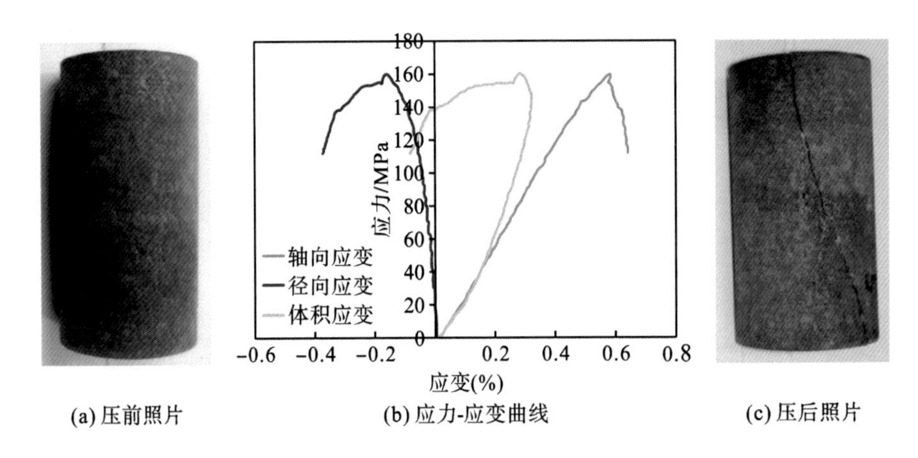

(a) 压前照片　(b) 应力-应变曲线　(c) 压后照片

图 6.9　D8 号岩心应力-应变曲线及实验前后照片(原岩、围压 50MPa)

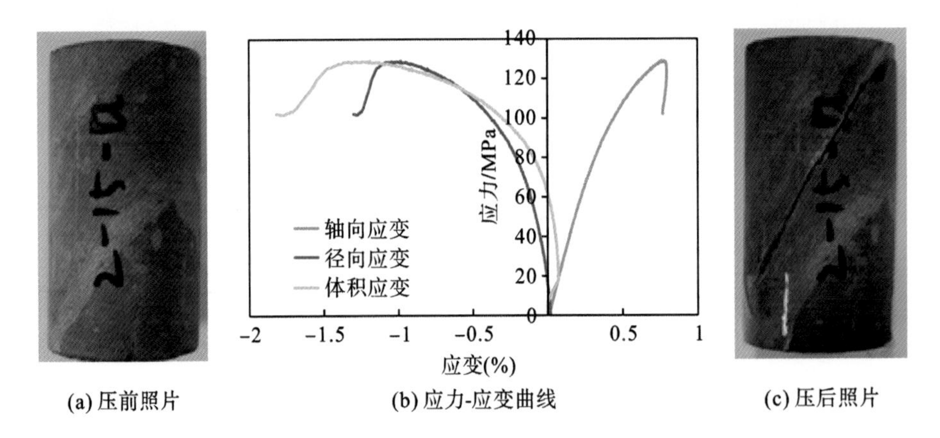

(a) 压前照片　(b) 应力-应变曲线　(c) 压后照片

图 6.10　D9 号岩心应力-应变曲线及实验前后照片(浸泡 6h、围压 50MPa)

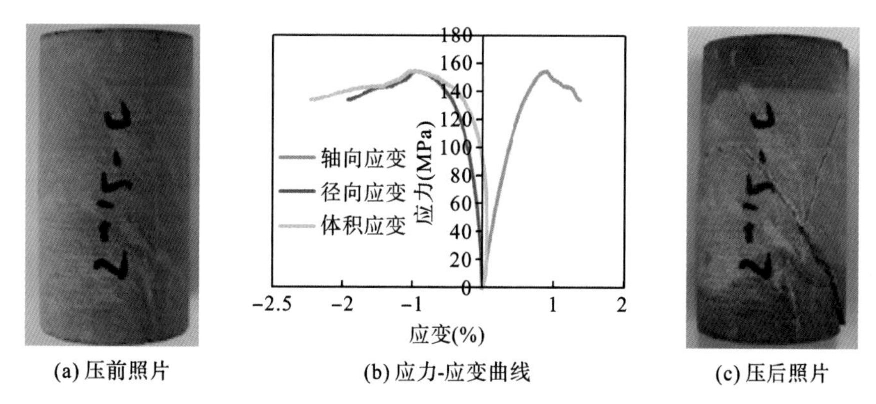

(a) 压前照片　(b) 应力-应变曲线　(c) 压后照片

图 6.11　D10 号岩心应力-应变曲线及实验前后照片(浸泡 12h、围压 50MPa)

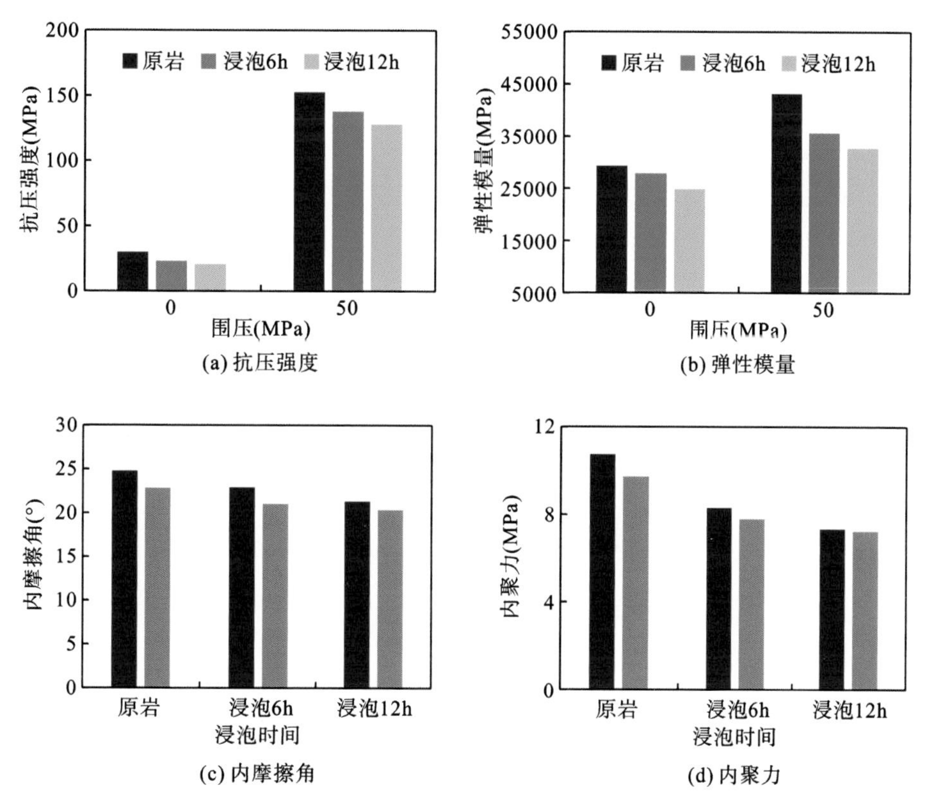

(a) 抗压强度　(b) 弹性模量

(c) 内摩擦角　(d) 内聚力

图 6.12　浸泡时间对东营组泥岩力学特性的影响

6.3.3　浸泡溶液对泥岩抗压强度特性的影响

实验用钻井液为地层实际使用的水基钻井液，钻井液滤液的矿化度为 2500mg/L。钻井液的具体配方复杂且添加剂种类多，从添加抑制剂种类可发现其主要成分为 KCl，故以矿化度作为 KCl 添加量指标，进行不同矿化度溶液的配置。在此基础上，研究不同矿化度的 KCl 溶液和钻井液对康村组泥岩强度特性的影响。

6.3.3.1 KCl溶液矿化度的影响

选取6组共18块岩心，康村组泥岩原岩与不同矿化度的KCl溶液浸泡后的单轴压缩实验应力-应变曲线如图6.13所示，浸泡条件为浸泡压力3MPa，浸泡温度120℃，浸泡时间48h；KCl溶液矿化度设计5组，分别为5000mg/L、4000mg/L、3800mg/L、3500mg/L、3000mg/L。从图中可看出，未浸泡的康村组泥岩原岩峰值强度达45.62MPa，泥岩压缩过程中以弹性应变为主，轴压增加到最大后迅速下降，呈现为脆性破坏；浸泡KCl溶液后康村组泥岩的峰值强度明显降低，且随着KCl溶液矿化度降低，康村组泥岩应力-应变曲线弹性变形阶段的斜率和峰值强度也随之降低。同时，从图中还可看出，随着KCl溶液矿化度降低，康村组泥岩的峰值应变逐渐增大，当KCl溶液矿化度较低时，岩样轴压增加至最大值后并没有立即破坏，即峰后应力跌落的脆性特征减弱，泥岩由脆性逐渐向延性转化，说明随着KCl溶液矿化度降低，康村组泥岩的脆性破坏特征减弱，塑性增强。

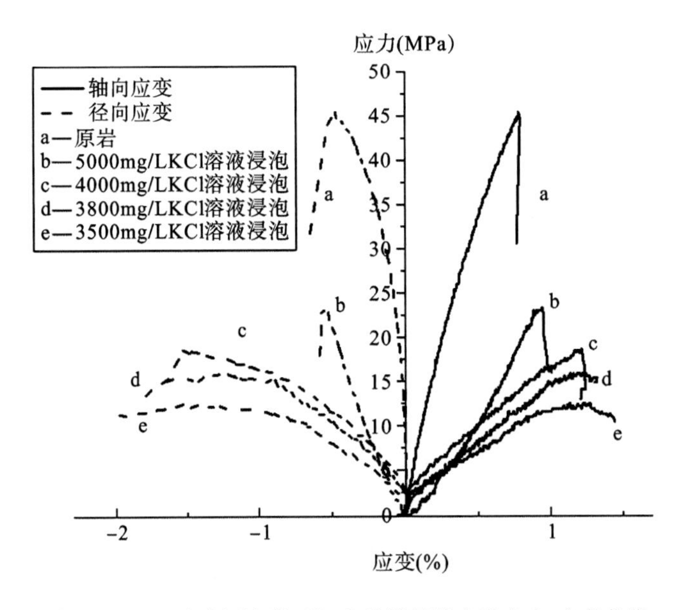

图6.13 KCl溶液浸泡前后泥岩单轴压缩实验应力-应变曲线

康村组泥岩的力学特性随KCl溶液矿化度的变化规律如图6.14所示，KCl溶液浸泡后康村组泥岩的破坏图如图6.15所示。从图6.14和图6.15中可看出，KCl溶液浸泡后康村组泥岩的抗压强度降低，且随KCl溶液矿化度的增加，康村组泥岩的单轴抗压强度呈增大趋势，岩样破裂掉块现象频发且损坏程度越加严重，其中未浸泡溶液的康村组泥岩单轴抗压强度为39.19～47.62MPa，5000mg/L KCl溶液浸泡后康村组泥岩的单轴抗压强度为18.26～25.74MPa，下降幅度约45%；4000mg/L KCl溶液浸泡后康村组泥岩的单轴抗压强度为17.56～20.81MPa，下降幅度约55%；3800mg/L KCl溶液浸泡后康村组泥岩岩样中有一块破裂，一块出现小裂缝，剩余岩样的单轴抗压强度为15.53MPa，下降幅度约63%；3500mg/L KCl溶液浸泡后康村组泥岩有两块岩样破裂，剩余岩样的单轴抗压强度为14.56MPa，下降幅度约66%；3000mg/L KCl溶液浸泡后的康村组泥岩全部破裂。

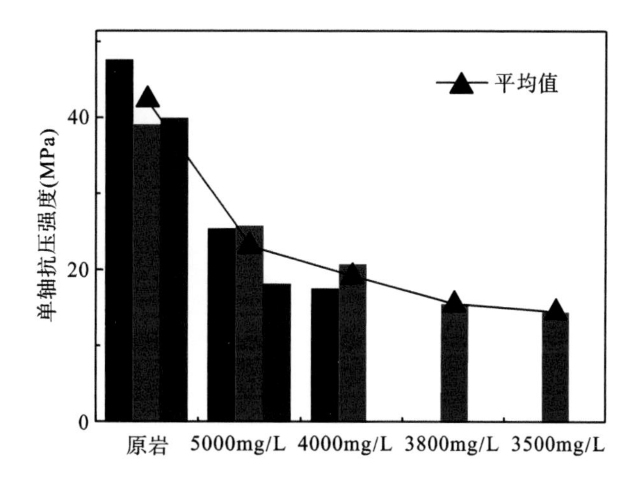

图 6.14　KCl 溶液浸泡前后康村组泥岩单轴抗压强度变化规律

图 6.15　KCl 溶液浸泡后康村组泥岩的破坏图

同时，从图 6.16 可看出，康村组泥岩的单轴抗压强度、弹性模量与 KCl 溶液矿化度呈正相关，而康村组泥岩的泊松比与 KCl 溶液矿化度呈负相关，即 KCl 溶液矿化度越大，溶液中 K^+浓度越大，抑制作用越强，浸泡后泥岩内部结构改变的程度越小；弹性应变阶段在等应力条件下的泥岩轴向应变越小，泥岩的抗压强度与弹性模量越大。这说明 KCl 溶液对康村组泥岩的水化作用具有抑制作用，且 KCl 溶液浓度越大，抑制作用越显著，从而有利于提高井壁稳定性。这是因为富钾溶液中，K^+与黏土矿物间的离子交换作用将降低黏土矿物对水的吸附力，使泥岩对水的渗吸速率和渗流能力降低，同时 K^+对伊利石、蒙脱石、伊/蒙混层等黏土矿物的晶层膨胀具有抑制性，综合作用将造成泥岩水化作用劣化效应的降低，并随着 K^+浓度的增加，其抑制作用逐渐增强，泥岩的结构变化程度不显著，导致泥岩水化作用的劣化效应减弱，使泥岩力学性能下降幅度减小。

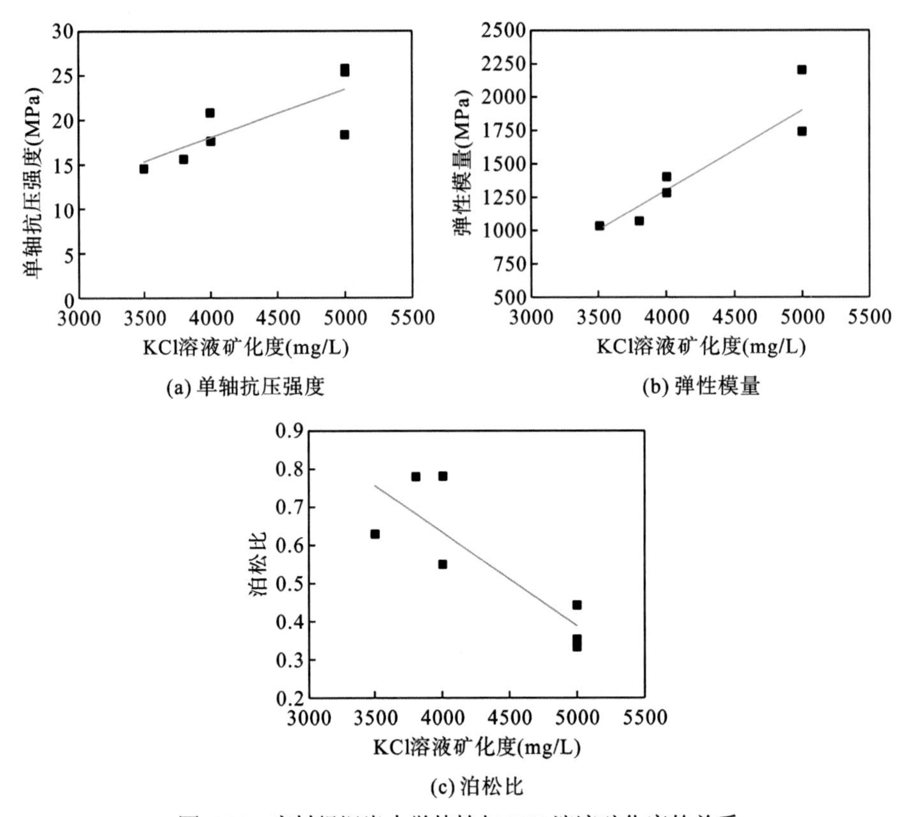

(a) 单轴抗压强度　　(b) 弹性模量

(c) 泊松比

图 6.16　康村组泥岩力学特性与 KCl 溶液矿化度的关系

6.3.3.2　钻井液矿化度的影响

不同矿化度的 KCl 溶液浸泡后的实验结果显示溶液矿化度对康村组泥岩强度特性具有显著的影响。考虑到所用钻井液的成分复杂，为避免钻井液浸泡与 KCl 溶液浸泡对泥岩强度的影响规律有较大差异性，在已有钻井液中添加 KCl 以增加钻井液矿化度，进一步研究钻井液矿化度对康村组泥岩强度特性的影响。康村组泥岩原岩与不同矿化度钻井液浸泡后的单轴压缩实验应力-应变曲线如图 6.17 所示，浸泡条件为浸泡压力 3MPa，浸泡温度 120℃，浸泡时间 48h；钻井液矿化度设计 4 组，分别为原钻井液、增加 20%、增加 30%、增加 40%。从图中可看出，钻井液浸泡后的泥岩塑性普遍增强，强度普遍降低，且随着钻井液矿化度降低，康村组泥岩应力-应变曲线弹性变形阶段的斜率和峰值强度也随之降低。同时，从图中还可看出，随着钻井液矿化度的减小，泥岩强度的降低幅度增大，钻井液浸泡后实验泥岩的峰值应变变大；当钻井液矿化度接近原钻井液时，泥岩应变曲线表现为在岩石抗压强度达到峰值之后，在一定形变范围内，应力变化很小就能够引起较大的形变，即峰后应力跌落的脆性特征减弱，泥岩由脆性逐渐向延性转化，表明随着钻井液矿化度降低，康村组泥岩的脆性破坏特征减弱，塑性增强。

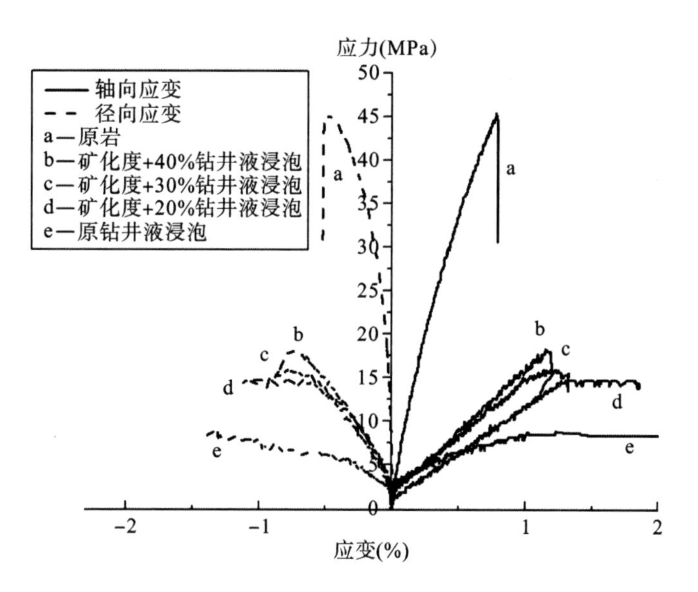

图 6.17　钻井液浸泡前后泥岩单轴压缩实验应力-应变曲线

康村组泥岩的力学特性随钻井液矿化度的变化规律如图 6.18 和图 6.19 所示。从图 6.18 中可看出，钻井液浸泡后康村组泥岩的抗压强度降低，且随着钻井液矿化度增加，康村组泥岩的单轴抗压强度呈增大趋势，其中钻井液浸泡后康村组泥岩的单轴抗压强度为 4.99～7.66MPa，相比原岩降低了约 85%；提高 20%矿化度的钻井液浸泡后，康村组泥岩的单轴抗压强度为 13.83～17.87MPa，相比原岩降低约 63%；提高 30%矿化度的钻井液浸泡后，康村组泥岩的单轴抗压强度为 17.90～19.47MPa，相比原岩降低约 56%；提高 40%矿化度的钻井液浸泡后，康村组泥岩的单轴抗压强度为 18.99～20.29MPa，相比原岩降低约 51%。由此可见，随着钻井液矿化度的提高，浸泡后康村组泥岩的抗压强度逐渐增大，钻井液矿化度越高，泥岩水化抑制作用越显著，浸泡后康村组泥岩强度的下降幅度越小。

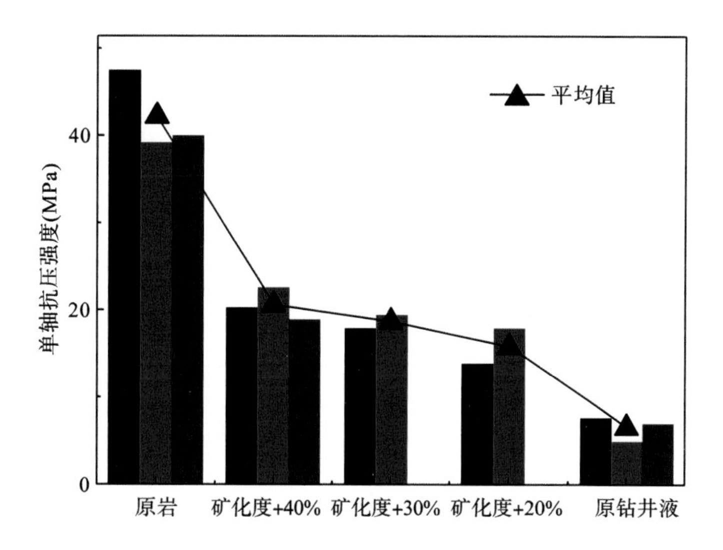

图 6.18　钻井液浸泡前后泥岩抗压强度变化值

同时，从图 6.19 可看出，不同矿化度钻井液浸泡后康村组泥岩强度特性的变化规律与 KCl 溶液的相似，其中康村组泥岩的单轴抗压强度、弹性模量与钻井液矿化度呈正相关，而康村组泥岩的泊松比与钻井液矿化度呈负相关，即钻井液矿化度越大，溶液中 K^+ 浓度越大，抑制作用越强，浸泡后泥岩内部结构的改变程度越小。鉴于微裂缝等结构减少，岩石不易进入塑性阶段，弹性模量增大且承载能力增强，进而导致弹性应变阶段在等应力条件下泥岩的轴向应变越小，泥岩的抗压强度与弹性模量越大。对于康村组泥岩，钻井液矿化度越大，浸泡后泥岩的单轴抗压强度和弹性模量越大。这一结果表明对泥岩地层钻井，合理优化现场使用钻井液的组成、矿化度，有助于避免钻井液浸泡导致泥岩强度降低而引起的井壁垮塌，提高钻井效率，而对利用地球物理测井资料获取泥岩地层的各类参数时，则要特别注意同一地层但不同井资料的可对比性及可能存在的问题。

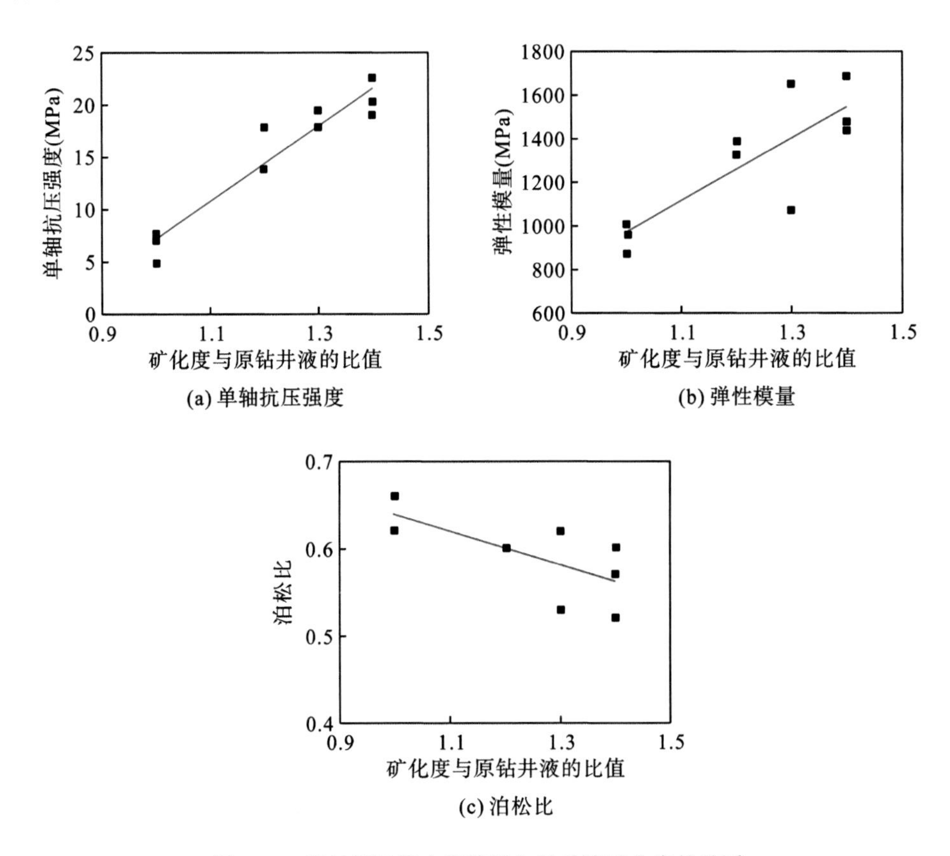

图 6.19 康村组泥岩力学特性与钻井液矿化度的关系

第7章　页岩力学及声学性质的水化动态

当页岩地层与水基工作液接触后，在钻井压差、钻井液与页岩地层之间的化学势差、毛细管力等共同驱动下，水相进入页岩地层孔隙空间，页岩中的黏土矿物将发生一系列物理化学反应，从而产生水化作用，造成页岩微观结构及宏观结构的变化，页岩力学参数发生变化，且引起页岩声学参数的同步响应。不同地区页岩水化特征不同(梁利喜等，2015；刘向君等，2016；熊健等，2022)。为此，本章以四川盆地长宁地区龙马溪组页岩为研究对象，研究水化作用对页岩微观结构及宏观结构的影响，页岩水化过程中声学参数和力学参数的变化规律及两者间的动态响应关系。

7.1　页岩水化过程中宏微观结构的动态变化

以长宁地区不同取样点龙马溪组页岩为研究对象，基于岩心描述、场发射定点观测、核磁共振测试、低压氮气吸附测试等手段系统研究水化作用对页岩宏观结构和微观结构的影响，并定量表征页岩水化过程中孔隙结构的变化规律。

7.1.1　宏观结构变化

对龙马溪组页岩进行浸泡实验，观察浸泡前后岩样宏观结构的变化规律，实验结果如图7.1所示，图中浸泡流体为去离子水。从图中可看出，龙马溪组页岩经去离子水浸泡后，其完整性被破坏，表面形成大量贯通宏观裂缝，且裂缝整体表现出沿层理方向起裂。随着浸泡时间增加，在层理面附近可观察到新裂缝的产生、扩展、延伸、增宽等现象，同时伴随有与层理面成一定角度的次生裂缝的形成、延展和汇合，之后形成复杂的裂缝网络，最终贯穿岩样，沿层理面破裂成碎块，裂缝断面粗糙、不规则。这说明页岩对水仍表现为高度敏感，其与水化膨胀性泥岩不同，更多是表现为水化致裂而不是水化膨胀分散的特征，与硬脆性泥岩有相似性也有差异性，两者差异性主要为水化作用后页岩表面形成的裂缝多数沿层理面起裂、延伸。这是因为硬脆性页岩的黏土矿物类型与硬脆性泥岩相似，其主要黏土矿物以伊利石和伊/蒙混层中伊利石占比高为主，且页岩的层理显著发育，层理是页岩的弱结构面，水相易沿层理面进入页岩后发生水化作用，在裂纹尖端产生应力集中，造成裂纹扩展，随着浸泡时间增加，裂纹进一步扩展形成沿层理面的宏观裂缝，造成页岩表面形成多条沿层理面的贯通宏观裂缝，从而导致页岩的宏观结构发生变化。

图 7.1　浸泡去离子水后龙马溪组页岩的宏观结构变化

7.1.2　微观结构变化

7.1.2.1　场发射定点观测

采用场发射高倍显微镜，从微观角度定点观测页岩水化过程中裂缝的演化规律，实验结果如图 7.2～图 7.5 所示，浸泡流体为去离子水，浸泡时间为常温常压下分别浸泡 2h、24h、48h。

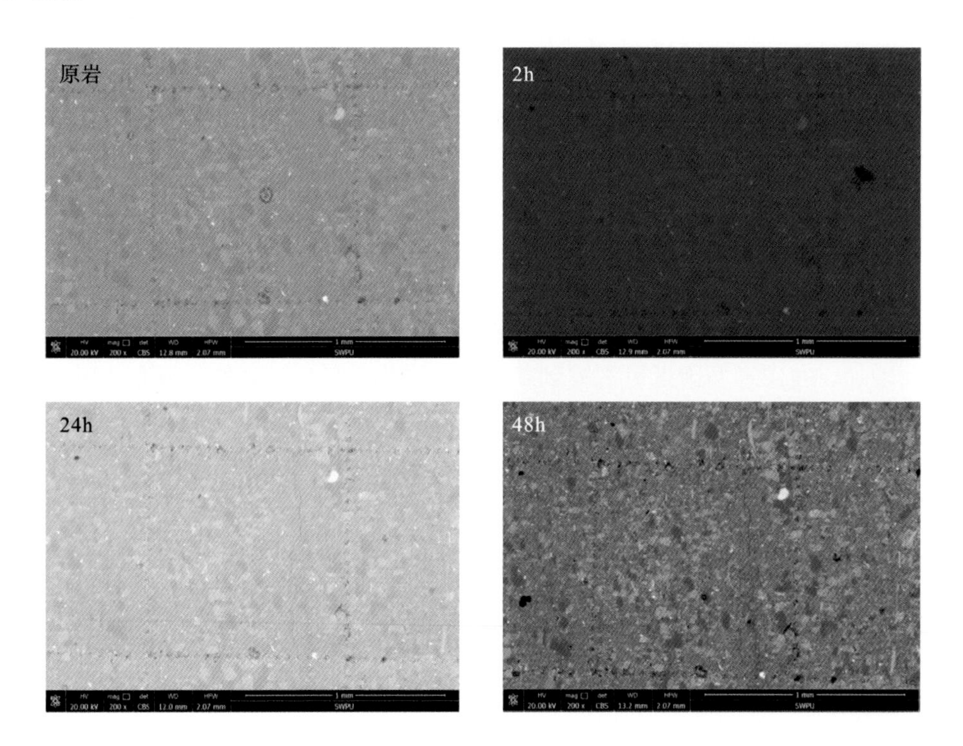

图 7.2　水化过程中裂缝的演化规律(放大 200 倍)

从图 7.2 可看出，在放大 200 倍的显微镜下，水化作用发生 2h 后，样品表面出现了一条明显的微裂缝，且随着水化作用时间的增加，裂缝进一步延伸。但从延伸程度来看，在水化作用发生 2h 后裂缝延伸最为明显，而水化作用发生 24h 和 48h 后裂缝延伸不明显，即页岩水化作用前期较剧烈，而后逐渐变缓。同时，从图 7.2 还可看出，页岩发生水化作用后，样品表面变得更加粗糙，尤其是水化作用发生 48h 后，出现了很多较为明显的溶蚀孔，这可能与页岩有部分矿物溶解有关。为了进一步观察裂缝的演化过程，再放大 400 倍进行观察，结果如图 7.3 所示。从图中可看出，放大 400 倍后，页岩样品的表面特征更为清晰，其中水化作用发生 2h 后，样品出现了较明显的裂缝，且部分裂缝主要沿无机矿物胶结处起裂；与水化作用时间 2h 相比，水化作用发生 24h 后，裂缝并没有太明显的变化，但样品表面变得较为粗糙，个别孔隙的孔径明显增大；水化作用发生 48h 后，在页岩微裂缝的延伸方向出现了次生裂缝，且样品表面出现了较为明显的溶蚀现象。

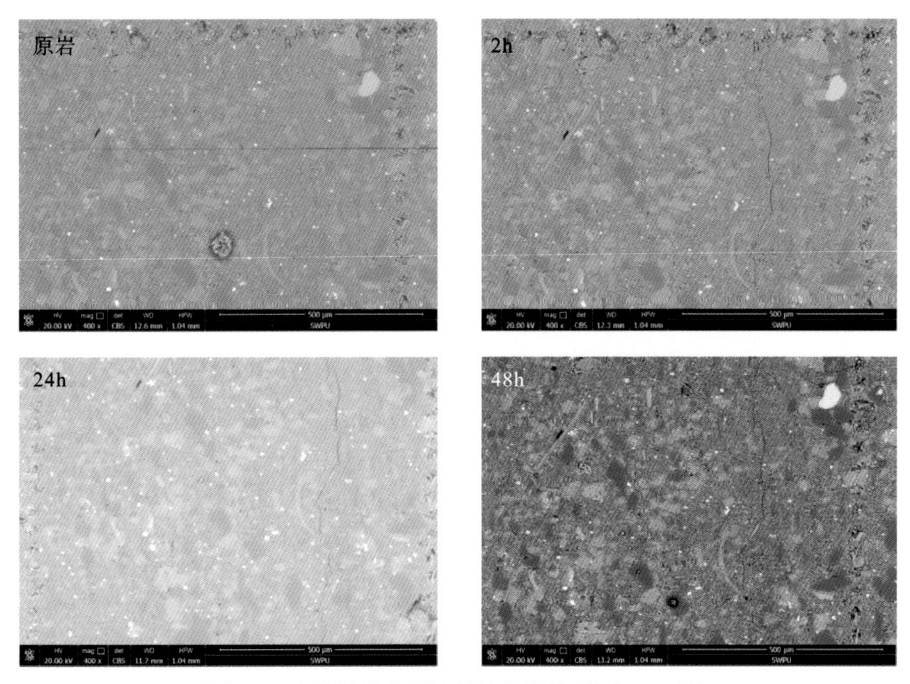

图 7.3　水化过程中裂缝的演化规律(放大 400 倍)

图 7.2 和图 7.3 在初始阶段并未发现肉眼可见的微裂缝，不利于观察页岩微裂缝的扩展特征。为了深入分析页岩水化过程中微裂缝的扩展特征，选择一组天然微裂缝，对其水化过程的裂缝扩展进行定点观察，分析页岩水化过程中天然微裂缝的扩展规律，结果如图 7.4 所示。从图 7.4 可看出，原岩天然微裂缝发育，中间夹杂了黄铁矿、黏土矿物、石英及方解石等各种无机矿物；在页岩水化过程中原岩天然微裂缝发生明显变化，其中水化作用发生 2h 后，天然微裂缝沿原有裂缝出现明显扩展、延伸，开度增大，沿裂缝向两端不断延伸，在延伸过程中，伴随有次生裂缝；水化作用发生 24h 后，裂缝开度明显增大，上下两端的起裂处几乎连接，且页岩表面变得较为粗糙；水化作用发生 48h 后，页岩沿微裂缝破裂，且页岩表面出现了大量较为明显的溶蚀孔。

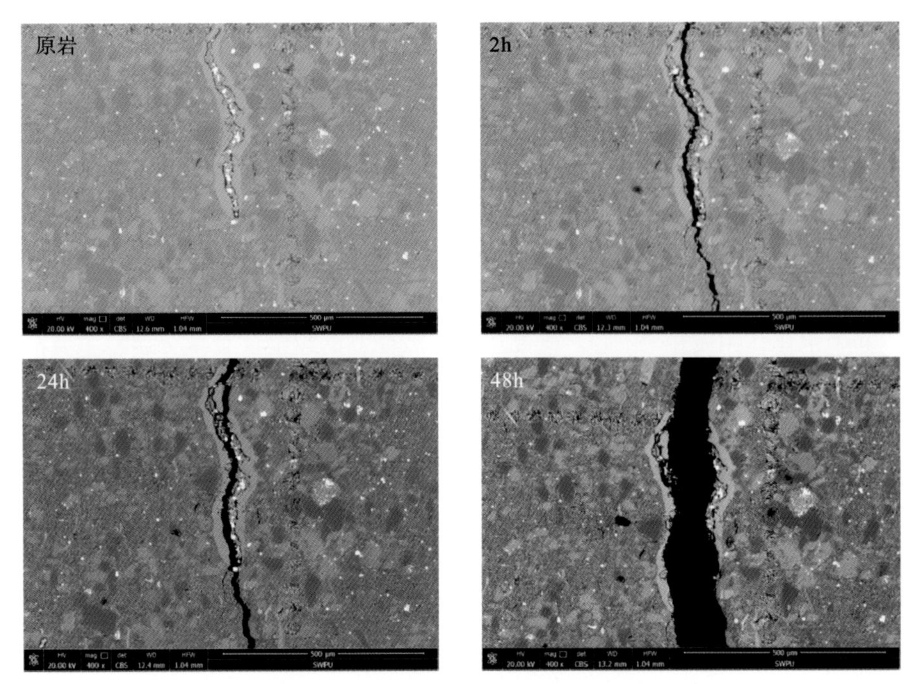

图 7.4 水化过程中天然裂缝扩展规律

由此可见，页岩与水相接触后，页岩因水化作用造成微裂缝的形成、扩展和延伸，从而导致页岩表面形成宏观裂缝，严重时甚至破裂成碎块。在页岩气层钻井过程中，在压差、毛细管效应等作用下，水相进入页岩岩石内部，伊利石和伊/蒙混层等黏土矿物与水接触后发生水化作用，伊利石和伊/蒙混层产生的水化膨胀应力将直接作用在裂缝骨架，造成裂缝尖端的应力集中，导致裂缝尖端处的应力强度因子增大，当应力强度因子大于断裂韧性时，裂缝将延伸扩展；随着水化作用时间增加，页岩断裂韧性继续降低[图 7.5(a)]，页岩中裂缝尖端处的应力强度因子继续增大[图 7.5(b)]，更易诱发页岩地层井壁岩石掉块，从而给钻井过程带来挑战。然而，在水力压裂过程中，水化作用造成页岩中裂缝尖端处的应力强度因子增大，随着水化作用时间增加，将更有利于页岩中裂缝的延伸与扩展，利于裂缝网络的形成，进一步提高页岩气的渗流通道，从而有利于页岩气井的开发。

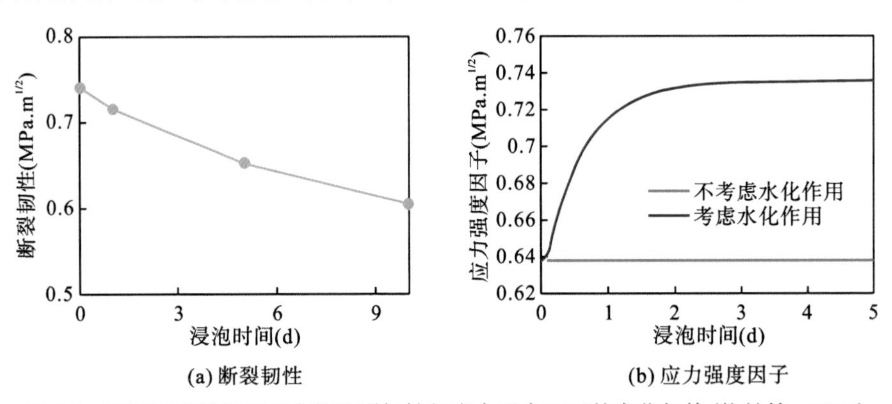

图 7.5 不同浸泡时间下页岩的断裂韧性与应力强度因子的变化规律(熊健等，2022)

页岩表面形成宏观裂缝是页岩水化最明显的特征，但通过场发射高倍显微镜观察发现水化作用后页岩表面孔隙也发生了较为明显的变化。为此，选择某个区域对其水化过程的表面孔隙进行定点观察，实验结果如图 7.6 所示。从图中可看出，在放大 1500 倍的显微镜下，水化过程中的页岩表面孔隙发生较明显的变化，其中水化作用发生 2h 后页岩表面开始出现一些溶蚀孔，不同矿物胶结处出现了轻微溶解；水化作用发生 24h 后，可发现页岩表面有明显的溶蚀孔；水化作用发生 48h 后，发现溶蚀孔的孔径明显增大。这说明页岩水化过程中有部分矿物发生溶解而造成页岩表面溶蚀孔发育，结合页岩水化离子逸出特征(4.6 节)，溶解的矿物可能是页岩中方解石、白云石等碳酸盐矿物。由此可见，页岩水化过程中宏观和微观结构的变化主要包括宏观和微观裂缝的形成和溶蚀孔的形成。

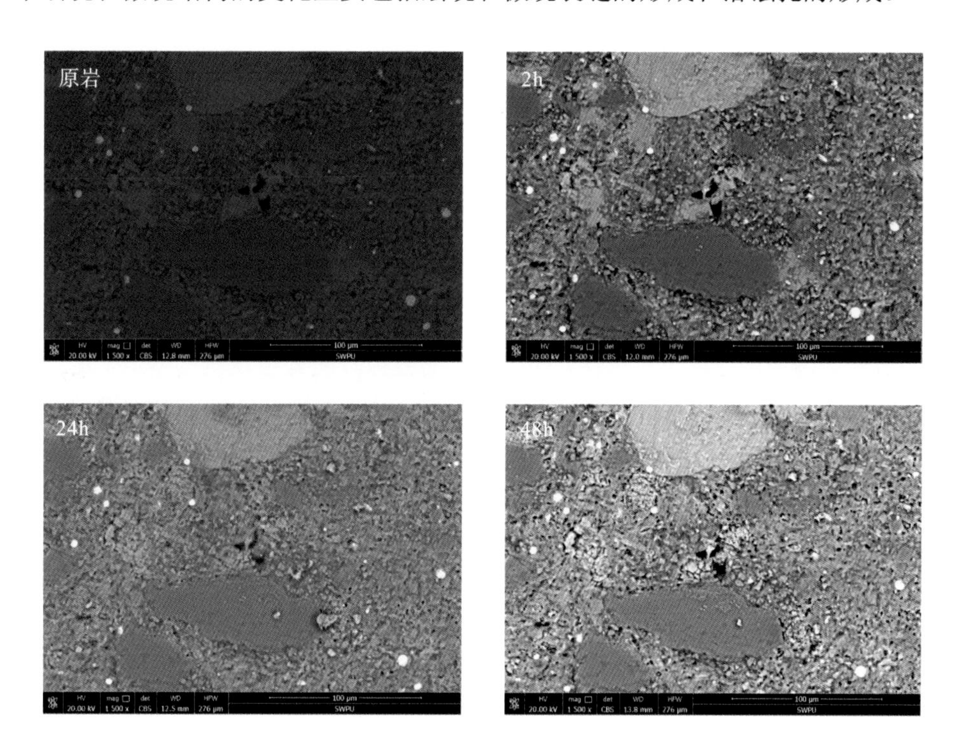

图 7.6　水化过程中页岩表面孔隙的变化

7.1.2.2　核磁共振测试分析

采用全直径岩心核磁共振成像分析系统 AniMR-150 分析页岩水化过程中孔隙结构的变化规律，浸泡流体为去离子水，浸泡时间为常温常压下分别浸泡 1h、6h、12h、24h、48h。

1. 页岩横向弛豫时间 T_2 谱分布特征

根据不同水化时间下页岩的核磁共振实验测试结果，得到不同水化时间的横向弛豫时间 T_2 分布与页岩孔隙度分量关系图，结果如图 7.7 所示。

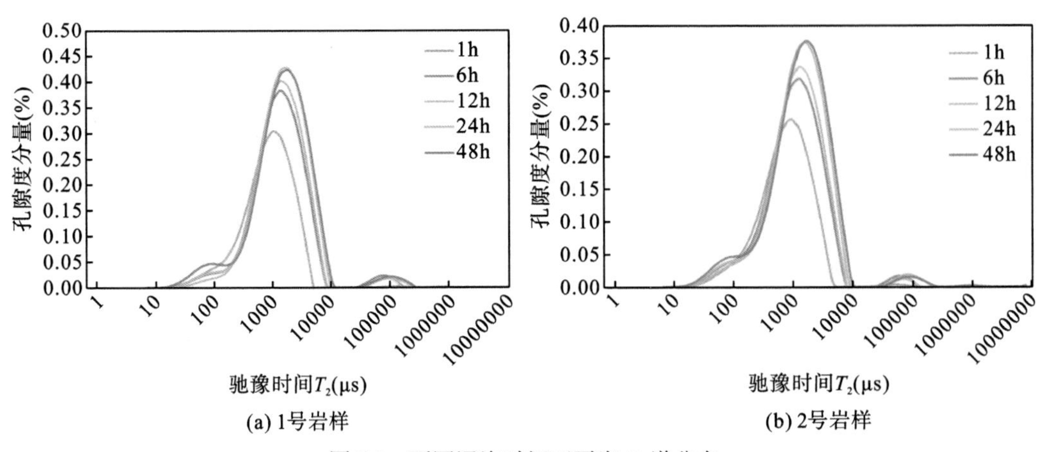

(a) 1号岩样　　(b) 2号岩样

图 7.7　不同浸泡时间下页岩 T_2 谱分布

从图 7.7 中可看出，在页岩水化过程中，主要表现为小孔隙数量增加、孔径逐渐增大、大孔隙及微裂缝增多。在水化 1h 时，页岩的 T_2 谱分布主要表现为单峰分布，且该峰值位于较小的弛豫时间处，这说明在水化时间为 1h 时，页岩主要以小孔隙为主，未见明显的中孔或微裂缝，此时流体刚进入岩心内部，属于页岩水化的初级阶段。随着浸泡时间的增加，在水化时间达到 6h 时，页岩 T_2 谱的分布规律发生明显变化，由单峰变为双峰，其中第一峰幅值明显增加，且略向右偏移，而在较大的弛豫时间处出现第二峰值。这说明在水化时间为 6h 时，页岩内部小孔隙的数量显著增多，且在岩样中形成了新的微裂缝或产生了新的大孔隙，反映在水化时间 1～6h 时，页岩水化作用剧烈，页岩内部结构发生剧烈变化，以小孔隙的数量增多及形成新的大孔隙或微裂缝为主要特征。在水化时间为 6～24h 时，页岩的 T_2 谱分布主要呈双峰特征，其中第一峰的信号强且向右偏移，而第二峰的信号弱且变化不明显。这说明页岩内部仍以小孔隙为主，随着浸泡时间增加，6～24h 阶段的第一峰幅值均增大，且增大幅度远小于 1～6h 时的增大幅度，反映了页岩水化作用仍在持续，但水化作用的程度逐渐减弱。在水化时间为 24～48h 时，页岩的 T_2 谱分布变化不明显，其中第一峰的信号仍较强，而第二峰的信号仍较弱。这说明页岩内部仍以小孔隙为主，随着浸泡时间增加，第一峰幅值和第二峰幅值几乎没有变化，反映出页岩内部没有继续产生新的孔隙和新的微裂缝，即页岩水化作用的影响趋于稳定，其内部结构趋于稳定。

综上所述，在水化作用下，页岩中的孔隙及微裂缝呈动态变化规律。在水化初期阶段(0～1h)，水化作用不剧烈；在水化中期阶段(1～6h)，小孔隙数量大量增加，新的裂缝或新的大孔隙增加，水化作用较剧烈；在水化中后期阶段(6～24h)，小孔隙的数量仍在增加，但增加速率减缓，微裂缝基本形成且趋于稳定；在水化后期阶段(24～48h)，页岩微小孔隙及裂缝均无明显变化，页岩水化作用的影响趋于稳定，页岩内部结构趋于稳定。

2. 页岩孔径变化特征

根据不同水化时间下页岩核磁共振实验的测试结果，得到不同水化时间下页岩孔隙半径的变化规律，结果如图 7.8 所示。从图中可看出，不同水化时间下页岩的孔径分布特征发生变化，主要表现为小孔径的孔隙占比逐渐减小而大孔径的孔隙占比逐渐增大。这说明页岩水化过程中，页岩孔隙结构中小孔径的孔隙逐渐向大孔径的孔隙或微裂缝发展。同时，以 1 号页岩岩样为例，分析页岩水化过程中孔径的变化规律，其中随着水化作用时间的增加，孔径范围为 0～0.005μm 时，页岩孔径占比逐渐下降，由 1h 时的 10.43%降到 48h 时的 7.94%；孔径范围为 0.005～0.01μm 时，由 13.8%降到 5.46%；孔径范围为 0.01～0.02μm 时，由 26.6%降到 14.19%；孔径范围为 0.02～0.03μm 时，由 12.54%降到 8.86%；孔径范围为 0.03～0.04μm 时，由 11.91%降到 10.19%；孔径范围为 0.04～0.05μm 时，由 10.19%上升至 10.85%；孔径范围为 0.05～0.07μm 时，由 7.77%上升至 10.84%；孔径范围为 0.07～0.09μm 时，由 4.81%上升至 9.94%；孔径范围为 0.09～0.1μm 时，由 1.21%上升至 4.37%；孔径范围为 0.1～0.15μm 时，由 0.43%上升至 9.79%；孔径范围为 0.15～0.2μm 时，由 0%上升至 3.45%；孔径范围为 0.2～0.3μm 时，由 0%上升至 1.12%；孔径范围为 1～10μm 时，由 0.21%上升至 2.65%；孔径范围在 10μm 以上时，由 0%上升至 0.266%。这说明随着水化作用时间的增加，小于 0.04μm 的孔径所占比例逐渐下降，而大于 0.04μm 的孔径所占比例逐渐上升，反映了水化作用过程中，页岩内部的小孔隙逐渐发展为大孔隙或微裂缝，造成小孔隙占比降低而大孔隙或微裂缝占比增加。

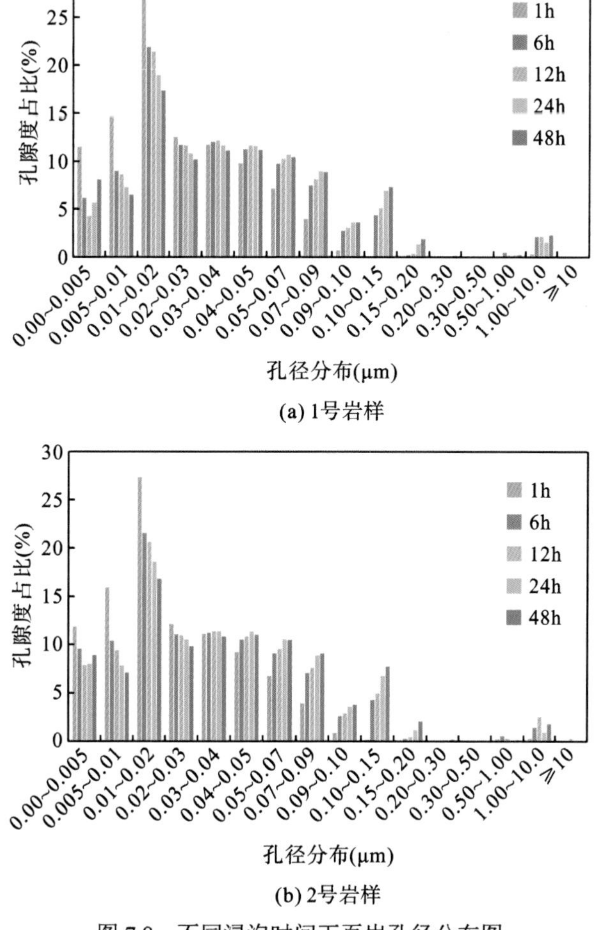

(a) 1号岩样

(b) 2号岩样

图 7.8　不同浸泡时间下页岩孔径分布图

7.1.2.3 低压氮气吸附测试分析

基于低压氮气吸附测试，从定量化角度研究水化作用下页岩孔隙结构的变化规律，浸泡流体为去离子水，浸泡时间为常温常压下浸泡 1 天、5 天、10 天。不同浸泡时间下页岩岩样的低压氮气吸附-脱附等温线如图 7.9 所示。从图中可看出，不同浸泡时间下页岩样品的低压氮气吸附-脱附等温线的曲线形态存在差异，说明在不同浸泡时间下，页岩岩样的孔隙结构参数存在差异，即水化作用造成页岩岩样的孔隙结构参数发生变化。同时，当相对压力大于 0.4 时，页岩岩样的低压氮气吸附等温线和脱附等温线发生分离，形成吸附回线或滞回环。基于吸附回线的形状可定性分析介质中的孔隙形态，根据 Boer(Bore et al.，1966)的分类法和 IUPAC 的分类法(Sing et al.，1985)，不同浸泡时间下页岩岩样的等温线均可分为Boer 分类法的 B 型和 IUPAC 分类法的 H2 型，该类曲线反映出页岩的孔隙形态呈开放性，主要以墨水瓶状孔为主，含有四边都开口的平行板状孔或两端开口的圆筒状等。同时，从图中还注意到，随着浸泡时间的增加，页岩岩样滞回环的形态并无明显改变，低压氮气吸附-脱附等温线的形态变化也不明显，反映了水化作用过程中页岩岩样孔隙形态的类型并未发生较大变化，即水化作用对页岩孔隙形态类型的影响较小；然而低压氮气吸附等温线和脱附等温线的曲线斜率逐渐变陡，表明在相对压力下，液氮的吸附量或脱附量随浸泡时间增加而呈增大的趋势，反映了页岩岩样的比表面积和总孔容随浸泡时间增加而增大。基于低压氮气吸附-脱附曲线，将相对压力为 0.99 时的吸附量作为孔体积，采用 BET 吸附等温线方程计算比表面积，计算结果见表 7.1。从表中可看出，随着浸泡时间增加，岩样的比表面积、总孔容呈增大趋势，平均孔径也呈增大趋势。该研究结论与前人研究成果存在差异(曾凡辉等，2020)，其研究结果表明水岩作用使龙马溪组页岩比表面积总体上呈增大趋势，但随着浸泡时间增加，页岩比表面积先增大后减小，认为是水化作用过程中页岩中膨胀软化的黏土堵塞了孔隙，导致比表面积减小。两者实验结果的差异可能与实验样品差异有关，文献中实验样品的黏土矿物类型中伊/蒙混层含量较高，含量分布为 7.45%～16.51%，而本次研究样品中伊/蒙混层含量较低，含量分布为 1.09%～2.77%。根据第 5 章的研究结果，黏土矿物中蒙脱石的水化膨胀性较高，伊利石的水化膨胀性较低，伊/蒙混层的水化膨胀性介于两者之间，页岩的水化膨胀性主要来源于伊/蒙混层矿物的膨胀。因此，在页岩的水化作用过程中，伊/蒙混层矿物的膨胀可能造成两者实验结果的差异。

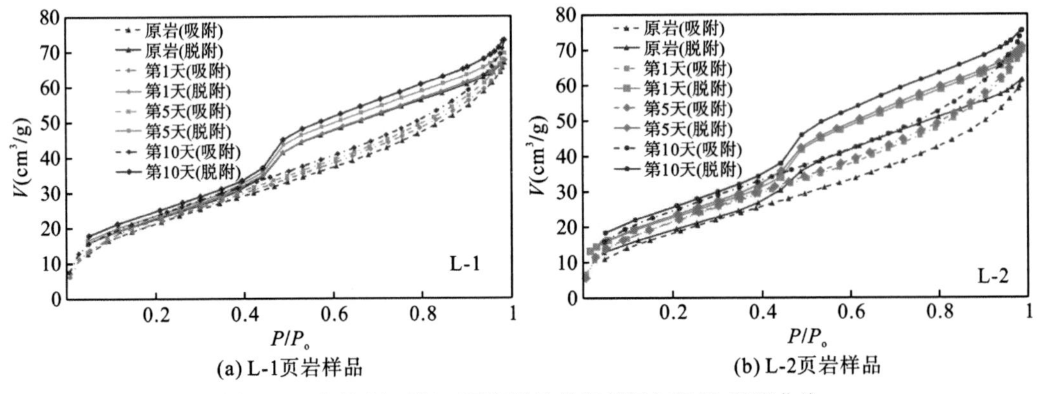

图 7.9 不同浸泡时间下页岩样品的低压氮气吸附-脱附曲线

利用 BJH 法对页岩岩样的低压氮气吸附-脱附等温线中的脱附分支曲线进行处理，可以得到孔径分布曲线、累计比表面积分布图、累计孔隙体积分布图、孔隙体积占比，如图 7.10 所示。从图中可看出，在不同浸泡时间下，页岩岩样的孔径主要集中在 10nm 以内，累计孔容、比表面积随孔径增加先快速上升后缓慢上升，且在孔径为 10nm 以内的增幅较大；随着浸泡时间增加，页岩岩样的微孔对孔容的贡献增大，中孔对孔容的贡献降低；累计孔容、累计比表面积整体上随浸泡时间增加而增大。这是因为水化作用造成页岩岩石内部产生了新的微孔隙和微裂缝，从而导致页岩岩样的孔径分布、比表面积和孔容随浸泡时间的变化而变化。

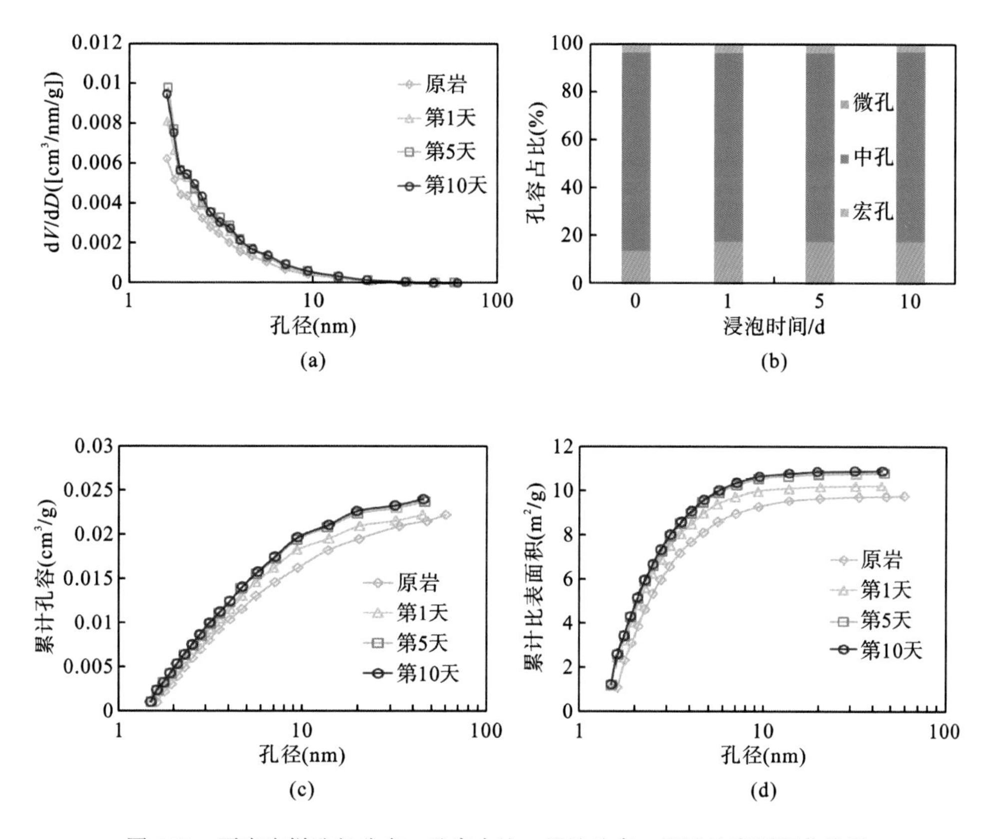

图 7.10　页岩岩样孔径分布、孔容占比、累计孔容、累计比表面积曲线图

根据分形模型理论将低压氮气吸附测试所得数据进行整理，根据岩样的 $\ln V$ 和 $\ln[(\ln(p_o/p)]$ 的关系曲线分布规律拟合得出斜率(图 7.11)，各相关性系数均大于 0.92，进而得到不同浸泡时间下页岩岩样的分形维数 D(表 7.1)。从图中可看出，不同浸泡时间下，页岩岩样均具有双重分形特征，且分形维数具有孔径分界点，得到小孔隙分形维数 D_1 和大孔隙分形维数 D_2(熊健等，2015)。从表 7.1 可看出，不同浸泡时间下页岩岩样的分形维数 D_1 的分布范围为 2.2598～2.3903，分形维数 D_2 的分布范围为 2.7935～2.8184。同时，页岩岩样的分形维数与浸泡时间的关系如图 7.12 所示。从图中可看出，页岩岩样分形维数 D_1 随浸泡时间的变化规律不明显，而分形维数 D_2 随浸泡时间增加而增大，即水化作用

后页岩样品中大孔隙的孔隙结构复杂程度整体上变得更复杂，这说明大孔隙的分形维数更能反映水化作用对页岩孔隙结构的影响。

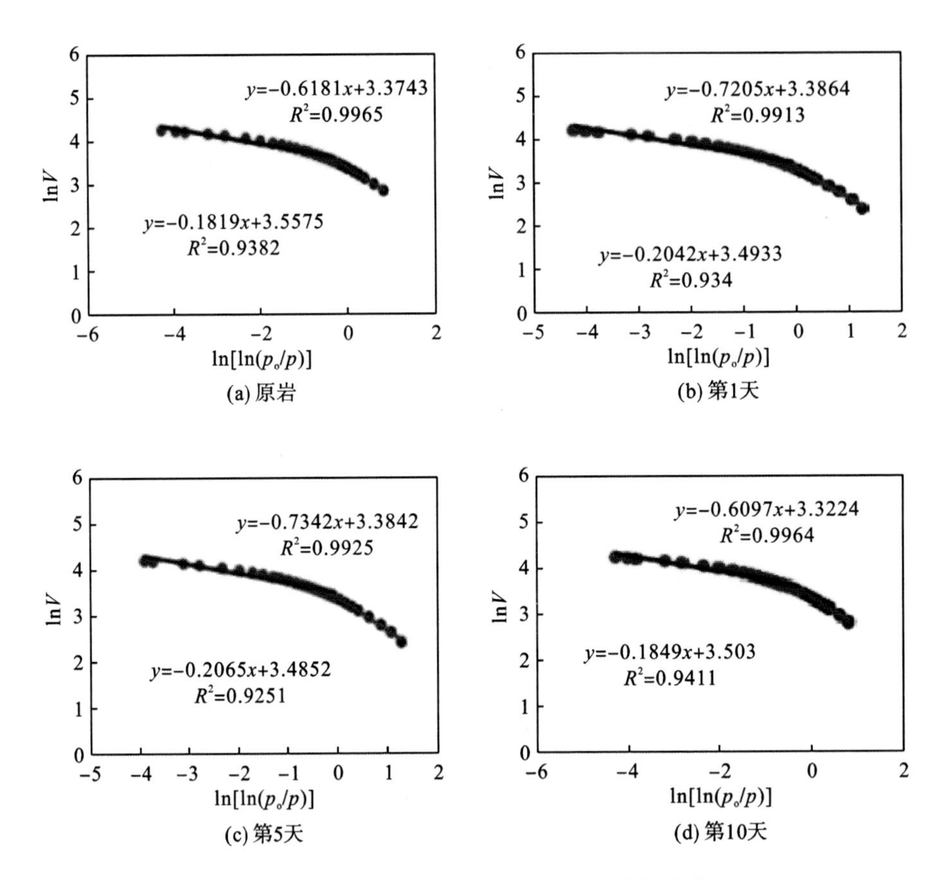

图 7.11 浸泡时间下页岩岩样的分形维数曲线

表 7.1 不同浸泡时间下页岩的孔隙结构参数和分形维数

样品编号	浸泡时间(天)	比表面积(m^2/g)	总孔容(cm^3/g)	平均孔径(nm)	分形维数D_1	R^2	分形维数D_2	R^2
L-1	0	80.8014	0.1010	4.9975	2.3819	0.9965	2.7935	0.9251
	1	82.1561	0.1041	5.0694	2.2795	0.9913	2.7958	0.934
	5	84.6895	0.1084	5.1204	2.2658	0.9925	2.807	0.9194
	10	86.2415	0.1129	5.2381	2.3903	0.9964	2.8151	0.9411
L-2	0	77.9514	0.0949	4.8700	2.2314	0.989	2.8035	0.9344
	1	83.4329	0.1081	5.1810	2.2857	0.995	2.8081	0.9427
	5	83.5930	0.1094	5.2372	2.2598	0.9865	2.8104	0.9435
	10	86.0711	0.1165	5.4125	2.3487	0.9966	2.8184	0.9349

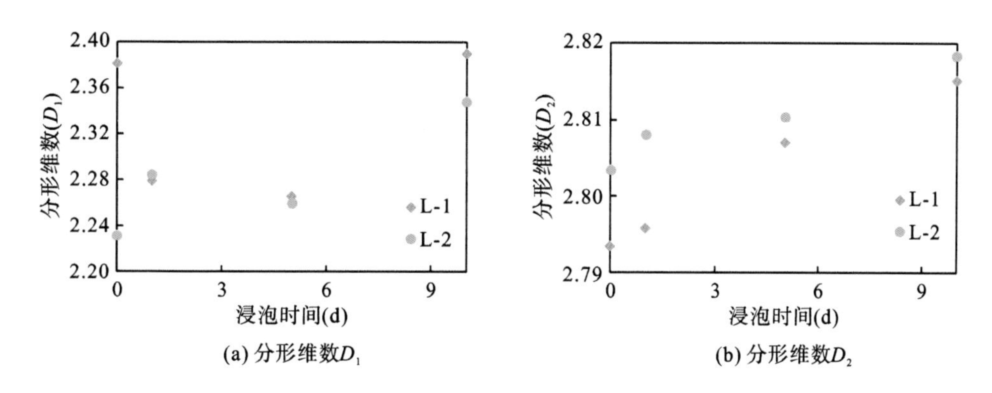

(a) 分形维数D_1　　(b) 分形维数D_2

图 7.12　不同浸泡时间下页岩岩样的分形维数

综上所述，水基流体与页岩岩石接触后，因压差、毛细管效应等作用，水相进入页岩内部，因页岩富含纳米级孔隙，毛细管力较大，所以原本滞留在页岩孔隙空间中的水相迅速扩散，降低了压裂区域的水相饱和度，渗流通道逐步开放，这在一定程度上减缓了水锁(Cheng，2012；Bertoncello et al.，2014)。在不考虑页岩气层中的水锁影响时，当水与页岩岩石接触后，一方面水分子可置换孔隙表面处于吸附态的甲烷分子，促进页岩气的解吸(熊健等，2022)；另一方面，页岩与水发生相互作用，水化作用造成页岩大孔径的孔隙或微裂缝增多，进而增加页岩的孔隙度和渗透率，且渗透率的敏感程度大于孔隙度(图 7.13)从而在一定程度上改善了页岩中气体的渗流阻力，加快页岩中气体的流动，孔隙压力下降，促进页岩气的解吸。同时，水化作用降低了页岩的力学强度和断裂韧性，增加了页岩中裂缝尖端处的应力强度因子，有利于页岩中裂缝的延伸与扩展，使页岩气的渗流阻力进一步降低，页岩气渗流速度加快，页岩气藏的压力降低，进一步加快了页岩气的解吸速率，从而提高页岩气单井产量，加快页岩气的开发进度，缩短页岩气井的生命周期，提高页岩气开发的综合经济效益。

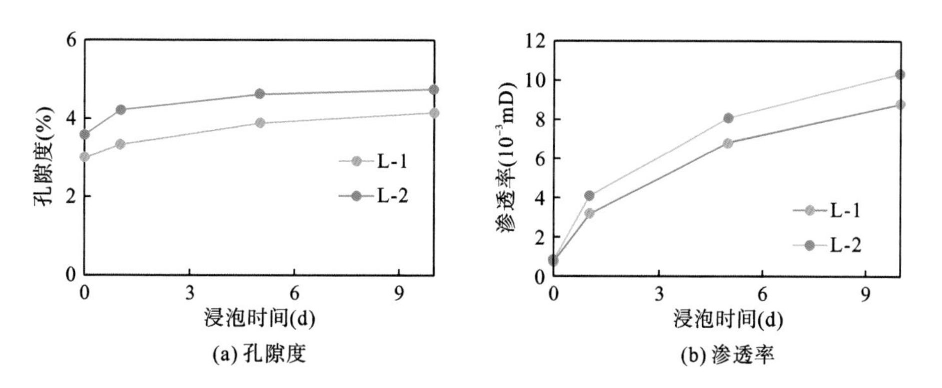

(a) 孔隙度　　(b) 渗透率

图 7.13　不同浸泡时间下页岩孔隙度和渗透率的变化规律

7.2　页岩水化过程中声学参数的动态变化

以长宁龙马溪组页岩为对象，研究水化过程中页岩的时域信号、频域信号、小波信号、声波时差和衰减系数的变化规律，以揭示水化作用对页岩声学特性的影响。采用透射法测量获得浸泡前后页岩的声波信息(测试频率为 400kHz)，浸泡条件为在去离子水中常温常压下浸泡 2 天、4 天、6 天、8 天、10 天。

7.2.1　时域信号的变化规律

以层理角度 0°的页岩为例，浸泡后含水页岩的纵波时域曲线如图 7.14 所示，浸泡后经低温干燥处理页岩的纵波时域曲线如图 7.15 所示，其中浸泡后页岩进行低温(温度为 40℃)烘干 24h，以消除岩石孔隙中水相介质对纵波信息的影响。从图 7.14 和图 7.15 可看出，在不同浸泡时间下，含水页岩及经低温干燥处理后页岩的时域信号发生了变化；不同浸泡时间下页岩岩样纵波时域图的差异也较明显；纵波信号的尾波较发育，说明浸泡后纵波信号在页岩岩样中发生折射、散射、反射等现象较多，造成纵波在页岩中传播距离增大和传播过程中损耗增大或能量损失增大，首波初至时间延迟，时域信号振幅降低；随着浸泡时间增加，纵波首波初至时间呈增大趋势，时域信号振幅呈降低趋势，这说明页岩与水接触后，水化作用下页岩岩样内部孔隙结构发生变化，且随着浸泡时间的增加，改变程度增大。同时，从图 7.14 和图 7.15 还可看出，在相同浸泡时间下，含水页岩纵波首波初至时间小于干燥后页岩，而时域信号振幅大于干燥后页岩。这是因为页岩与水接触后，水化作用造成页岩孔隙结构发生变化，其中页岩孔隙孔径增大、微裂隙逐渐扩展及孔隙和裂缝数量增多，此时页岩的纵波特性除受孔隙结构改变的影响外，还受页岩孔隙中水相介质的影响，从而使纵波在传播过程中更快到达岩心接收端，即首波初至时间缩短，而时域信号振幅增大。由此可见，页岩水化过程中纵波时域信号的变化规律受页岩宏微观结构变化和水相介质的综合影响。

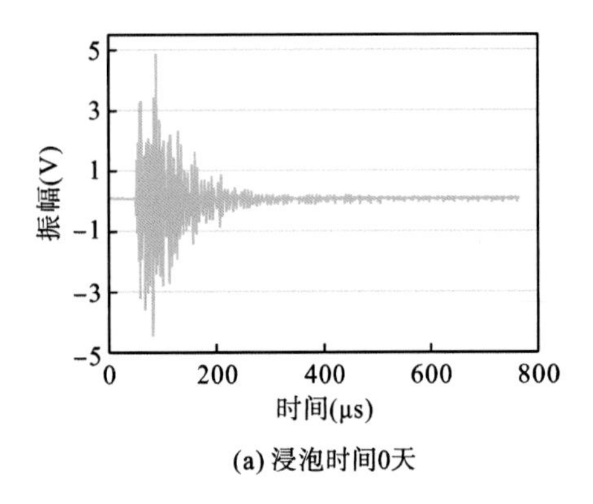

(a) 浸泡时间0天

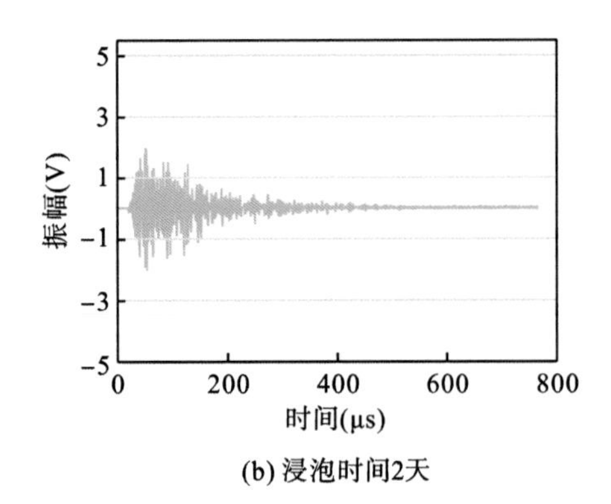

(b) 浸泡时间2天

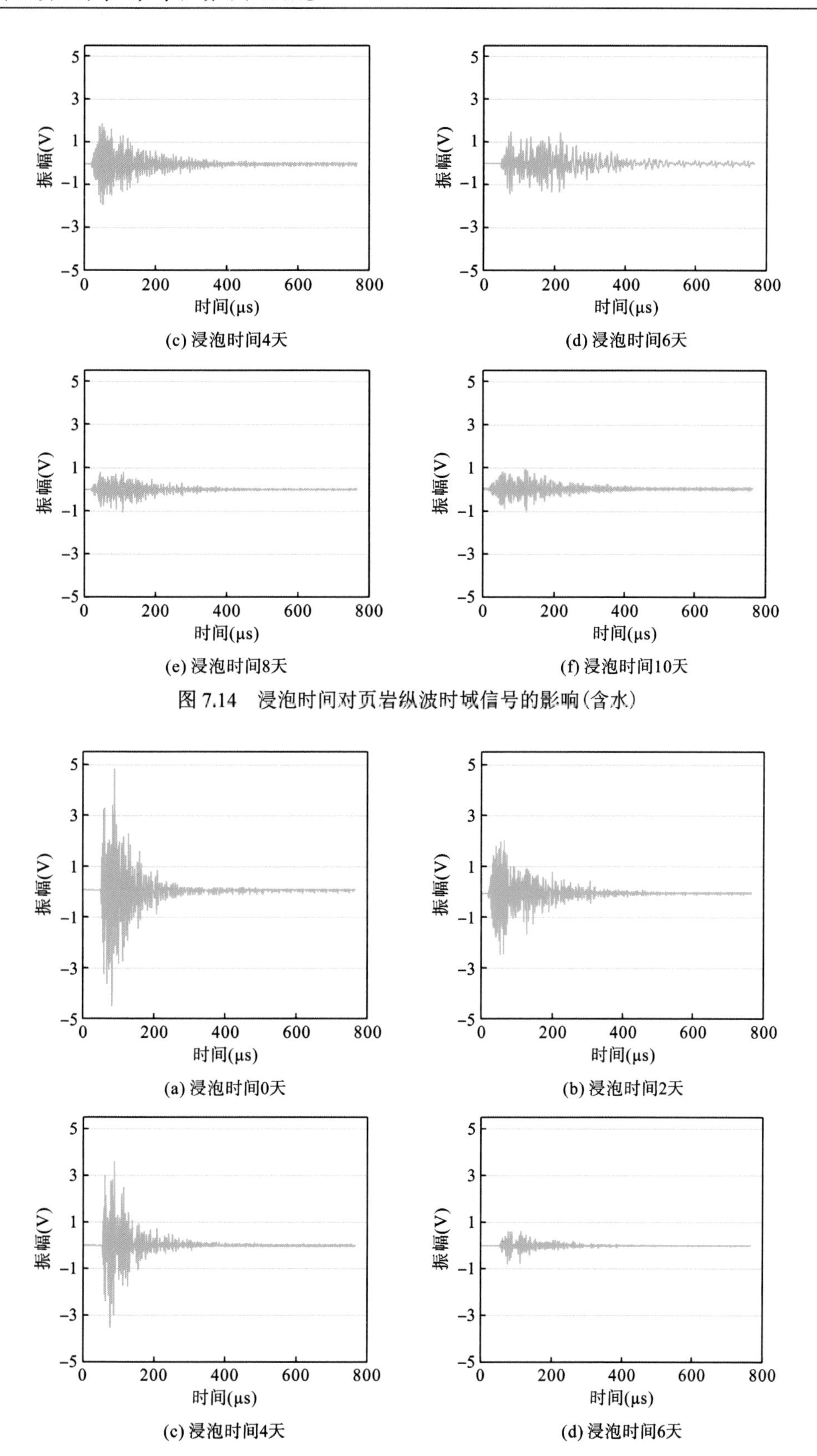

(c) 浸泡时间4天

(d) 浸泡时间6天

(e) 浸泡时间8天

(f) 浸泡时间10天

图 7.14　浸泡时间对页岩纵波时域信号的影响(含水)

(a) 浸泡时间0天

(b) 浸泡时间2天

(c) 浸泡时间4天

(d) 浸泡时间6天

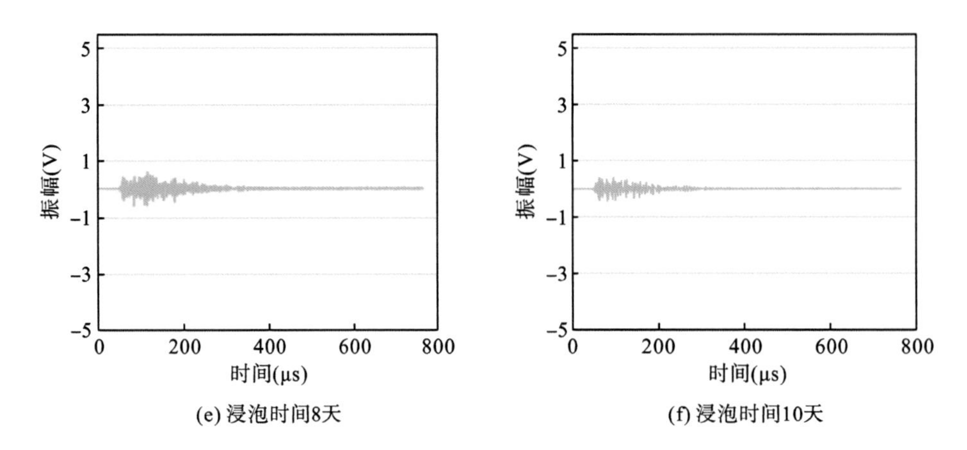

图 7.15 浸泡时间对页岩纵波时域信号的影响(干燥)

7.2.2 频域信号的变化规律

以层理角度 60°的页岩为例，通过傅里叶变换得到浸泡后含水页岩的纵波频域信号如图 7.16 所示，浸泡后经低温干燥处理的页岩纵波频域信号如图 7.17 所示。从图 7.16 和图 7.17 可看出，在不同浸泡时间下，含水页岩及经低温干燥处理后的页岩纵波频域曲线发生了变化，且纵波频域曲线的差异也较明显。在相同的激发信号下，随着浸泡时间增加，页岩岩样主峰对应频率向低频方向偏移，且纵波次频及尾波振幅也逐渐降低，这说明随着浸泡时间增加，页岩岩样纵波信号的能量集中区域逐渐由高频部分向低频部分偏移，其中当浸泡时间分别为 0～2 天、2～6 天、6～10 天时，含水页岩频域信号的主频主要分布在 360～440kHz、320～380kHz、260～300kHz，浸泡后经低温干燥处理的页岩频域信号的主频主要分布在 360～440kHz、270～340kHz、210～260kHz；当浸泡周期为 0～10 天时，含水页岩频域信号振幅的平均下降幅度分别为 21.30%、49.07%、64.81%、67.59%、72.22%，低温干燥处理的页岩频域信号最大振幅的平均下降幅度分别为 30%、62.96%、72.22%、75.93%、86.11%。这是因为在水化作用下，页岩的孔隙结构发生变化，其中页岩孔隙的孔径增大、微裂隙逐渐扩展及孔隙和裂缝数量增多，这些孔隙结构差异造成岩石对纵波信号中不同频率成分的吸收不同；在相同激发信号下，微裂缝增多使岩石对纵波信号中高频部分的吸收较多，而对低频部分的吸收较少，造成纵波信号中低频部分所占比例增加，从而导致主频降低；随着浸泡时间增加，页岩内部孔隙结构的变化程度加大，纵波信号的主频偏移幅度加大。同时，从图 7.16 和图 7.17 中还看出，在相同浸泡时间下，含水页岩频域信号的主频和频域信号振幅大于干燥后页岩，这主要与两种条件下页岩内部所含的黏滞声学介质不同有关，在相同条件下，流体介质中纵波发生发射、折射及衍射的次数小于空气介质。以上研究结果也反映了页岩水化过程中纵波频域信号的变化规律受页岩宏微观结构变化和水相介质的综合影响。

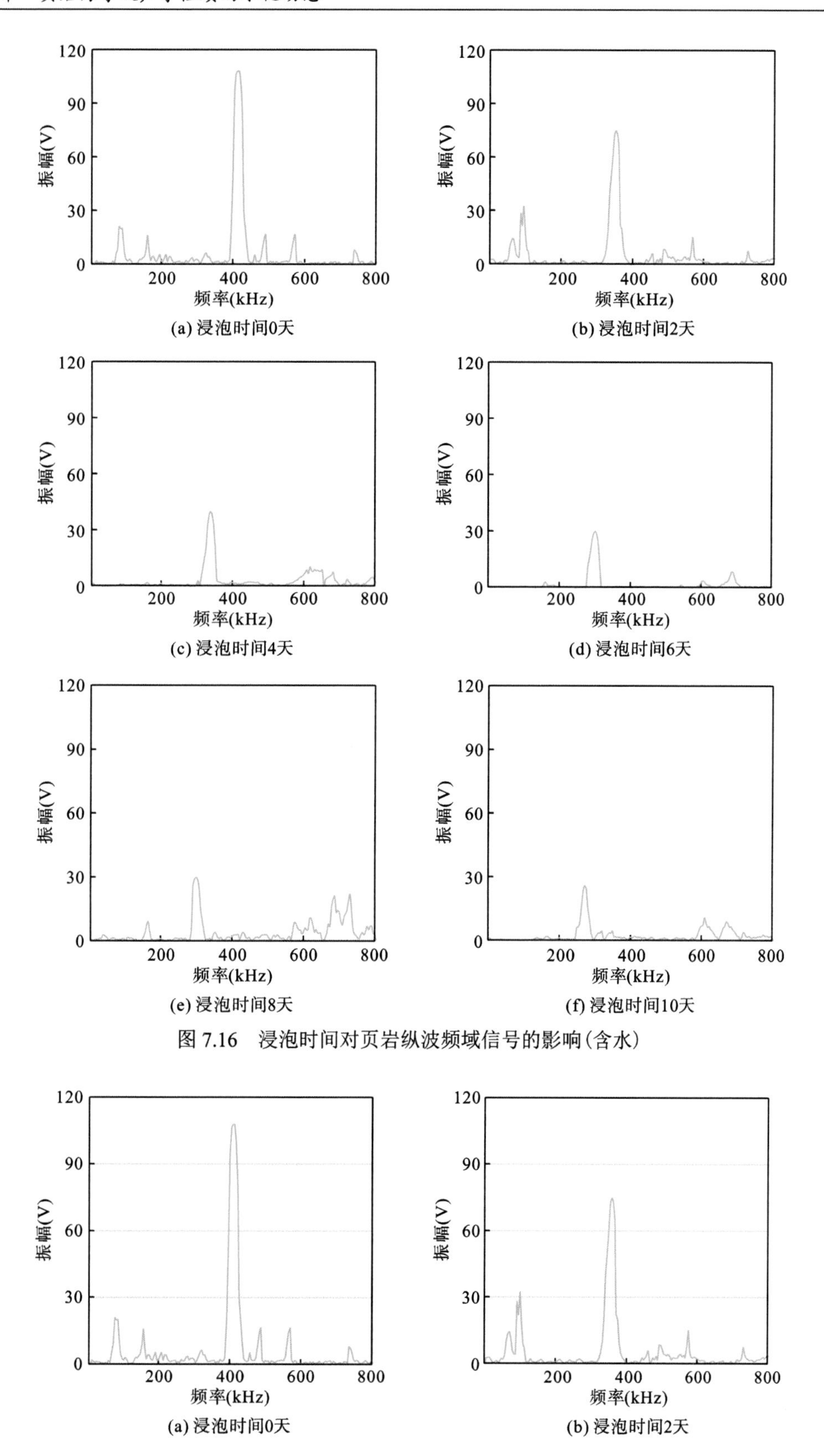

(a) 浸泡时间0天　(b) 浸泡时间2天

(c) 浸泡时间4天　(d) 浸泡时间6天

(e) 浸泡时间8天　(f) 浸泡时间10天

图 7.16　浸泡时间对页岩纵波频域信号的影响(含水)

(a) 浸泡时间0天　(b) 浸泡时间2天

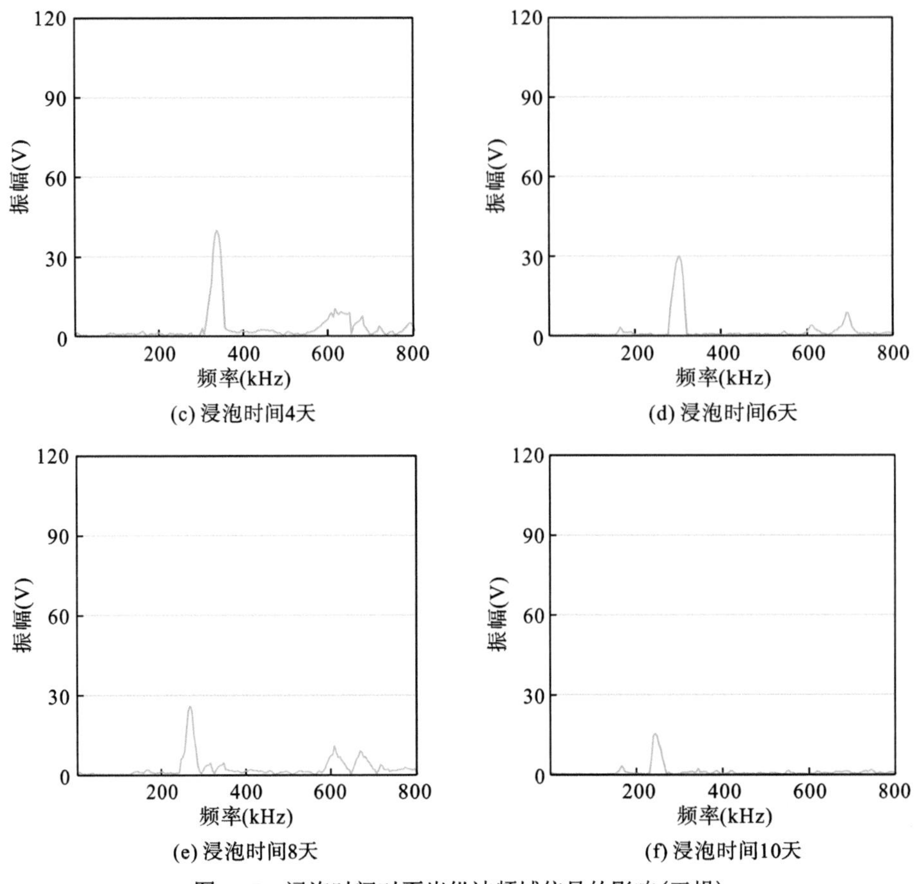

(c) 浸泡时间4天

(d) 浸泡时间6天

(e) 浸泡时间8天

(f) 浸泡时间10天

图 7.17　浸泡时间对页岩纵波频域信号的影响(干燥)

7.2.3　小波信号的变化规律

以层理角度 0°的页岩为例，通过连续小波变换得到浸泡后经低温干燥处理页岩的纵波小波变换系数如图 7.18 所示，浸泡后经低温干燥处理页岩的横波小波变换系数如图 7.19 所示。

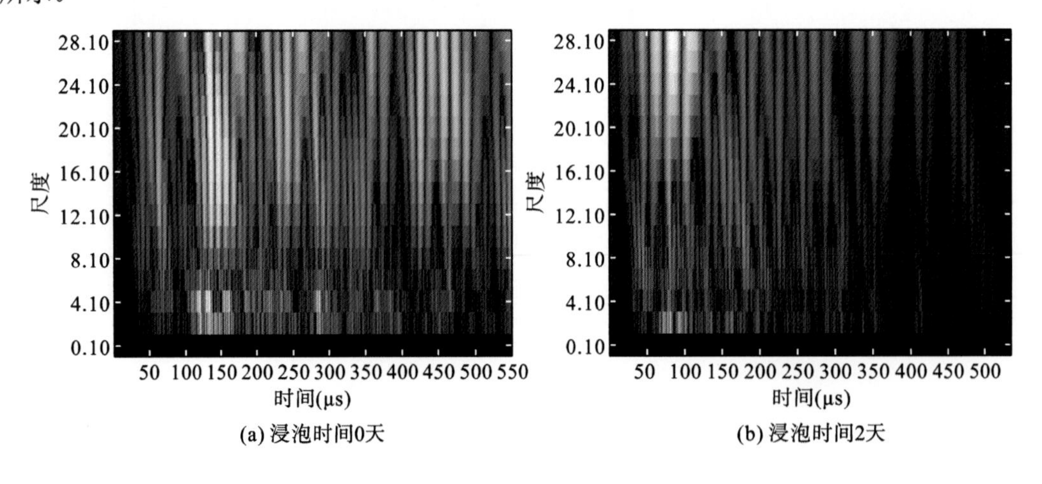

(a) 浸泡时间0天

(b) 浸泡时间2天

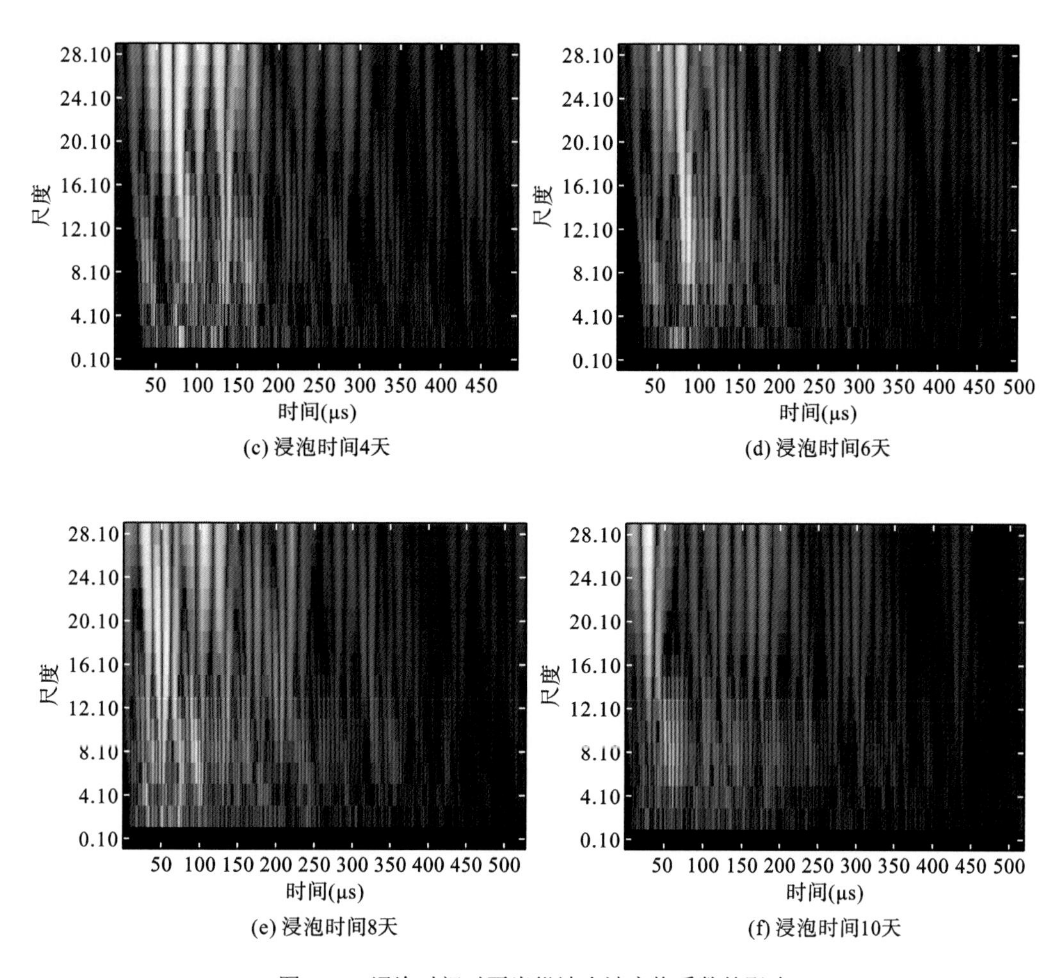

(c) 浸泡时间4天　(d) 浸泡时间6天

(e) 浸泡时间8天　(f) 浸泡时间10天

图 7.18　浸泡时间对页岩纵波小波变换系数的影响

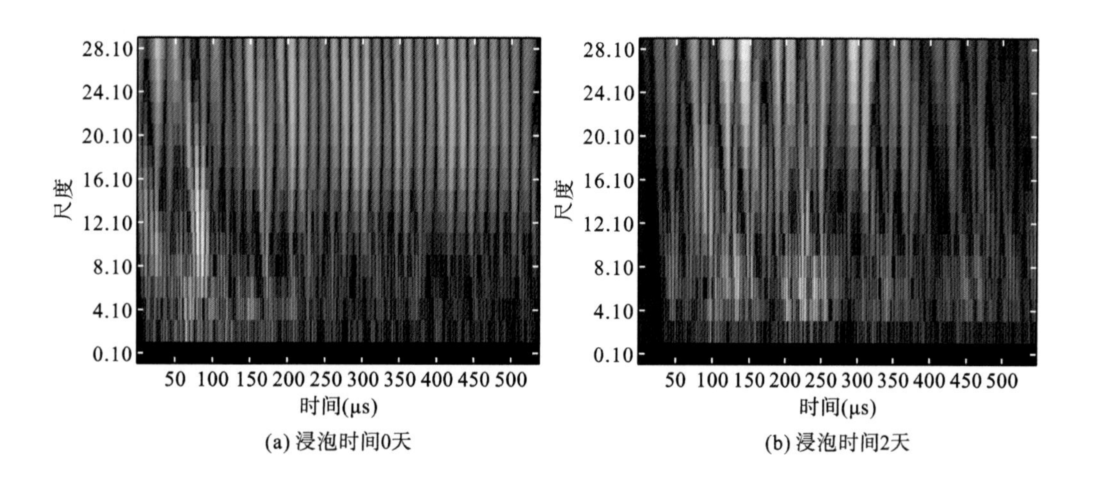

(a) 浸泡时间0天　(b) 浸泡时间2天

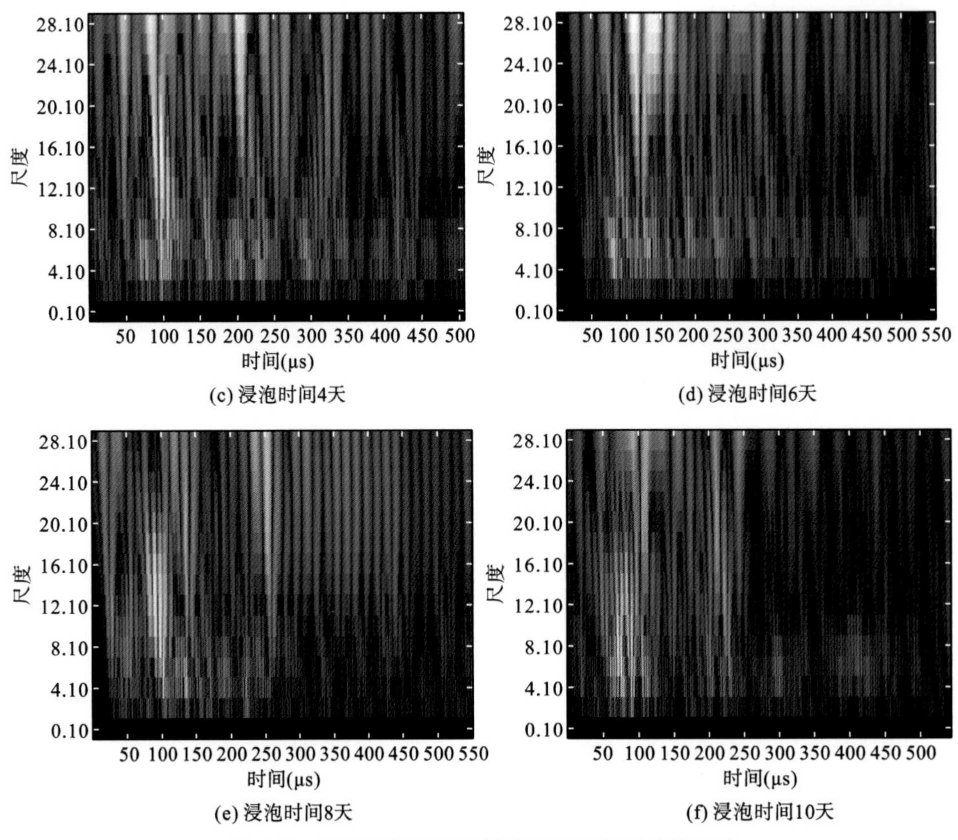

(c) 浸泡时间4天

(d) 浸泡时间6天

(e) 浸泡时间8天

(f) 浸泡时间10天

图 7.19　浸泡时间对页岩横波小波变换系数的影响

从图中可看出，浸泡前后页岩的纵波和横波小波变换系数存在明显差异，且浸泡后页岩的纵波和横波小波变换系数图中暗色部分明显增加；随着浸泡时间的增加，页岩纵波和横波小波变换系数图中暗色部分呈递增趋势，声波突变点增加，这说明页岩内部的孔隙结构发生变化，声波发生突变，暗色部分增加。同时，从图中还可看出页岩纵波小波变换系数图的变化较为明显，这说明纵波对岩心内部结构的变化较为敏感。

7.2.4　声波速度的变化规律

根据时域曲线获取的首波初至时间可计算得到浸泡前后含水页岩的纵波和横波速度如图 7.20 所示，浸泡后经低温干燥处理页岩的纵波和横波速度如图 7.21 所示。从图 7.20 和图 7.21 可看出，浸泡后含水页岩及经低温干燥处理后页岩的纵波和横波速度减小。这是因为页岩与水接触后，水相进入页岩内部空间，水化作用造成页岩的孔隙结构发生变化，其中页岩的孔隙孔径增大、微裂隙逐渐扩展及孔隙和裂缝数量增多，声波传播时在岩石中反射、折射和衍射的次数增多，反映出声波在岩石中的传播路径增多，从而导致页岩的纵波和横波速度降低。同时，从图中还可看出，随着浸泡时间增加，页岩的纵波和横波速度呈下降趋势，这说明随着页岩与水接触时间的增加，页岩水化程度逐渐加深，纵波和横波速度逐渐降低；不同浸泡时间阶段，页岩声波速度的下降幅度存在差异，这说明不同水化作用阶段对页岩声波速度的影响程度存在差异，其中水化作用发生初期对页岩声波速度下降幅度的影响较大，并随着水化作用时间的增加，其影响逐渐减弱，这也从侧面反映了水化作用对页岩孔隙结构的影响是一个持续的过程。页岩与水接触初期，页岩水化作用较剧烈，对页岩孔隙结构的影响程度较大，改变程度较大，纵波和横波速度的下降幅度大，且随着水化作用的持续，对页岩孔隙结构的影响程度逐渐减弱，改变程度变小，纵波和横波速度的下降幅度小，但总体上页岩孔隙结构的变化是持续发生的。以纵波速度为例，含水页岩纵波速度在浸泡时间为 0～2 天时，纵波速度的平均下降率为 75.64(m·s^{-1})/d；当浸泡时间为 2～6 天时；纵波速度的平均下降率为 38.61(m·s^{-1})/d；当浸泡时间为 6～10 天时，纵波速度的平均下降率为 9.18(m·s^{-1})/d，且在浸泡时间 0～10 天时，相同层理角度下含水页岩纵波速度下降的最小幅度为 6.20%，最大幅度为 9.47%，平均下降幅度为 7.78%；浸泡后经低温干燥处理的页岩在浸泡时间为 0～2 天时，纵波速度的平均下降率为 169.14(m·s^{-1})/d，当浸泡时间 2～6 天时纵波速度的平均下降率为 91.79(m·s^{-1})/d，当浸泡时间 6～10 天时纵波速度的下降率较为平缓，平均下降率为 18.75(m·s^{-1})/d，且在浸泡时间为 0～10 天时，相同层理角度下经低温干燥处理页岩的纵波速度下降的最小幅度为 15.72%，最大幅度为 19.38%，平均下降幅度为 17.72%。此外，从图 7.20 和图 7.21 中还可看出，在相同浸泡时间下，含水页岩的纵波和横波速度大于干燥后页岩，这也反映了页岩水化过程中声波速度的变化规律受页岩宏微观结构变化和饱和介质的综合影响。

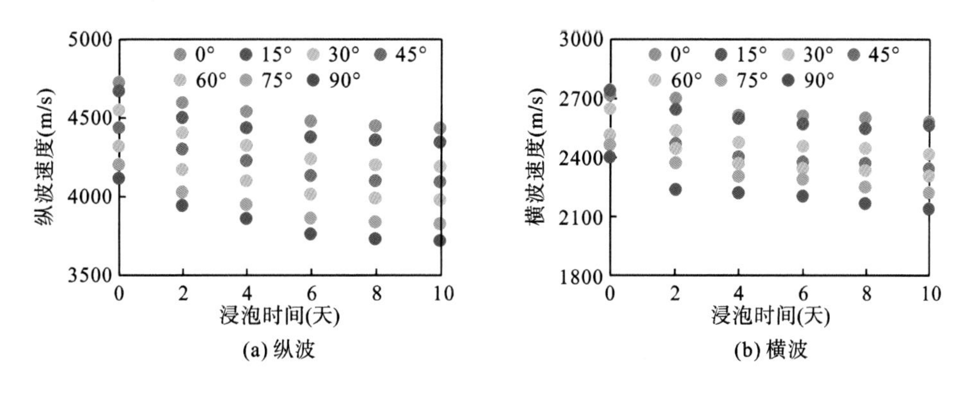

图 7.20　浸泡时间对页岩声波速度的影响(含水)

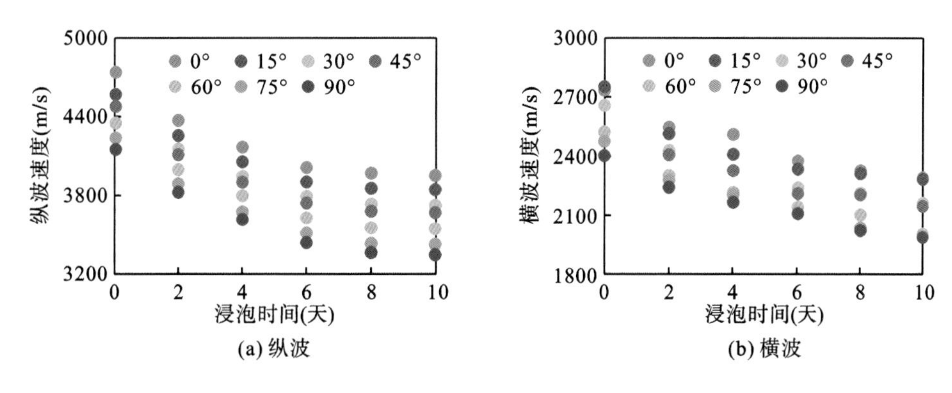

图 7.21　浸泡时间对页岩声波速度的影响(干燥)

7.2.5 衰减系数的变化规律

根据信号对比法计算得到浸泡前后含水页岩和经低温干燥处理页岩的纵波衰减系数如图 7.22 所示。从图中可看出，浸泡后含水页岩及经低温干燥处理后页岩的纵波衰减系数增大。这是因为页岩与水接触后，水化作用造成页岩的孔隙结构发生变化，其中页岩的孔隙孔径增大、微裂隙逐渐扩展及孔隙和裂缝数量增多，所以纵波传播时在岩石中反射、折射和衍射的次数增多，反映了纵波在岩石中传播损耗增大或能量损失增大，导致页岩的纵波衰减系数增大。同时，从图中还可看出，随着浸泡时间增加，页岩的纵波衰减系数呈增大趋势，且不同浸泡时间阶段，页岩纵波衰减系数的增加幅度存在差异，这说明不同水化作用阶段对页岩纵波衰减系数的影响程度存在差异。即水化作用初期，页岩纵波衰减系数的增加幅度大，随着水化作用的持续，页岩纵波衰减系数的增加幅度逐渐减小，其中当浸泡时间为 0～2 天、2～6 天及 6～10 天时，含水页岩纵波衰减系数的平均增加幅度分别为 117.78%、61.13%、10.41%，且在浸泡时间为 0～10 天时，在相同层理角度下含水页岩纵波衰减系数的平均增加幅度为 287.74%；浸泡后经低温干燥处理页岩的纵波衰减系数的平均增加幅度为 250.71%、35.59%、24.59%，且在浸泡时间 0～10 天内，相同层理角度下经低温干燥处理页岩的纵波衰减系数的平均增加幅度为 489.47%。这与不同浸泡时间下页岩纵波速度的变化规律相比，相同浸泡时间条件下，页岩样品的纵波速度降低 10%～20%，衰减系数增加 1～5 倍，衰减系数的增幅明显小于波速的降幅，说明水化作用后龙马溪组页岩的纵波衰减敏感度程度大于波速敏感程度。此外，从图 7.22 中还可看出，在相同浸泡时间下，含水页岩的纵波衰减系数大于干燥后页岩，主要与这两个条件下页岩孔隙中所含的黏滞声学介质差异有关，也反映了页岩水化过程中纵波能量衰减特性的变化规律受页岩宏微观结构变化和水相介质的综合影响。

综上所述，水化作用对页岩声波属性参数的影响规律与硬脆性泥岩相似，水化作用后页岩地层的声波属性参数不能反映页岩地层原状条件下的物理特性。在钻井过程中，页岩地层的声波属性参数将随钻井液类型、钻井液浸泡时间而变化，此时声波测井获取的页岩地层声波信息不能反映页岩地层原状条件下的物理特性。因此，在工程测井应用中需要对页岩地层的声波测井曲线进行“去水化校正”，才能获取页岩地层原状条件的物理特性。

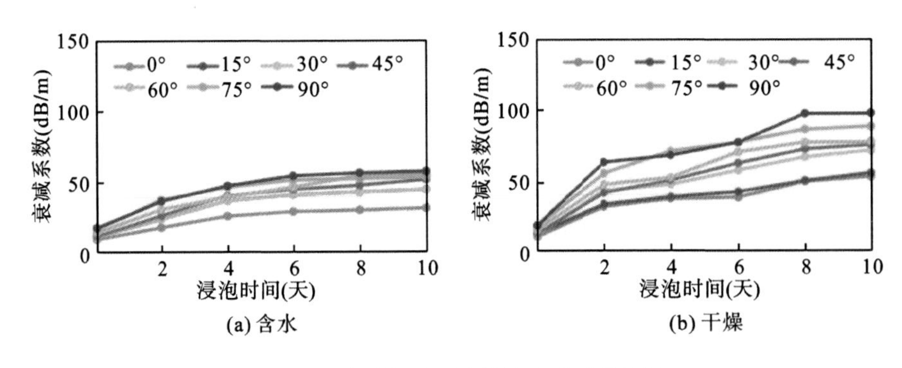

图 7.22 浸泡时间对页岩纵波衰减系数的影响

7.3　页岩水化过程中力学参数的动态变化

以长宁地区龙马溪组页岩为对象，系统研究浸泡时间、浸泡压力、浸泡溶液等对页岩压入硬度、断裂韧性和强度特性的影响。

7.3.1　页岩压入硬度的变化规律

在不同浸泡钻井液时间条件下，页岩载荷-位移曲线如图 7.23 所示，页岩压入硬度的变化规律如图 7.24 所示，钻井液浸泡条件为压力 3MPa、温度 100℃，浸泡时间分别为 3 天、5 天、7 天。从图中可看出，原岩压入硬度的变化范围为 270.4～729.6MPa，说明页岩具有较强的非均质性；页岩压入硬度随浸泡时间增加而呈下降趋势，且浸泡时间越长，压入硬度的下降幅度越大。这是因为钻井液浸泡后，钻井液滤液进入页岩岩石中，钻井液滤液与页岩发生水化作用，页岩的微观结构发生变化，即页岩岩石结构发生损伤，从而导致页岩压入硬度降低，且随着浸泡时间增加，页岩水化程度逐渐加大，页岩结构损伤增强，压入硬度的下降幅度增大。这说明水化作用将造成页岩力学性能的弱化，对井壁稳定有潜在威胁。

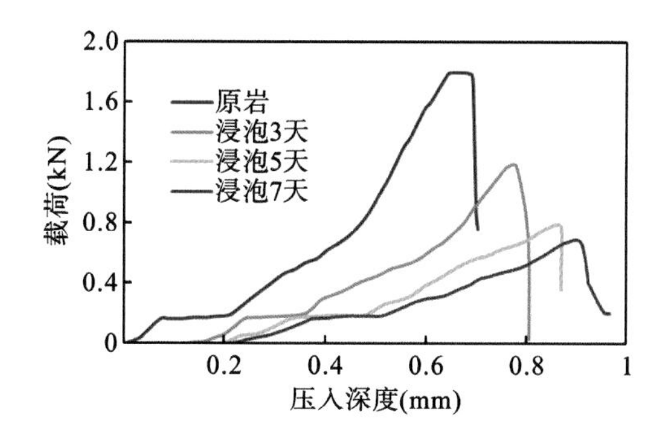

图 7.23　不同浸泡时间下页岩岩样的载荷-位移曲线

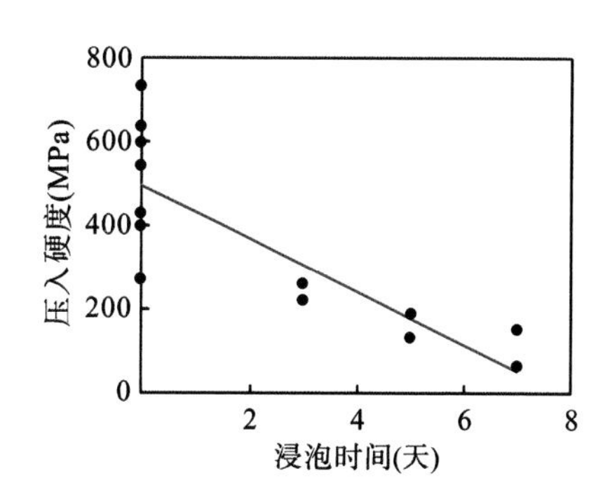

图 7.24　浸泡时间对页岩压入硬度的影响

7.3.2　页岩断裂韧性的变化规律

不同浸泡压力和不同浸泡时间条件下，页岩断裂韧性的变化规律分别如图 7.25 和图 7.26 所示，浸泡流体为去离子水，浸泡压力分别为 1MPa、3MPa、5MPa，浸泡时间分别为 1 天、5 天、10 天。从图 7.25 可看出，流体浸泡后，页岩断裂韧性值的变化不同，且随着浸泡压力增大，页岩断裂韧性值呈下降趋势，即页岩岩石经流体作用后，其断裂韧性值将减小。这可能是因为浸泡去离子水后，因毛细管效应或压差作用使水沿层理面或微裂缝进入页岩内部，水与页岩黏土颗粒接触后发生水化作用，产生水化应力，从而造成页岩的宏观和微观结构发生变化，产生新的孔隙和新的微裂缝，即页岩岩石结构发生损伤，在相同载荷作用下易裂开形成裂缝，造成页岩断裂韧性降低，其中产生损伤越多，断裂韧性的下降幅度越大。同时，从图 7.26 可看出，随着浸泡时间增加，页岩的断裂韧性值呈下降趋势，说明随着水化作用时间的增加，页岩的断裂韧性逐渐降低，页岩地层压裂焖井过程易形成新的裂缝及促进裂缝的延伸。这是因为水化作用后，页岩的孔隙结构发生变化，其中微孔隙和微裂缝增多，页岩岩石结构发生损伤，岩样更易发生破坏，页岩的断裂韧性降低。由此可见，水化作用对页岩断裂韧性的影响程度主要体现在时间效应和环境效应。

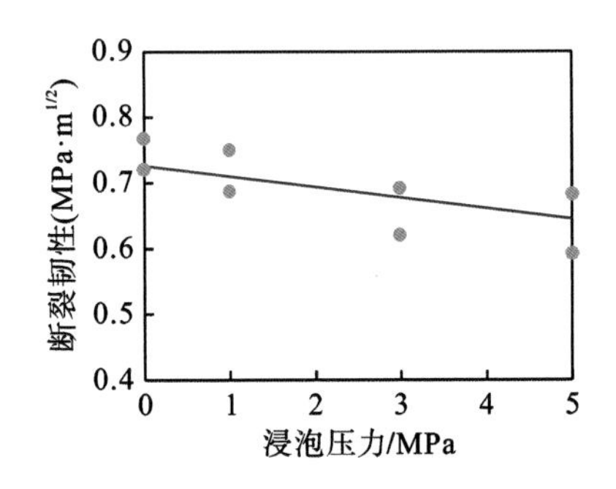

图 7.25 流体作用对页岩断裂韧性的影响

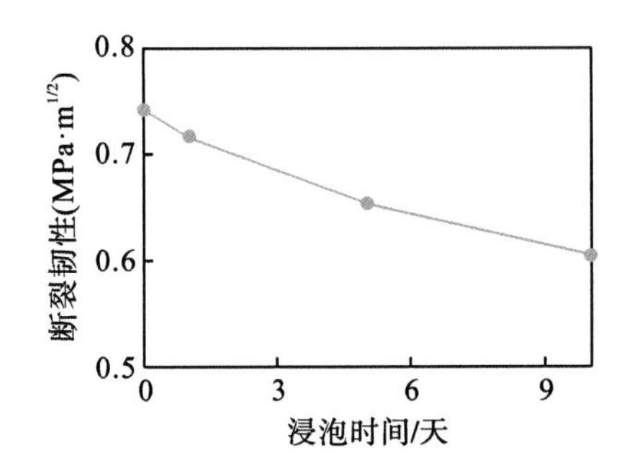

图 7.26 浸泡时间对页岩断裂韧性的影响

7.3.3 页岩抗剪强度和抗压强度特性的变化规律

7.3.3.1 水化对页岩抗剪强度特性的影响

图 7.27 为研究用页岩样品在钻井液中浸泡前后的抗剪强度对比，钻井液浸泡的条件为压力 3MPa、温度 100℃、时间 24h。从图中可看出，法向应力越大，页岩的抗剪强度越大；钻井液浸泡后，页岩的抗剪强度降低。这是由于浸泡使页岩发生水化作用，进而引起页岩孔隙结构发生变化、岩石结构发生损伤。

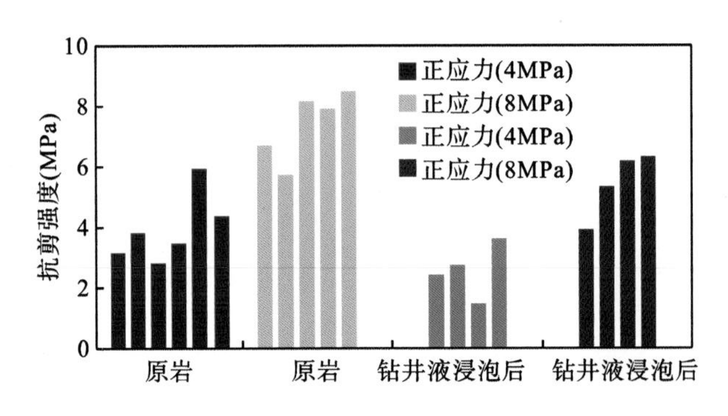

图 7.27 浸泡前后页岩抗剪强度的对比

7.3.3.2　水化对页岩抗压强度特性的影响

1. 浸泡时间的影响

在不同浸泡时间条件下，页岩的单轴压缩实验应力-应变曲线如图 7.28 所示，钻井液浸泡的条件为压力 3MPa、温度 100℃，浸泡时间分别为 24h 和 48h。从图中可看出，钻井液浸泡后的页岩强度普遍降低，且随着浸泡时间增加，页岩峰值强度也随之降低，即随着水化作用时间的增加，页岩水化程度加深，页岩的峰值强度逐渐降低。同时，从图中还可看出，钻井液浸泡后，页岩峰后应力跌落的脆性特征仍较明显，这说明水化作用对页岩脆性特征的影响程度相对较小，这与硬脆性泥岩浸泡后的变形特征存在明显差异，后者浸泡后的脆性破坏特征减弱，塑性增强。

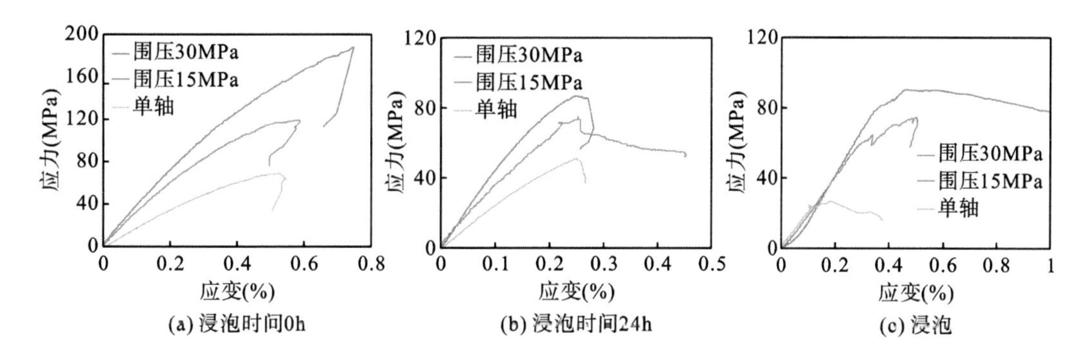

图 7.28　页岩水化 48h 后不同围压的应力-应变曲线

在不同浸泡时间条件下，页岩力学特性的变化规律如图 7.29 所示。从图中可看出，随着围压增大，页岩的抗压强度也增大；随着浸泡时间增加，页岩抗压强度、弹性模量、内聚力和内摩擦角呈下降趋势，其中水化作用发生 48h 后，页岩的单轴抗压强度从 69.57MPa 下降到 27.58MPa，下降幅度约为 60.36%。这说明水化作用对页岩力学特性的影响很大，其对页岩力学性能的弱化效应必将造成地层的坍塌压力增大，易导致地层发生井壁坍塌等井下复杂事故。

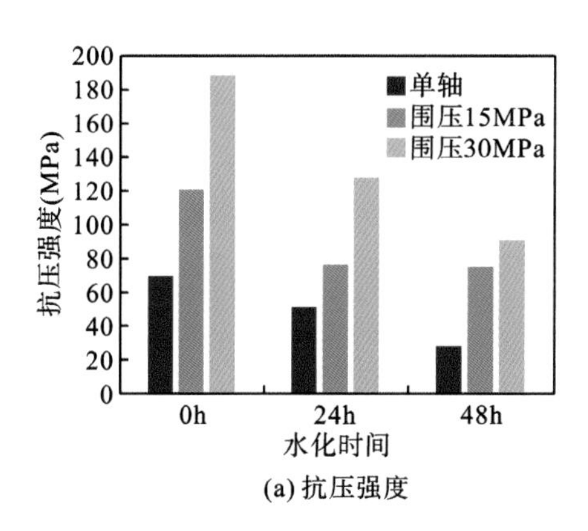

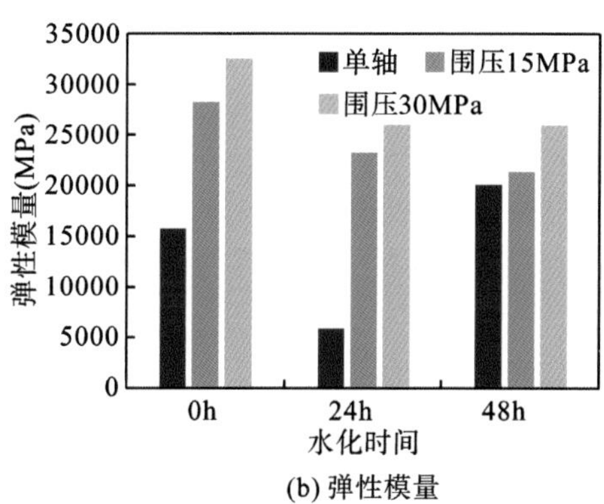

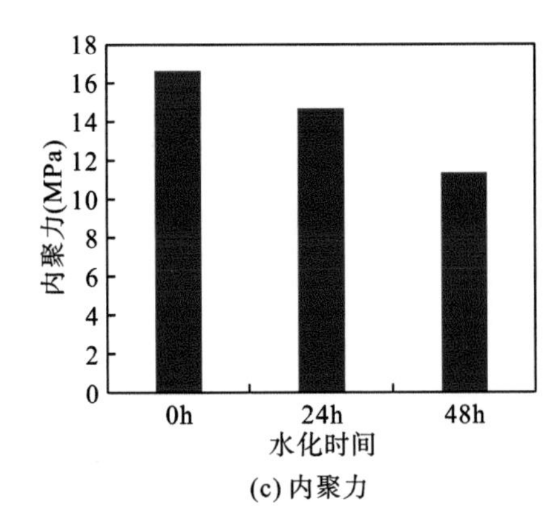

(c) 内聚力

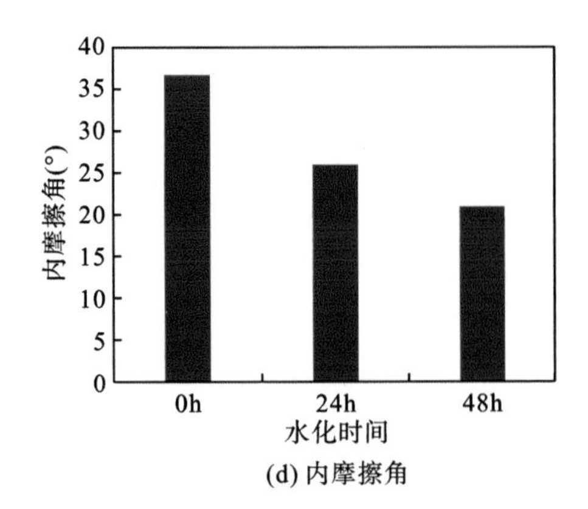

(d) 内摩擦角

图 7.29　浸泡时间对页岩力学特性的影响

在不同浸泡时间条件下，页岩的巴西劈裂实验结果如图 7.30 所示，钻井液浸泡条件为压力 3MPa、温度 100℃，浸泡时间分别为 24h、48h 和 96h。从图中可看出，钻井液浸泡后页岩的抗张强度降低，且随着浸泡时间增加，页岩的抗张强度呈下降趋势，其中水化作用发生 96h 后，页岩的抗张强度从 4.03MPa 下降到 0.34MPa，下降幅度约为 91.56%。这说明水化作用将极大地破坏页岩的宏观和微观结构，使页岩结构发生损伤，造成页岩的抗张强度降低。

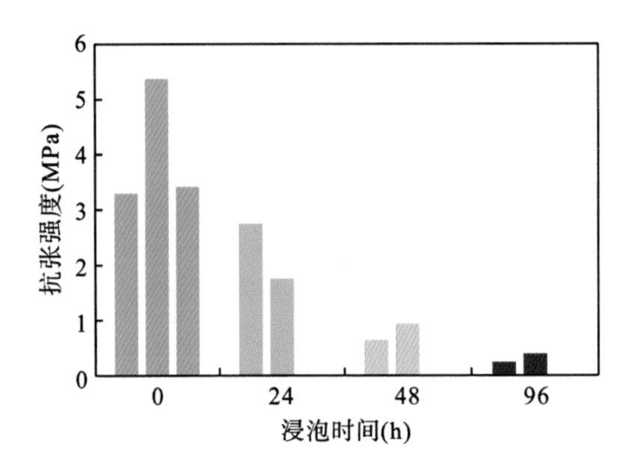

图 7.30　浸泡时间对页岩抗张强度的影响

2. 浸泡溶液的影响

在不同浸泡溶液条件下，页岩力学特性的变化规律如图 7.31 所示。从图中可看出，浸泡钻井液后，页岩的抗压强度、弹性模量降低，泊松比增大；同时，在不同钻井液体系下，页岩抗压强度和弹性模量的下降幅度不同，页岩泊松比的增加幅度也不一样。这说明不同钻井液体系对页岩力学性能的影响不同，这与钻井液体系中抑制页岩的水化能力有关。由此可见，水化作用对页岩力学特性的影响程度主要体现在时间效应和环境效应。

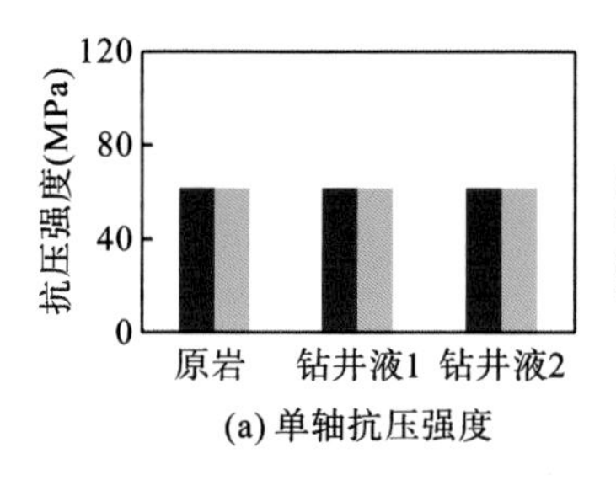

(a) 单轴抗压强度

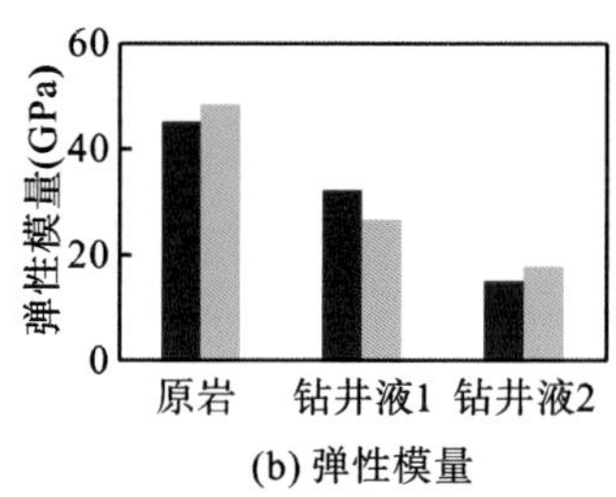

(b) 弹性模量

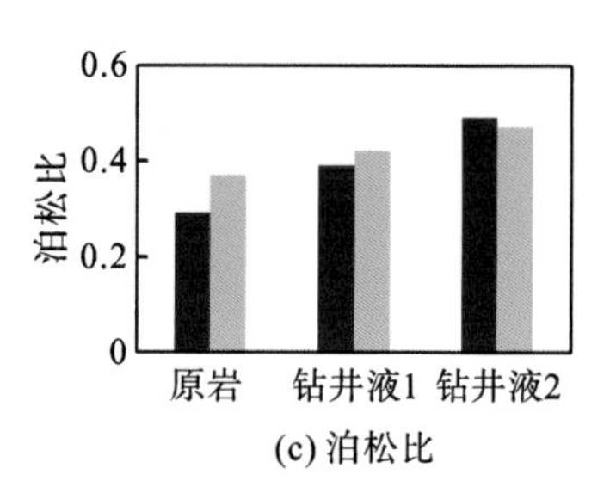

(c) 泊松比

图 7.31　浸泡溶液对页岩强度特性的影响

7.4　页岩水化过程中力学与声学性质的动态响应关系

在水化作用的影响下，龙马溪组页岩的宏观和微观结构发生变化，即页岩岩石的结构发生损伤。随着页岩结构的变化，页岩的声学信息与力学性质均会产生同步响应。因此，以水化作用后的龙马溪页岩为基础，进一步开展岩石三轴压缩实验与超声波透射实验，综合水化过程中的应力-应变曲线、声波时域信息、声波频域信息，系统研究页岩水化过程中的岩石力学特征与声学特征的同步响应规律，建立以声学信息定量表征水化损伤的页岩岩石力学参数的方法。

7.4.1　基于声学特征的页岩水化损伤变量

页岩水化损伤的一大特征在于水化诱发裂纹。当新裂纹产生时，岩石结构损伤，岩石内部孔隙空间增大，岩石的声学特性发生变化，对声学特性的测量可作为定量评价水化损伤的方法。现有学者已经开展了在水化条件下的页岩声波波速研究，但声波速度仅为声学特征的一方面，无法完全体现声波在岩石多孔介质中的传播。基于此，以页岩声学频谱特征为基础，构建新的页岩水化损伤变量，定量评价自吸过程中的页岩水化损伤程度。

基于水化过程中声波频谱特征的变化可以发现，水化损伤越剧烈，将产生越多的水化次生裂纹，从而导致页岩声波主频和振幅的改变。基于此，采用水化过程中声波频谱的变化规律，建立新的水化损伤变量，构建方法如图 7.32 所示。从图中可看出，当发生水化损伤时，最大振幅降低，主频向左偏移。某一水化时刻 t 下，原状岩石的声波主频点 A 偏移到点 B 位置，形成主频和最大振幅的跌落面积 S。同时，认为极限状态下，水化完全损伤页岩岩样，发射探头声波能量较小，难以被接收探头获取，此时 B 点位置靠近原点，从而形成最大衰减面积 S_m，通过两者的比值来评价水化时刻 t 的损伤程度，形成新的水化损伤变量，其表达式为

$$D_h = \frac{S}{S_m} = \frac{(M_a - M_c)\cdot(F_a - F_b)}{M_a \cdot F_a} \tag{7.1}$$

式中，M_a、M_c 分别为原状和水化页岩声波主频，kHz；F_a、F_b 分别为原状和水化页岩声波主频点振幅，mV。

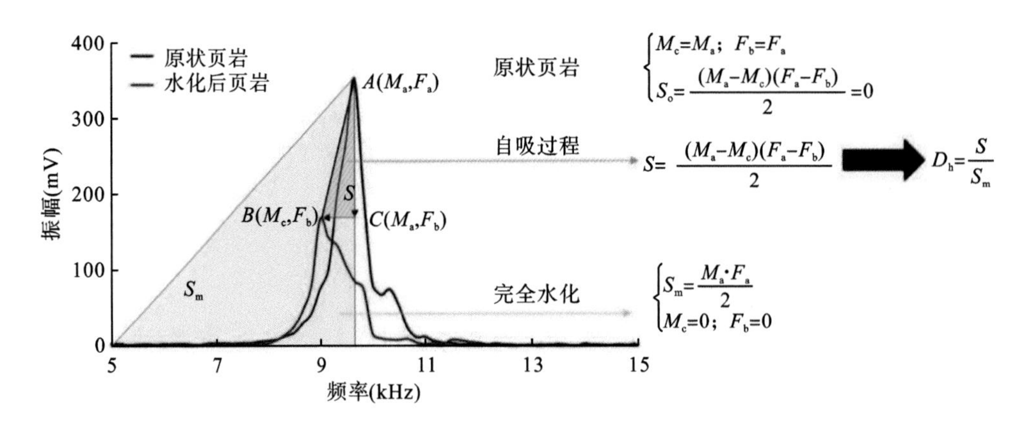

图 7.32 页岩水化损伤系数构建示意图

基于水化损伤变量[式(7.1)]对不同吸水量的页岩水化损伤变量进行分析，如图 7.33 所示。基于图中的拟合关系，可以确定损伤变量-吸水量的关系，见式(7.2)。随着页岩吸水量的逐渐增大，更多的水与页岩发生相互作用，水化作用逐渐加强，从而导致页岩水化损伤的程度加剧。因此，随着吸水量的增加，水化损伤变量也逐渐增大。但注意到，两者并非线性递增的关系。损伤变量-吸水量呈现出两个阶段，在约 3.3%吸水量之前，损伤变量随吸水量增加而明显增加，而在 3.3%吸水量后，随着吸水量的增大，损伤变量的增加明显放缓。这主要是因为自吸前期是产生水化次生裂纹的主要阶段，随着裂纹扩展，吸水量增加，水化损伤与吸水量呈较好的正相关关系。但是，后期水化次生裂纹的扩展逐渐停止，水主要沿页岩原始毛细管自吸，从而导致在吸水后期，损伤变量随吸水量的增加放缓。虽然，随着自吸过程的进行，吸水量与水化损伤变量的对应关系有所变化，但整体而言，随着自吸量增加，水化损伤增强，两者的对应性较好，如图 7.34 所示。

$$D_h(t) = -0.0203w(t)^2 + 0.2237w(t) \tag{7.2}$$

式中，$D_h(t)$为任意时间 t 下的水化损伤系数；$w(t)$为任意时间 t 下的吸水量，%。

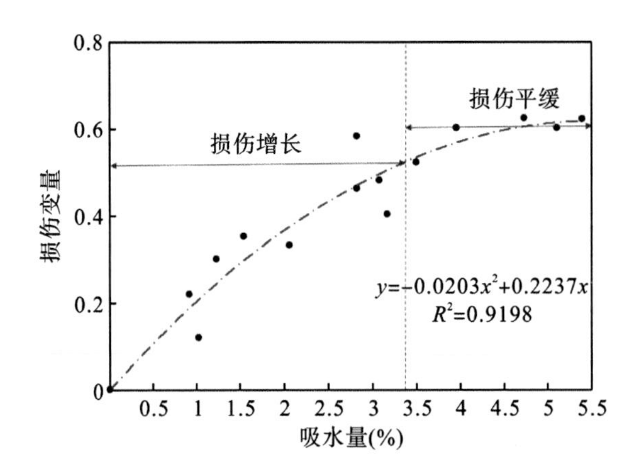

图 7.33 不同吸水量下的页岩损伤变量变化曲线

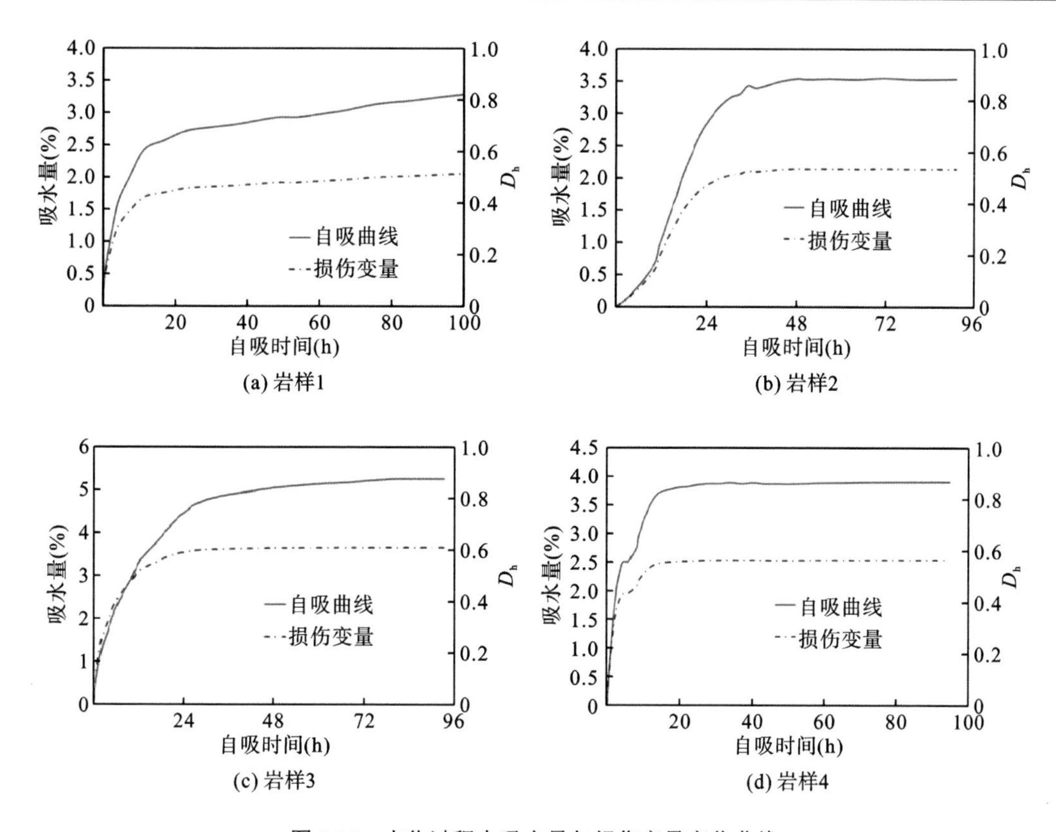

图 7.34　水化过程中吸水量与损伤变量变化曲线

7.4.2　水化损伤下页岩的力学行为特征

通过开展不同时间的自吸实验，获取不同水化损伤程度的页岩岩样。在此基础上，开展页岩三轴力学实验，明确水化损伤下页岩的力学特征。在不同围压条件下，水化损伤下的页岩破坏岩样如图 7.35 所示。从图中可看出，围压对页岩破坏特征的影响显著，单轴条件下，页岩呈现出强烈的脆性破坏特征，出现多条破坏面，整个岩体呈现破碎。随着围压增大，在 30MPa 时，页岩的破坏程度明显减小，出现明显的单一破坏面特征。考虑自吸过程中水化作用的影响，随着自吸时间的增加，在任意围压条件下，自吸作用明显增强了页岩破坏。这主要是因为水化作用产生水化裂纹，破坏了岩体完整性。在此基础上，轴向载荷逐步加载，进一步促进裂纹扩展，岩体更易破碎。

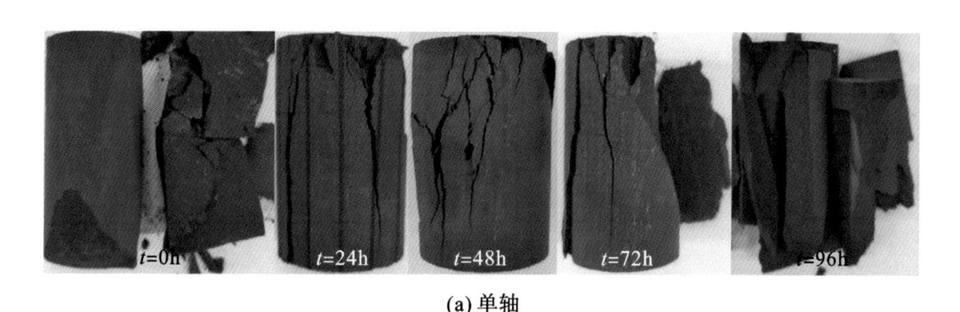

(a) 单轴

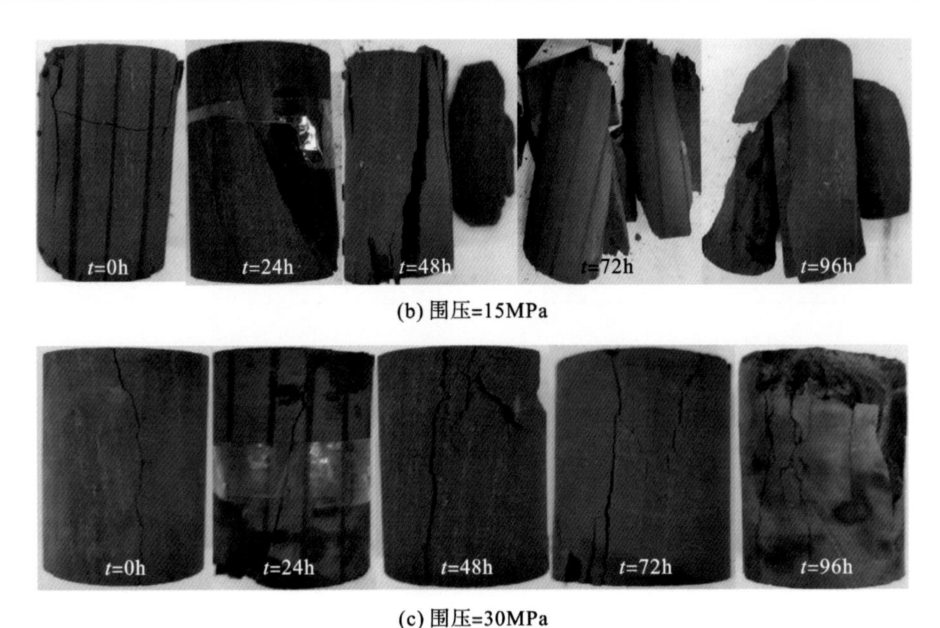

(b) 围压=15MPa

(c) 围压=30MPa

图 7.35　不同自吸时间的页岩破坏模式图

不同自吸时间下页岩的应力-应变曲线如图 7.36 所示。从图中可看出，页岩基本不具备压密阶段，轴向受压后，应力迅速增长进入线性变形阶段。在线性阶段，页岩呈现出明显的脆性特征，达到极限抗压强度后迅速破坏，塑性区域不明显；页岩达到峰值强度后，应力迅速释放，峰值后跌落明显。随着自吸时间增加，水化作用增强，峰值强度明显降低。

基于上述自吸过程中页岩的应力-应变曲线，计算得到自吸过程中的弹性模量、抗压强度、内聚力及内摩擦角等参数，如图 7.37 所示。从图中可看出，随着围压增大，页岩的弹性模量和抗压强度增大，岩体的承压能力明显增强；不同围压条件下，随着自吸作用时间增加，页岩的岩石力学参数发生明显改变，即页岩弹性模量、抗压强度、内聚力及内摩擦角明显下降，岩石强度明显受水化损伤的影响，在前期下降较为明显。在约 72h 以后岩石力学参数的变化明显降低，趋于稳定。基于自吸作用下的弹性模量、峰值强度、内聚力及内摩擦角，可为后续建立页岩损伤本构模型提供基础参数，从而形成自吸过程中的页岩力学表征。

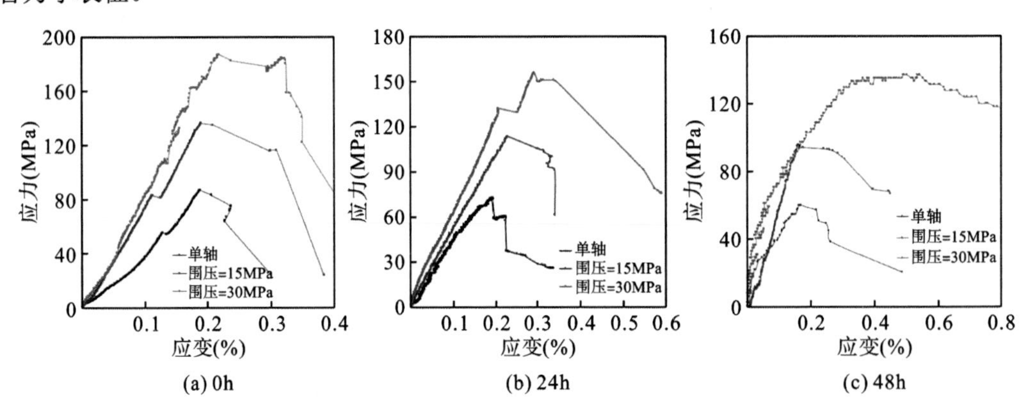

(a) 0h　(b) 24h　(c) 48h

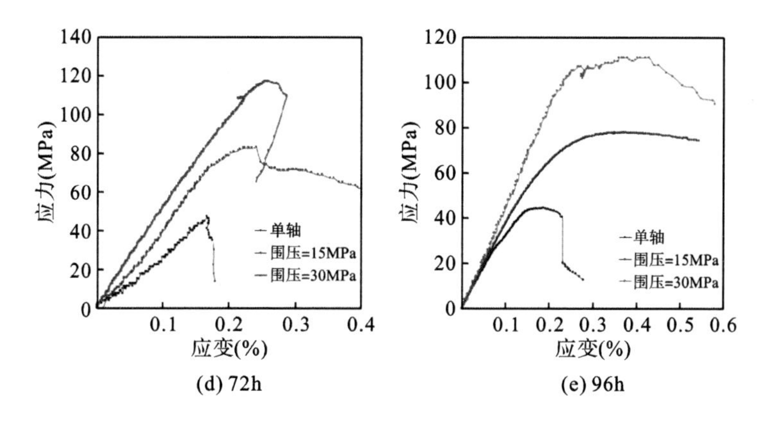

图 7.36 不同自吸时间下的页岩应力应变曲线

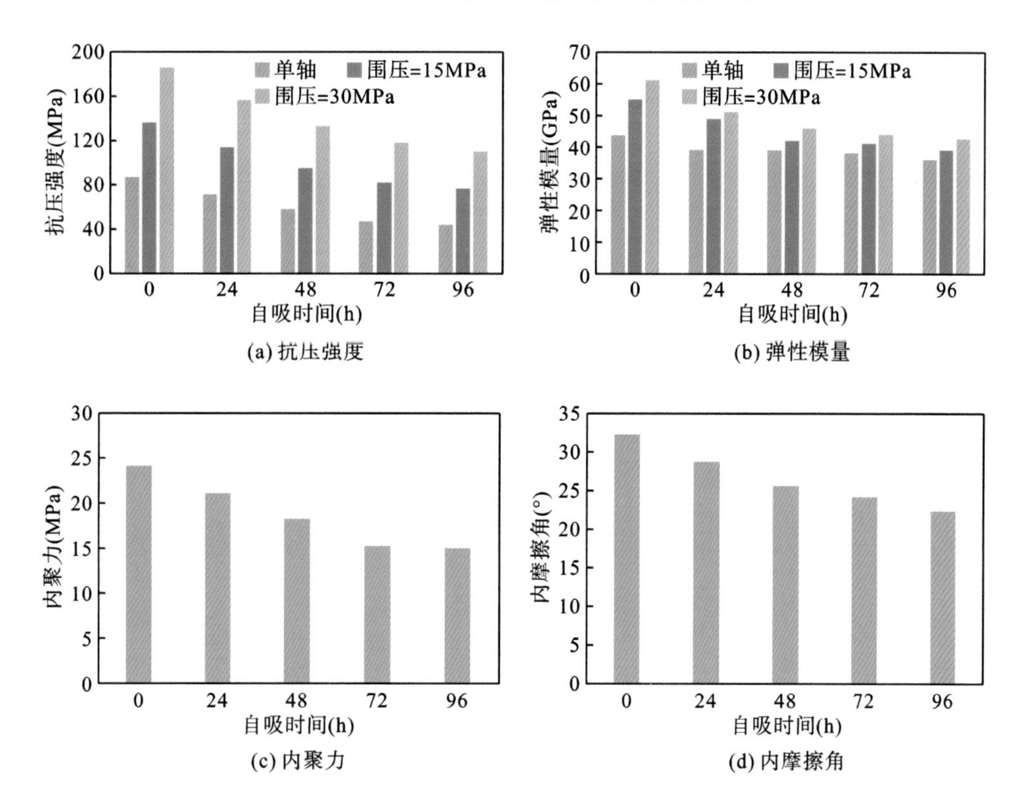

图 7.37 自吸过程中页岩力学参数的变化规律

7.4.3 基于水化损伤变量的页岩力学本构模型

以自吸过程中页岩的力学参数为基础，建立自吸过程中的页岩损伤力学模型。根据损伤力学理论，损伤变量可由破坏单元体的体积与总体积的比值求取，即

$$D = \frac{V_{\text{damage}}}{V_{\text{sum}}} \tag{7.3}$$

式中，V_{damage} 为岩石破坏单元的体积，m^3；V_{sum} 为岩石的总体积，m^3。

针对岩石损伤而言，Weibull 中的位置参数 γ 代表岩石损伤阈值点，即损伤开始点。认为岩石受应力作用后瞬时发生损伤，因此 $\gamma=0$，从而得到岩石内部微元体强度 k 的 Weibull 分布，即

$$f(k)=\begin{cases}\dfrac{m}{F}\left(\dfrac{k}{F}\right)^{m-1}\exp\left[-\left(\dfrac{k}{F}\right)^{m}\right], & k\geqslant 0\\ 0, & k<0\end{cases} \tag{7.4}$$

基于式(7.4)，Weibull 参数 m、F 代表原状岩石的力学特征，分别对应岩石的均质性和平均强度。考虑水化作用下的损伤，Weibull 参数的表达式为

$$\begin{cases}m_{\mathrm{h}}=m(1-D_{\mathrm{h}})\\ F_{\mathrm{h}}=F(1-D_{\mathrm{h}})\end{cases} \tag{7.5}$$

将式(7.5)代入式(7.4)，得到不同水化损伤强度下的微元体强度 k 的 Weibull 分布为

$$f(k,D_{\mathrm{h}})=\begin{cases}\dfrac{m(1-D_{\mathrm{h}})}{F(1-D_{\mathrm{h}})}\left[\dfrac{k}{F(1-D_{\mathrm{h}})}\right]^{m(1-D_{\mathrm{h}})-1}\exp\left\{-\left[\dfrac{k}{F(1-D_{\mathrm{h}})}\right]^{m(1-D_{\mathrm{h}})}\right\}, & k\geqslant 0\\ 0, & k<0\end{cases} \tag{7.6}$$

在一定应力作用下，页岩内部破坏单元的体积为

$$V_p=\iiint_V\int_0^k f(t)\mathrm{d}t\mathrm{d}x\mathrm{d}y\mathrm{d}z=\iiint_V\int_0^k f(t)\mathrm{d}t\mathrm{d}x\mathrm{d}y\mathrm{d}z \tag{7.7}$$

则总损伤变量 D 为

$$D=\frac{V_{\mathrm{damage}}}{V_{\mathrm{sum}}}=\frac{\iiint_V\int_0^k f(t)\mathrm{d}t\mathrm{d}x\mathrm{d}y\mathrm{d}z}{V_{\mathrm{sum}}} \tag{7.8}$$

忽略微元体空间位置的影响，可得

$$D=\frac{V_{\mathrm{sum}}\int_0^k f(t)\mathrm{d}t}{V_{\mathrm{sum}}}=\int_0^k f(t)\mathrm{d}t=1-\exp\left\{\left[1-\frac{k}{F(1-D_{\mathrm{h}})}\right]^{m(1-D_{\mathrm{h}})}\right\} \tag{7.9}$$

式(7.9)中，总损伤变量 D 为三轴应力下的应力损伤与水化损伤(D_{h})的耦合。当不考虑水化损伤($D_{\mathrm{h}}=0$)时，则退化为应力加载下的损伤变量，表达式为

$$D=\frac{V_{\mathrm{sum}}\int_0^k f(t)\mathrm{d}t}{V_{\mathrm{sum}}}=\int_0^k f(t)\mathrm{d}t=1-\exp\left\{\left[1-\frac{k}{F}\right]^{m}\right\} \tag{7.10}$$

针对岩石微元体，采用 Drucker-Prager 强度准则作为强度判断准则，可得

$$f([\sigma])=k=\alpha_{\mathrm{o}}I_1+\sqrt{J_2} \tag{7.11}$$

上式中，根据三轴力学条件下，有 $\sigma_2=\sigma_3$，可得

$$\begin{cases}I_1=\sigma_1+\sigma_2+\sigma_3\\ J_2=\dfrac{1}{6}[(\sigma_1-\sigma_2)^2+(\sigma_2-\sigma_3)^2+(\sigma_1-\sigma_3)^2]\\ \alpha_{\mathrm{o}}=\dfrac{\sin\phi_{\mathrm{o}}}{\sqrt{9+3\sin^2\phi_{\mathrm{o}}}}\end{cases} \tag{7.12}$$

式中，I_1 为应力张量的第一不变量；J_2 为应力偏张量的第二不变量。

将 Drucker-Prager 强度准则代入损伤变量方程，可得

$$D = 1 - \exp\left\{ -\left[\frac{\alpha_o I_1 + \sqrt{J_2}}{F(1-D_h)} \right]^{m(1-D_h)} \right\} \tag{7.13}$$

由等效应变假设，可得

$$\sigma_{eff} = \frac{\sigma}{1-D} = \frac{E\varepsilon}{1-D} \tag{7.14}$$

考虑岩石破坏后仍具有一定强度，引入残余强度系数 δ 进行修正，即

$$\sigma_{eff} = \frac{\sigma}{1-\delta D} = \frac{E\varepsilon}{1-\delta D} \tag{7.15}$$

基于残余强度系数的定义，系数分布在 0～1，系数越小表明残余强度越大。显然，水化作用会削弱页岩破坏后的残余强度，增大残余强度系数，从而定义水化下的残余强度系数表达式为

$$\delta = 1 - (1-\delta_o)(1-D_h) \tag{7.16}$$

式中，δ 和 δ_o 分别为水化和原状页岩的残余强度系数。原状残余强度系数可由应力-应变曲线获得。

针对岩石微元体的应力-应变关系满足广义虎克定律，可得

$$\varepsilon_i = \frac{1}{E}[\sigma_i - u(\sigma_j + \sigma_k)],\ \ i = 1,2,3 \tag{7.17}$$

将式(7.17)代入式(7.15)可得

$$\varepsilon_i = \frac{1}{E(1-\delta D)}[\sigma_i - u(\sigma_j + \sigma_k)],\ \ i,j,k = 1,2,3 \tag{7.18}$$

考虑水化损伤下的弹性模量，有

$$E = E_o(1-D_h) \tag{7.19}$$

联立式(7.6)～式(7.19)，可得

$$\sigma_i = E_o(1-D_h)\varepsilon_i \left\{ 1-\delta+\delta\exp\left[-\left(\frac{\alpha_o I_1 + \sqrt{J_2}}{F(1-D_h)} \right)^{m(1-D_h)} \right] \right\} + u(\sigma_2+\sigma_3) \tag{7.20}$$

页岩的统计参数 m、F 可由页岩的单轴压缩实验确定。原状条件下，无水化损伤，在岩石的单轴压缩实验中，$\sigma=\sigma_1, \sigma_2=\sigma_3=0$，$D_h=0$，上式可简化为

$$\begin{aligned} \sigma &= E_o\varepsilon \left\{ 1-\delta+\delta\exp\left[-\left(\frac{\alpha_o I_1 + \sqrt{J_2}}{F} \right)^m \right] \right\} = E_o\varepsilon \left\{ 1-\delta+\delta\exp\left[-\left(\frac{\left(\alpha_o + \frac{\sqrt{3}}{3}\right)\sigma_{eff}}{F} \right)^m \right] \right\} \\ &= E_o\varepsilon \left\{ 1-\delta+\delta\exp\left[-\left(\frac{\left(\alpha_o + \frac{\sqrt{3}}{3}\right)E_o\varepsilon}{F} \right)^m \right] \right\} \end{aligned} \tag{7.21}$$

同时，考虑应力-应变曲线峰值点的几何特点，可得

$$\begin{cases}\sigma\big|_{\varepsilon=\varepsilon_c}=\sigma_c \\ \dfrac{\partial\sigma}{\partial\varepsilon}\Big|_{\varepsilon=\varepsilon_c}=0\end{cases} \tag{7.22}$$

将以上式子联立，可得

$$\sigma_c = E_o\varepsilon_c\left\{1-\delta+\delta\exp\left[-\left(\frac{\left(\alpha_o+\frac{\sqrt{3}}{3}\right)E_o\varepsilon_c}{F}\right)^m\right]\right\} \tag{7.23}$$

$$\begin{cases}\dfrac{\partial\sigma}{\partial\varepsilon_c}=0 \\ \dfrac{\partial\sigma}{\partial\varepsilon_c}=E_o\left\{1-\delta+\delta\exp\left[-\left(\dfrac{\left(\alpha_o+\frac{\sqrt{3}}{3}\right)E_o\varepsilon_c}{F}\right)^m\right]\right\}+E_o\delta m\left[-\left(\dfrac{\left(\alpha_o+\frac{\sqrt{3}}{3}\right)E_o\varepsilon_c}{F}\right)^m\right] \\ \qquad \exp\left[-\left(\dfrac{\left(\alpha_o+\frac{\sqrt{3}}{3}\right)E_o\varepsilon_c}{F}\right)^m\right]\end{cases} \tag{7.24}$$

解上式可得

$$\begin{cases}m=\dfrac{-\sigma_c}{E_o\varepsilon_c\delta b\ln b}\text{，}F=\dfrac{\left(\alpha_o+\frac{\sqrt{3}}{3}\right)E_o\varepsilon_c}{(-\ln b)^{\frac{1}{m}}} \\ b=\dfrac{\sigma_c-(1-\delta)E_o\varepsilon_c}{\delta E_o\varepsilon_c}\end{cases} \tag{7.25}$$

基于上述推导发现，岩石的本构方程主要受控于参数 m、F 及 δ。随不同参数变化的岩石本构关系如图 7.38 所示。从图中可看出，随着 m 的增大，应力-应变曲线更加平直陡峭，显示出更强的脆性特征。随着 m 的减小，应力-应变曲线更加平缓，说明脆性降低，塑性增强，延展性更好。随着参数 F 的增加，岩石峰值应力明显增大，峰值强度上升，表明岩石强度增大。参数 δ 为岩石的残余强度系数，残余强度系数越小，体现了更大的残余强度。

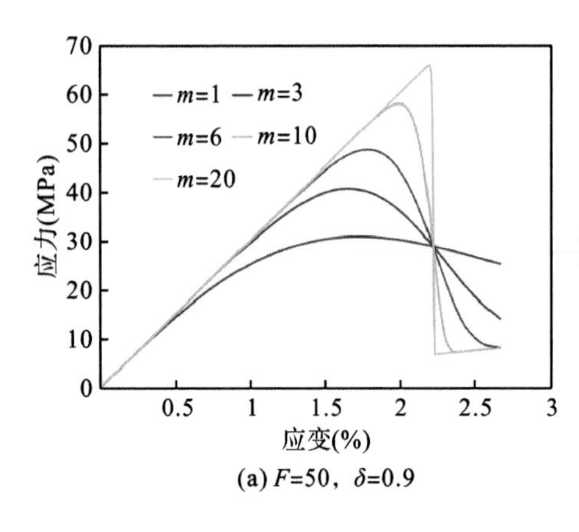

(a) F=50，δ=0.9

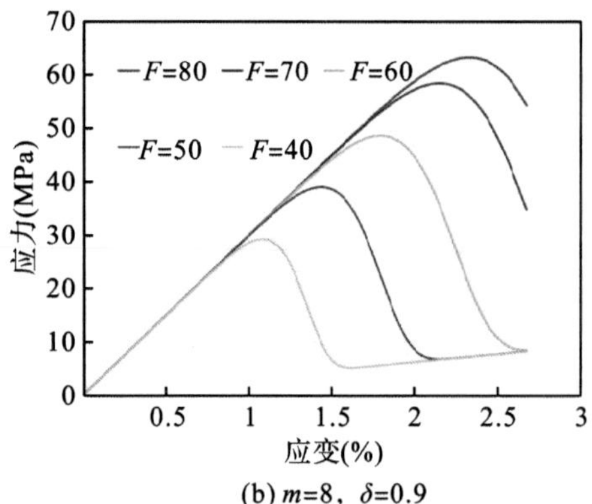

(b) m=8，δ=0.9

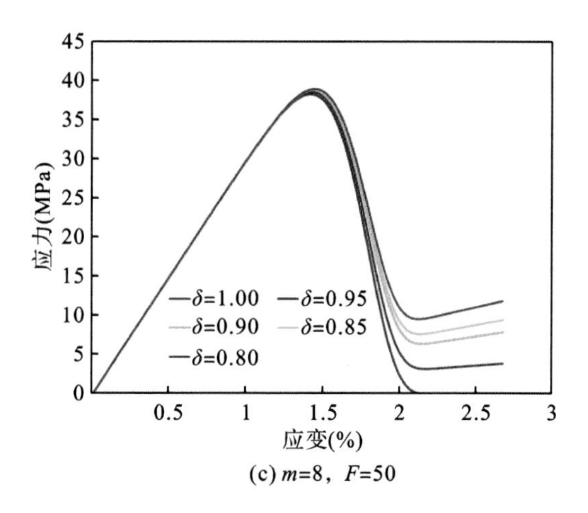

(c) m=8，F=50

图 7.38　不同本构参数下的应力-应变曲线

基于上述页岩损伤本构模型和声学特征的水化损伤变量，得到页岩自吸的损伤本构模型，见式(7.26)。采用单轴压缩实验数据，对具有不同吸水量的页岩应力-应变与损伤本构模型的预测结果进行对比，如图 7.39 所示。通过三轴应力-应变曲线与本构模型曲线的对比可以发现，所建本构方程对页岩实际应力-应变曲线的拟合程度较好，说明该损伤模型可以表征自吸过程中页岩的力学特征。

$$\begin{cases} \sigma_i = E_{\mathrm{o}}[1-D_{\mathrm{h}}(t)]\varepsilon_i \left\{ 1-\delta+\delta\exp\left[-\left(\dfrac{\alpha_{\mathrm{o}} I_1+\sqrt{J_2}}{F(1-D_{\mathrm{h}}(t))} \right)^{m(1-D_{\mathrm{h}}(t))} \right] \right\} + u(\sigma_2+\sigma_3) \\ D_{\mathrm{h}}(t) = -0.0203 w(t)^2 + 0.2237 w(t) \end{cases} \tag{7.26}$$

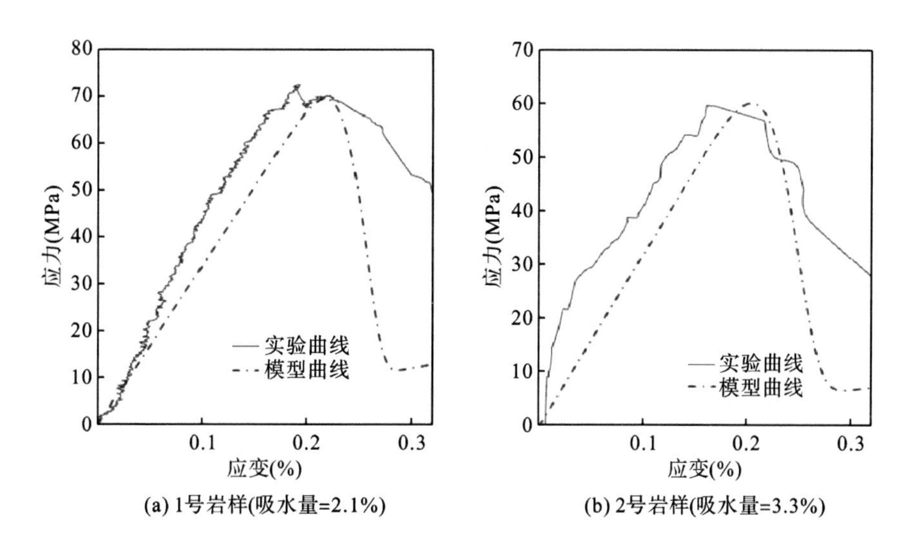

(a) 1号岩样(吸水量=2.1%)　(b) 2号岩样(吸水量=3.3%)

图 7.39　实测与模拟应力应变曲线

基于页岩自吸过程中的损伤本构模型，结合页岩动态自吸方程[式(7.27)]，进一步分析自吸过程中的本构关系。首先，针对页岩自吸，以页岩动态自吸方程为依据，根据不同条件下的自吸曲线特征，将自吸曲线分为三类，如图 7.40 所示。从图中可看出，I 型自吸曲线的吸水量较低，自吸达到稳定的时间较长；II 型自吸曲线自吸能力中等，大部分页岩自吸曲线趋于II 型自吸曲线，可认为是页岩的平均自吸曲线，在前期上升较快，24h 内自吸速率降低，48h 后趋于稳定；III型自吸曲线的自吸能力最强，通常属于高孔/渗、高流体活度下的页岩自吸，前期迅速达到稳定。

$$
\begin{cases}
\dfrac{\mathrm{d}L_{\mathrm{s}}}{\mathrm{d}t}=\dfrac{[\lambda_{\mathrm{o}}+\delta_{\lambda}(t)]^2}{32u_{\mathrm{w}}\left\{\tau_{\mathrm{a}}[\phi_{\mathrm{o}}+\delta_{\phi}(t)]\right\}^2 L_{\mathrm{s}}}\left\{\dfrac{4\sigma\cos\theta}{[\lambda_{\mathrm{o}}+\delta_{\lambda}(t)]}+\dfrac{RT}{\overline{V}}\ln\left(\dfrac{a_{\mathrm{n}}}{a_{\mathrm{m}}}\right)\right\}\left[1+\dfrac{8L_{\mathrm{sp}}}{\lambda_{\mathrm{o}}+\delta_{\lambda}(t)}\right] \\
\quad -\dfrac{pg[\lambda_{\mathrm{o}}+\delta_{\lambda}(t)]^2}{32u_{\mathrm{w}}\left\{\tau_{\mathrm{a}}[\phi_{\mathrm{o}}+\delta_{\phi}(t)]\right\}^2}\left[1+\dfrac{8L_{\mathrm{sp}}}{\lambda_{\mathrm{o}}+\delta_{\lambda}(t)}\right] \\
w(t)=\dfrac{L_{\mathrm{s}}(t)\rho A\phi(t)}{W_{\mathrm{o}}}
\end{cases}
\tag{7.27}
$$

式中，$w(t)$ 为任意时刻的吸水率，%；L_{s} 为吸水直线长度，m；L_{sp} 为边界滑移长度，nm；λ_{o} 为原状页岩平均孔径，nm；τ_{a} 为原状页岩迂曲度；θ 为接触角，(°)；σ 为表面张力，N/m；ϕ_{o} 为原状页岩孔隙度；$\delta_{\lambda}(t)$、$\delta_{\phi}(t)$ 分别为孔径与孔隙度的变化系数；ρ 为流体密度，g/cm^3；A 为吸水端横截面积，m^2；a_{m} 为岩石活度；a_{n} 为外部流体活度；$\overline{V}$ 为水的偏摩尔体积；T 为温度，℃；R 为气体常数；u_{w} 为流体黏度，mPa·s。

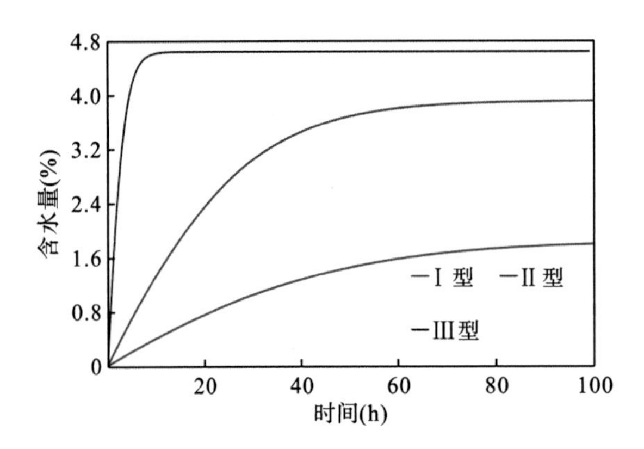

图 7.40　不同类型页岩自吸曲线

基于三类不同的自吸曲线，分析自吸过程中的本构关系，如图 7.41 所示。从图中可看出，在自吸能力较弱的条件下(I 型)，能观测到页岩本构关系逐渐演化的过程，但由于自吸能力较弱，自吸量较小，所以水化损伤程度较弱，整体本构形态变化较小[图 7.41(a)]；在自吸平均曲线下(II 型)，随着自吸时间变化，可造成不同的水化损伤，相比较 I 型自吸的本构关系，II 型自吸的本构损伤更为明显，本构形态的变化更加显著[图 7.41(b)]；在强自吸能力曲线下(III型)，本构关系受自吸的影响后，本构形态迅速改变，短时间内趋于稳定[图 7.41(c)]。

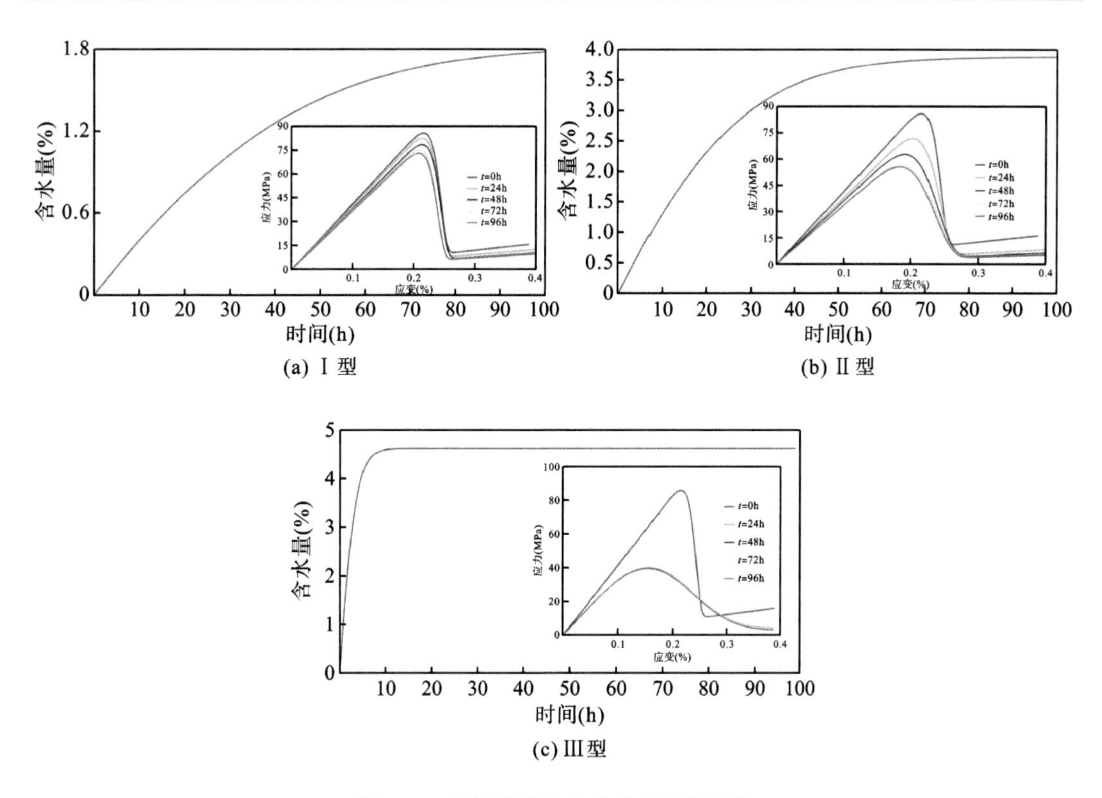

(a) Ⅰ型　(b) Ⅱ型　(c) Ⅲ型

图 7.41　不同类型自吸曲线的本构演化

基于页岩的水化损伤模型，预测不同吸水时间的页岩力学参数，如图 7.42 所示。从图中可看出，随着自吸时间增加，自吸量增大，页岩的单轴抗压强度和弹性模量呈降低的趋势，页岩整体的稳定性降低，不利于井壁稳定性。从不同类型的页岩自吸曲线可以看出，页岩单轴抗压强度和弹性模量的下降幅度存在较大差异，其中在最大自吸能力条件下(Ⅲ型自吸曲线)，页岩的弹性模量与单轴抗压强度下降幅度较大，而在自吸能力较弱条件下(Ⅰ型和Ⅱ型自吸曲线)，下降幅度相对较小，吸水后页岩的弹性模量和抗压强度仍较大。

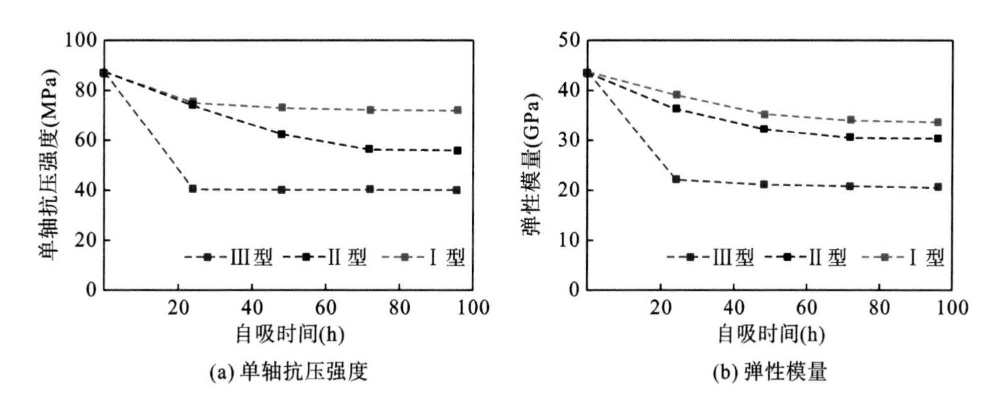

(a) 单轴抗压强度　(b) 弹性模量

图 7.42　页岩不同吸水时间下的岩石力学参数

基于自吸过程中页岩的本构关系演化过程，对自吸作用下页岩的能量演化机制进行分析。针对吸水前后的页岩岩样，分别以岩石实验应力-应变曲线与本构模型应力-应变曲线为基础，计算得到原状页岩与吸水后页岩的能量演化图，如图 7.43 和图 7.44 所示。从图中可看出，在应力-应变前期(裂缝闭合阶段与弹性阶段)，外部应力所做的功均以弹性能被岩石吸收，由于岩石吸收的能量主要用于弹性变形，岩石损伤与微裂纹产生较少，故耗散能较低，岩石吸收的总能主要为弹性能。当应力接近峰值应力点时，岩石从弹性阶段进入塑性阶段，该阶段也为岩石裂纹稳定发展阶段。从进入该阶段开始，弹性能与总能的变化趋势开始出现明显差异，弹性能的增长速率降低，总能依然增长。这主要是因为此时耗散能开始增加。在峰值应力点以后，岩石发生破裂，此时弹性能开始迅速降低，占总能的比例逐渐降低，耗散能迅速增大。此时，总能主要由耗散能组成，表明岩石破裂后裂纹迅速发育和贯通，损伤急剧增加。

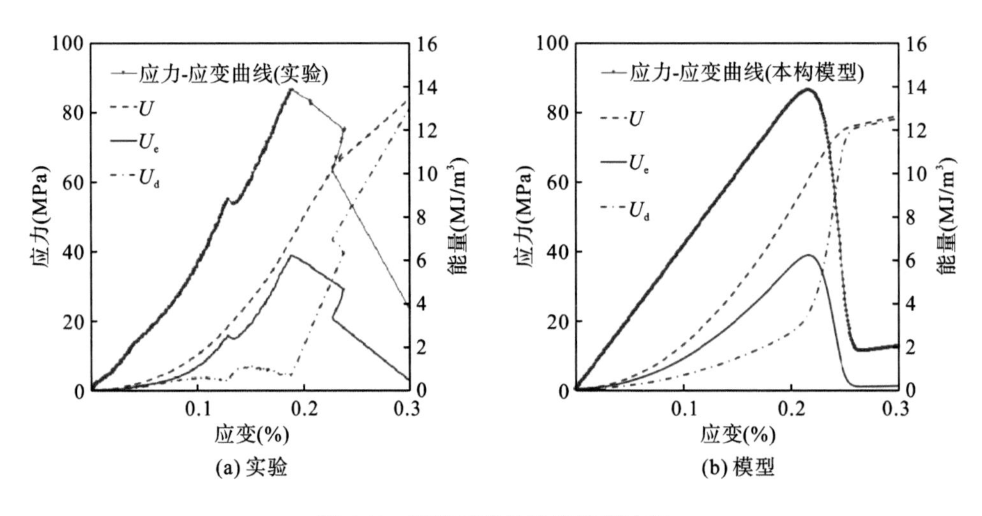

图 7.43　原状页岩的能量演变过程

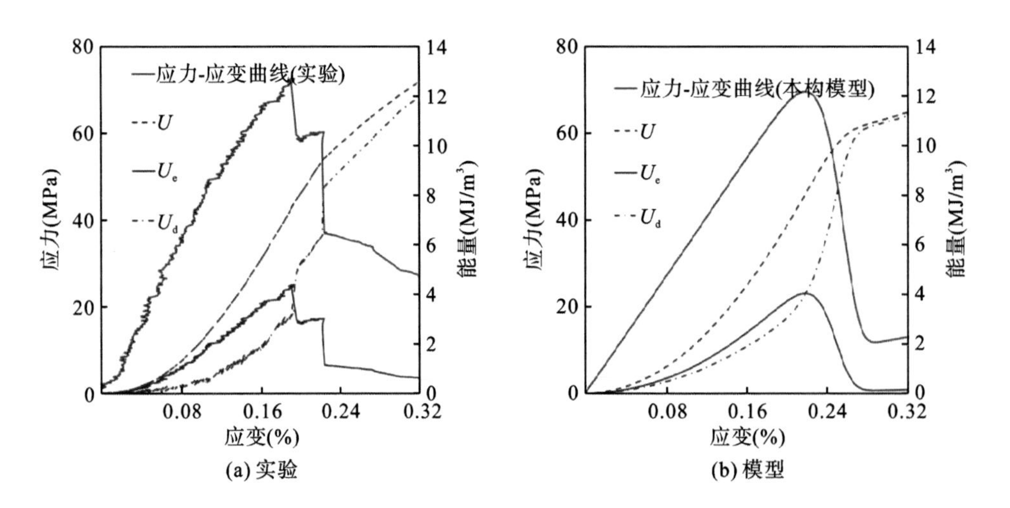

图 7.44　吸水后页岩的能量演变过程

基于上述应力-应变的能量演变特征，分析在不同水化时间下页岩的能量演变规律，如图 7.45～图 7.47。从图中可以看出，随着水化时间的增加，岩石吸收的总能量降低，表明更小的外部载荷即可造成岩体破裂，体现了岩石强度降低，稳定性变差。能量耗散用于岩石内部裂纹的产生和扩展，表征岩石的内部损伤。随着岩石裂纹的萌生、扩展和贯通，耗散能开始增加。可以发现，随着水化作用时间的增加，耗散能降低。同时，从图中可以发现岩石的弹性能随吸水量的升高有所下降，表明随着水化作用的增强，岩石的储能能力降低；在弹性能的释放过程中，在水化作用条件下，峰后阶段弹性能的下降速率和下降幅度减弱，表明峰后破坏能量释放的剧烈程度减缓。

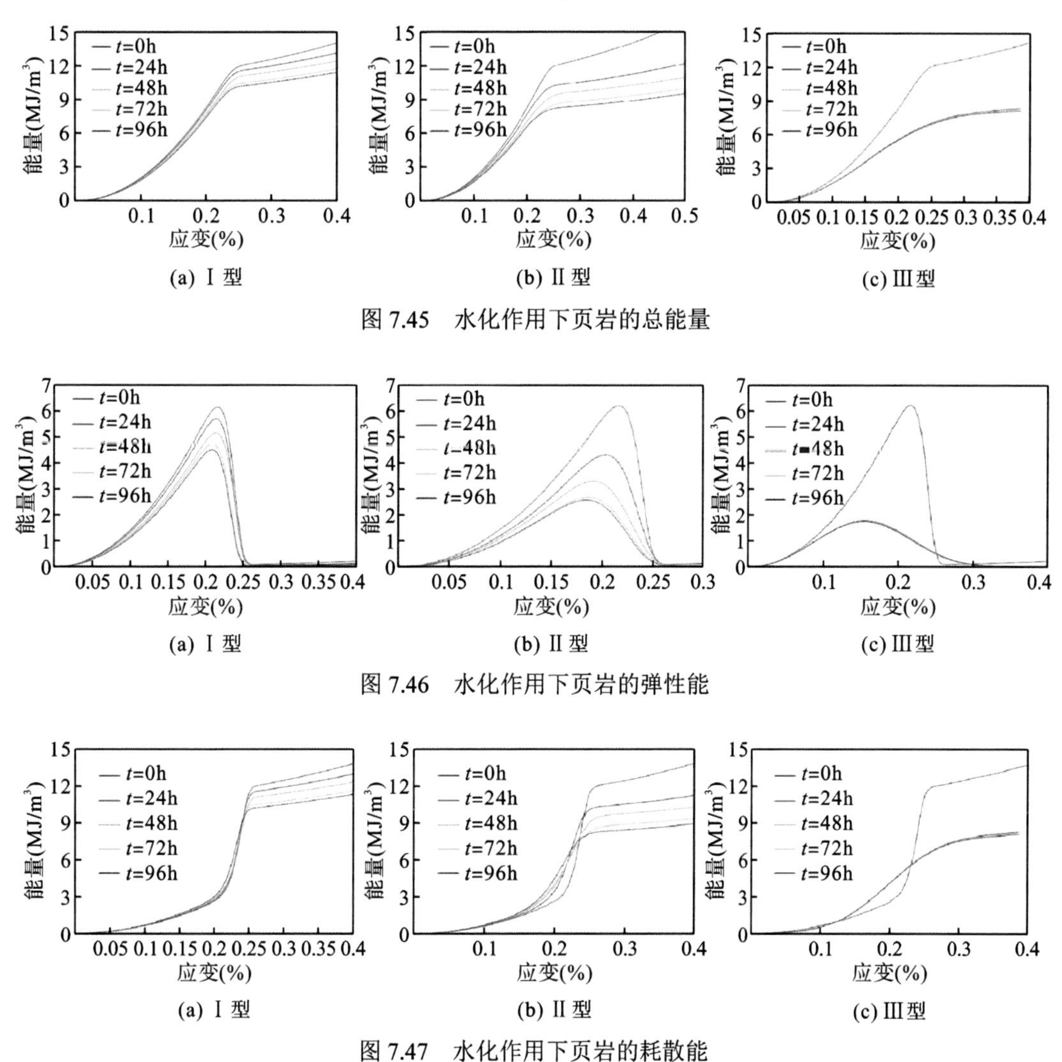

(a) Ⅰ型　(b) Ⅱ型　(c) Ⅲ型

图 7.45　水化作用下页岩的总能量

(a) Ⅰ型　(b) Ⅱ型　(c) Ⅲ型

图 7.46　水化作用下页岩的弹性能

(a) Ⅰ型　(b) Ⅱ型　(c) Ⅲ型

图 7.47　水化作用下页岩的耗散能

7.4.4　水化过程中声学和力学性质的响应关系

基于声学实验与三轴压缩实验，建立了声学响应与三轴应力-应变曲线的对应关系，如图 7.48 所示。从图中可看出，随着水化作用时间的增加，峰值应力减小，纵波振幅降低，主频向左偏移。采用基于声学响应预测得到的岩石损伤变量(D)，建立损伤变量与强度参数间的对应关系，如图 7.49 所示。从图中可看出，在水化过程中页岩的结构发生损伤，页岩峰值强度、峰值应变、弹性模量均呈现出相对应的衰减趋势，且实验与模型预测结果具有较好的一致性，进一步说明了水化过程中页岩的声学响应与强度特征具有很好的对应关系。

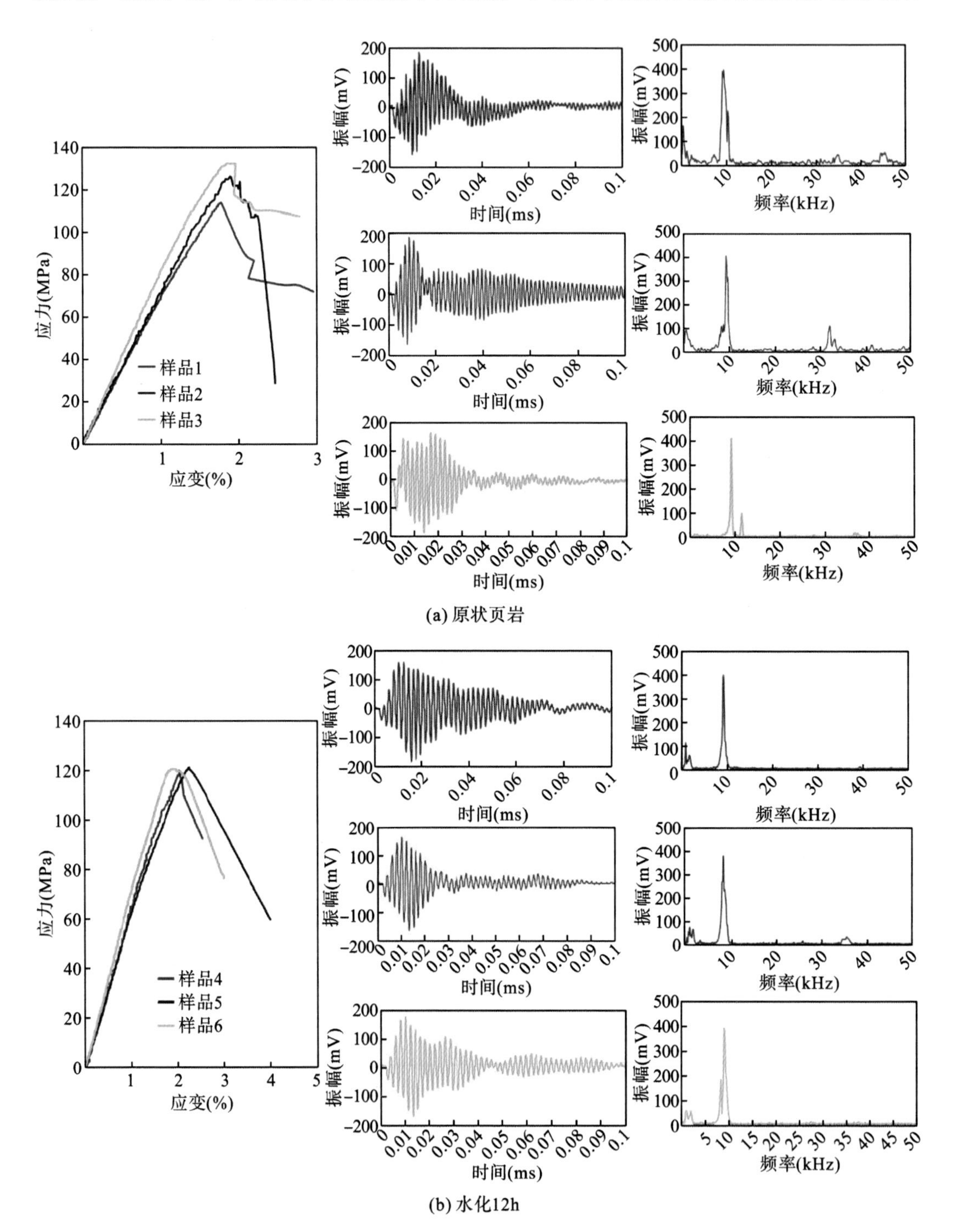

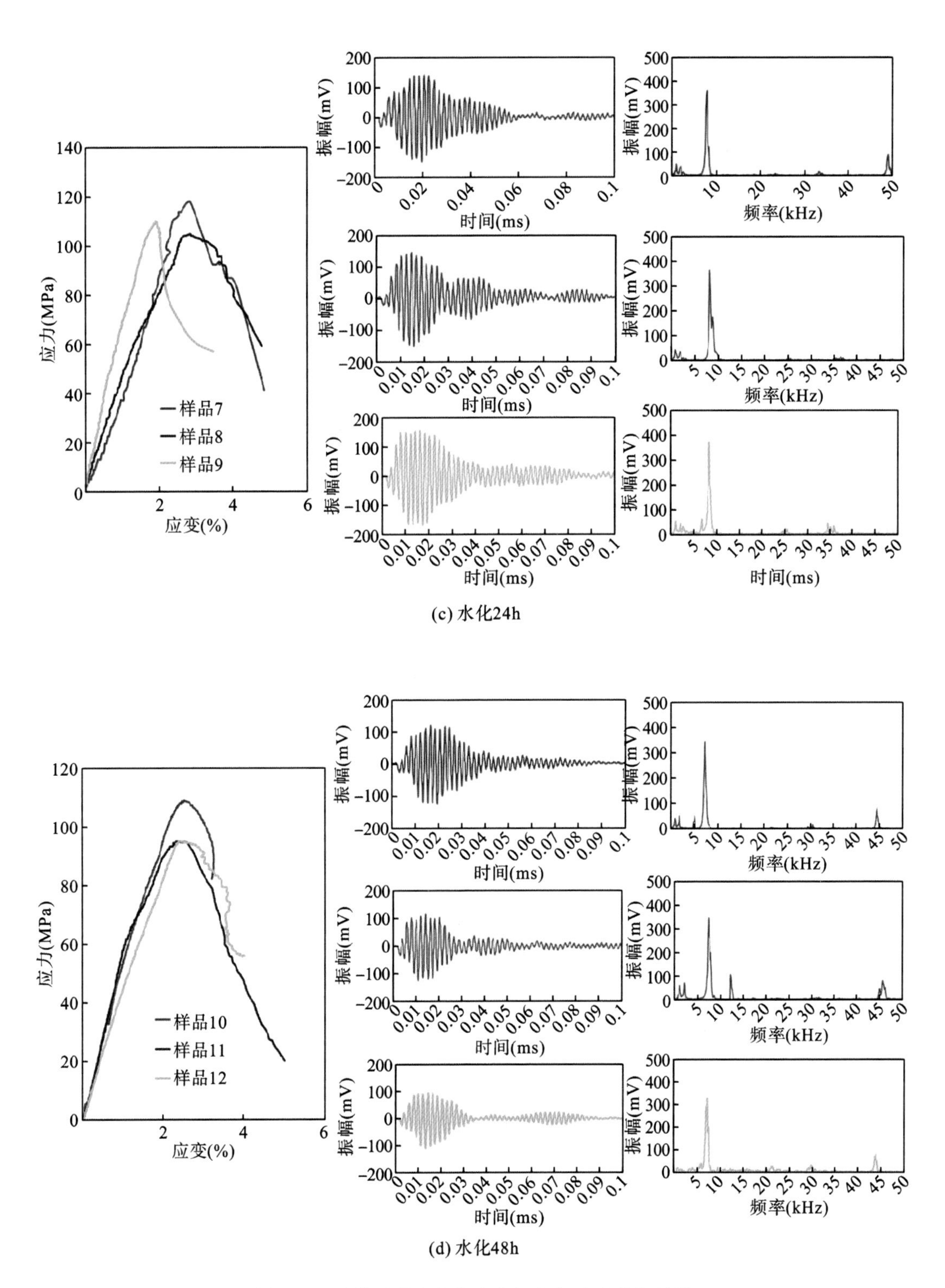

图 7.48　水化过程中声学响应与应力-应变的相关性

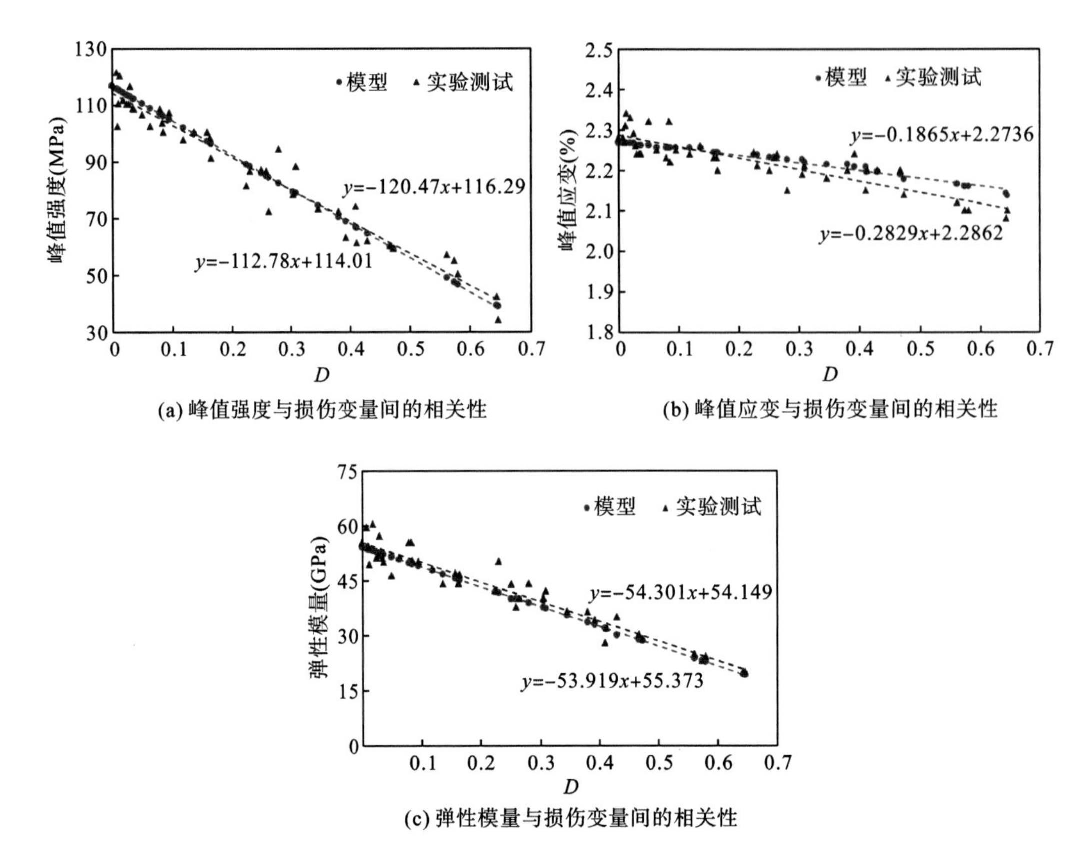

(a) 峰值强度与损伤变量间的相关性

(b) 峰值应变与损伤变量间的相关性

(c) 弹性模量与损伤变量间的相关性

图 7.49　岩石强度参数与损伤变量间的相关性

7.4.5　水化损伤力学模型的应用

页岩地层钻井过程中，钻井液与地层接触，在钻井压差、毛细管力等的作用下，钻井液侵入页岩地层[图 7.50(a)]，形成水化次生裂纹，对井壁页岩岩石造成损伤[图 7.50(c)]，

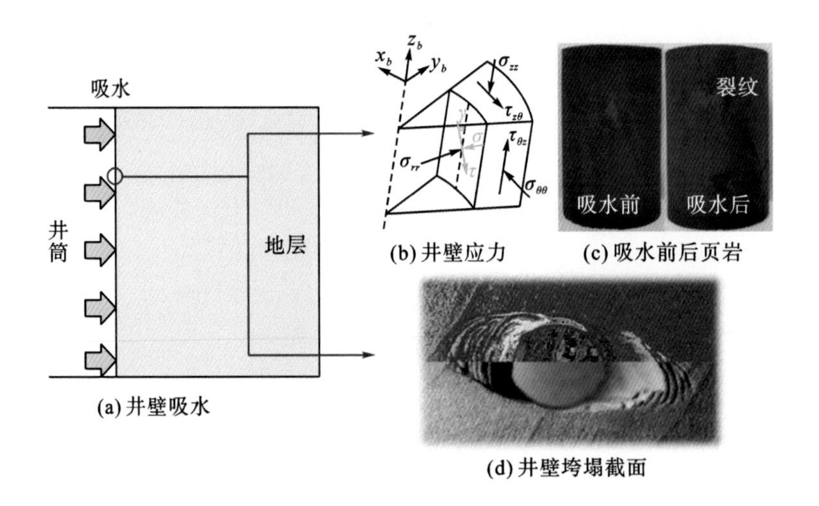

(a) 井壁吸水

(b) 井壁应力

(c) 吸水前后页岩

(d) 井壁垮塌截面

图 7.50　自吸作用及损伤效应对井壁稳定性影响

弱化岩石强度。当井壁应力[图 7.50(b)]与岩石强度达到极限状态后，发生井眼垮塌失稳，如图 7.50(d)所示。当井壁岩石的吸水作用越强时，页岩的含水量越大，水化损伤程度越强，井眼稳定性越差。显然，钻井过程中，随着钻井时间不同，井壁岩石吸水量也处于动态调整，从而使井壁岩石的力学强度处于变化之中。

在地层井壁稳定分析中，首先确定井壁岩石的应力状态。基于三向地应力分布(σ_v、σ_H、σ_h)，通过井眼坐标转换关系(图 7.51)，可获得井眼坐标系下的应力分布，其表述式为

$$\begin{cases}\sigma_r = p_{\mathrm{i}} - \delta_{\mathrm{w}}\phi(p_{\mathrm{i}} - p_{\mathrm{p}}) \\ \sigma_\theta = \sigma_{xx} + \sigma_{yy} - 2(\sigma_{xx} - \sigma_{yy})\cos 2\theta_{\mathrm{c}} - 4\sigma_{xy}\sin 2\theta_{\mathrm{c}} + \left[\dfrac{\alpha_b(1-2u)}{1-u} - \phi\right](p_{\mathrm{i}} - p_{\mathrm{p}}) - p_{\mathrm{i}} \\ \sigma_z = \sigma_{zz} - 2u[(\sigma_{xx} - \sigma_{yy})\cos 2\theta_{\mathrm{c}} + 2\sigma_{xy}\sin 2\theta_{\mathrm{c}}] + \left[\dfrac{\alpha_b(1-2u)}{1-u} - \phi\right](p_{\mathrm{i}} - p_{\mathrm{p}}) \\ \tau_{\theta z} = 2(\sigma_{yz}\cos\theta_{\mathrm{c}} - \sigma_{xz}\sin\theta_{\mathrm{c}}) \\ \tau_{r\theta} = \tau_{rz} = 0 \end{cases} \tag{7.28}$$

式中，σ_r、σ_θ、σ_z 分别为柱坐标系下径向、周向和轴向正应力，MPa；$\tau_{\theta z}$、$\tau_{r\theta}$、τ_{rz} 分别为柱坐标系下 θz、$r\theta$、rz 平面的切应力，MPa；σ_{xx}、σ_{yy}、σ_{zz} 分别为直角坐标系下 X、Y、Z 轴方向上的地应力分量，MPa；σ_{xy}、σ_{xz}、σ_{yz} 为直角坐标系下 XY、XZ、YZ 平面上的地应力分量，MPa；θ_{c} 为井周角，(°)；p_{i} 为液柱压力，MPa；p_{p} 为孔隙压力，MPa；δ_{w} 为井壁渗透系数。

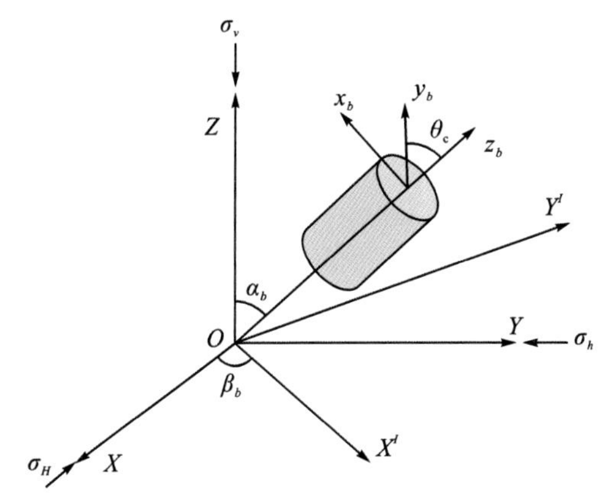

图 7.51　井筒坐标转换关系

根据井眼坐标系下的应力分布，可求取井壁任意位置处的主应力分布，如下所示：

$$\begin{cases}\sigma_L = p_{\mathrm{i}} - \delta_{\mathrm{w}}\phi(p_{\mathrm{i}} - p_{\mathrm{p}}) \\ \sigma_M = \dfrac{\sigma_z - \sigma_\theta}{2} + \sqrt{\left(\dfrac{\sigma_\theta - \sigma_z}{2}\right)^2 + {\tau^2}_{\theta z}} \\ \sigma_N = \dfrac{\sigma_z - \sigma_\theta}{2} - \sqrt{\left(\dfrac{\sigma_\theta - \sigma_z}{2}\right)^2 + {\tau^2}_{\theta z}} \end{cases} \tag{7.29}$$

式中，σ_L、σ_M、σ_N 分别为井壁处三向主应力，通过对比可确定最大和最小主应力。

基于水化力学损伤模型，可以构建吸水时间(t)-吸水量[$w(t)$]-岩石本构关系。在此基础上，可获取最小主应力下(σ_3)的岩石破坏强度(本构曲线峰值强度)，将破坏强度与井壁最大主应力(σ_1)对比。当最大主应力大于破坏强度时，该位置处岩石发生破坏，井壁出现坍塌。基于此，可以求取地层坍塌压力分布，流程如图 7.52 所示。上述破坏强度指岩石抗压强度。依据上述流程，基于岩石抗压-抗张强度相关性(通常呈现正相关，通过实验拟合获取，不再累述)，采用最大张应力破坏准则，可进一步求取破裂压力。

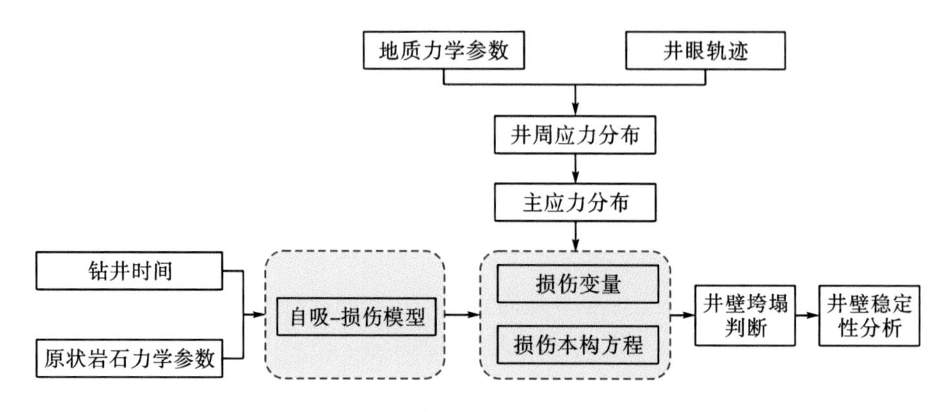

图 7.52 页岩自吸-损伤模型在井壁稳定分析中的应用示意图

基于上述井壁稳定分析方法，对实际井的坍塌压力和破裂压力进行分析。实例参数为：井深 2850m，σ_V=2.62g/cm^3，σ_H=2.28g/cm^3，σ_h=1.82g/cm^3，孔隙压力 1.10g/cm^3，Biot 系数为 1.0，泊松比为 0.25。计算得到钻井时间下的地层坍塌压力和破裂压力分布，如图 7.53 所示。从图中可看出，随着钻井时间的增加，更多钻井液侵入岩体，损伤加剧，导致地层坍塌压力增加，破裂压力降低，安全密度窗口变窄，稳定性变差。在原状地层条件下，不同井眼轨迹的平均坍塌压力梯度和破裂压力梯度分别为 1.14g/cm^3 和 1.58g/cm^3；随着水化损伤加剧，在 96h 后的平均坍塌压力梯度和破裂压力梯度为 1.26g/cm^3 和 1.53g/cm^3。由此可见，在页岩地层钻井过程中，需要相应提升钻井液密度，保证安全钻井过程，但整体提升幅度具有上限，过高的钻井液密度会导致地层破裂失稳。

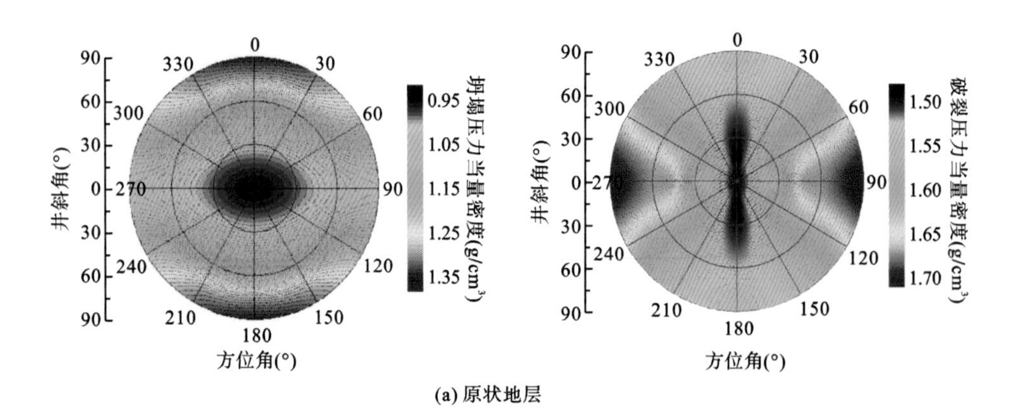

(a) 原状地层

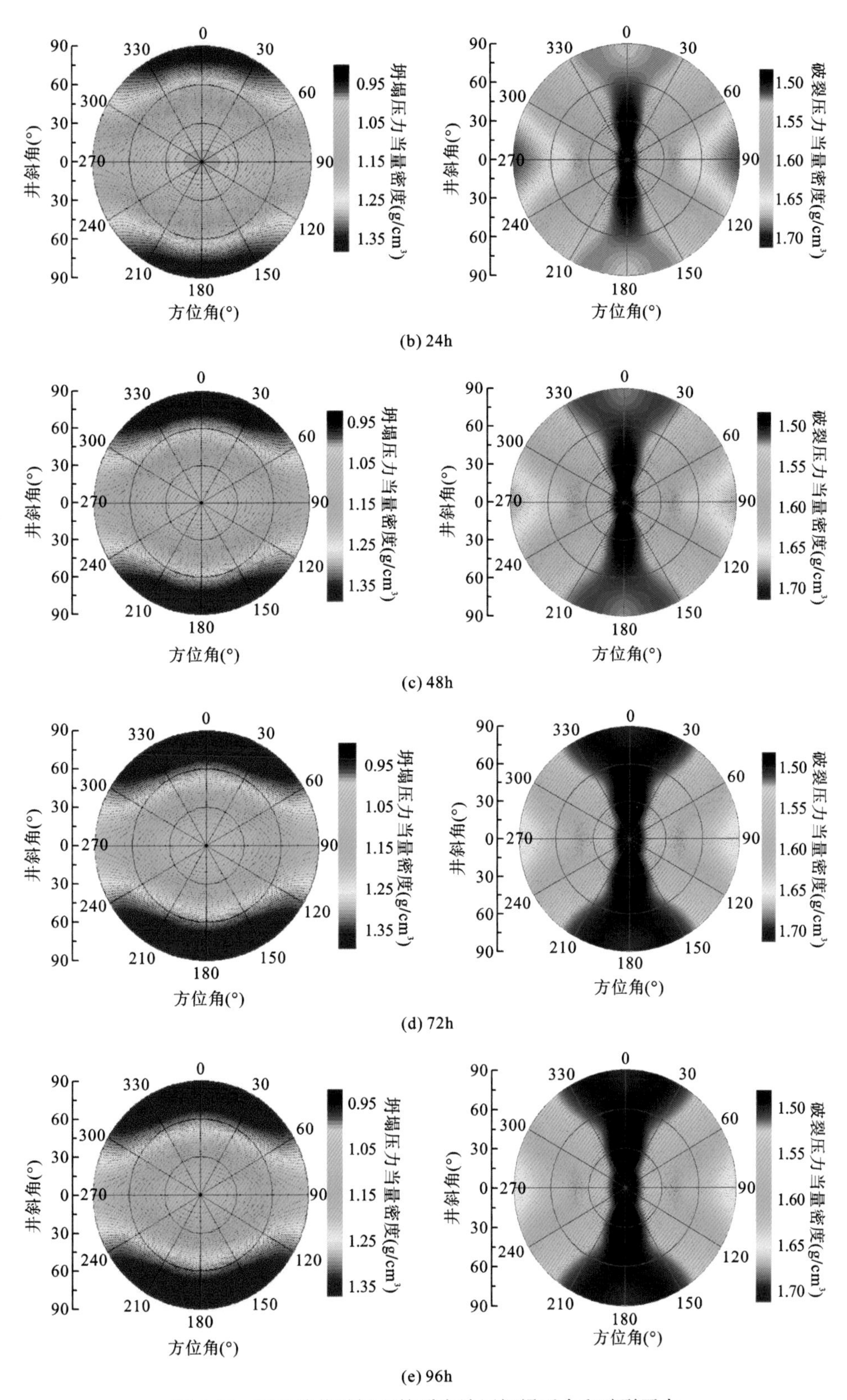

图 7.53　不同钻井时间下的页岩地层坍塌压力和破裂压力

基于页岩的水化力学损伤本构模型，采用某区块龙马溪组地层实际钻井数据(井斜角为 88°，方位角为 71°)，对比模型预测坍塌压力和破裂压力当量密度与实际钻井液密度，如图 7.54 所示。根据对比结果，预测坍塌压力、破裂压力与实际钻井液数据在趋势上拟合得较好，能够体现出由水化损伤导致强度弱化，进而造成坍塌压力增加、破裂压力降低的变化。坍塌压力和破裂压力的主要变化阶段在 48h 以内，后期趋于稳定。坍塌压力和破裂压力的变化趋势与页岩内部黏土的水化机制密切相关，由于伊利石水化能力强且水化速率快，所以损伤主要在前期较为迅速，后期逐渐减弱。

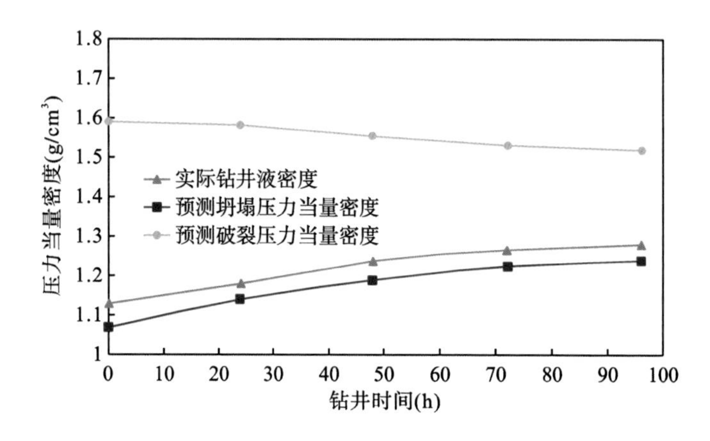

图 7.54 不同钻井时间下的页岩地层坍塌压力和破裂压力

此外，需要注意预测坍塌压力和破裂压力数值与实际钻井液密度仍有一定偏差，这主要是因为页岩地层坍塌压力和破裂压力的影响因素较多，如应力各向异性、强度各向异性、孔隙压力变化等影响，要进一步提升坍塌压力和破裂压力的预测精度，还需要开展深入研究。虽然在数值上具有一定偏差，但自吸-损伤模型能够体现吸水状态下的页岩损伤本构关系，并深入分析钻井过程中的井壁页岩岩体特征，为后续进一步开展页岩井壁稳定性分析提供理论基础。

主要参考文献

蔡毅, 朱如凯, 吴松涛, 等, 2022. 泥岩与页岩特征辨析[J]. 地质科技通报, 41(3): 96-107.

巢前, 蔡进功, 李艳丽, 等, 2019. 泥岩中的有机质对基于 XRD 的伊蒙混层结构计算的影响[J]. 南京大学学报(自然科学版), 55(2): 291-300.

陈可洋, 2012. 高精度地震纯波震源数值模拟[J]. 岩性油气藏, 24(1): 84-91.

陈乔, 2011. 缝洞型地层声学特性数值模拟研究[D]. 成都: 西南石油大学.

陈乔, 刘向君, 梁利喜, 等, 2012. 裂缝模型声波衰减系数的数值模拟[J]. 地球物理学报, 55(6): 2044-2052.

陈乔, 刘向君, 刘洪, 等, 2013. 层理性页岩地层超声波透射实验[J]. 天然气工业, 33(8): 140-144.

邓华锋, 王伟, 李建林, 等, 2018. 层状砂岩各向异性力学特性试验研究[J]. 岩石力学与工程学报, 37(1): 112-120.

邓继新, 史謌, 刘瑞珣, 等, 2004. 泥岩、页岩声速各向异性及其影响因素分析[J]. 地球物理学报, 47(5): 862-868.

邓智, 程礼军, 潘林华, 等, 2016. 层理倾角对页岩三轴应力应变测试和纵横波速度的影响[J]. 东北石油大学学报, 40(1): 33-39.

丁拼搏, 狄帮让, 魏建新, 等, 2017. 不同尺度裂缝对弹性波速度和各向异性影响的实验研究[J]. 地球物理学报, 60(4): 1538-1546.

丁乙, 2020. 富有机质页岩自吸动态表征及损伤效应[D]. 成都: 西南石油大学.

丁乙, 张安东, 2014. 川南龙马溪页岩地层井壁失稳实验研究[J]. 科学技术与工程, 14(15): 25-28.

董良国, 马在田, 曹景忠, 2000. 一阶弹性波方程交错网格高阶差分解法稳定性研究[J]. 地球物理学报, 43(6): 856-864.

段茜, 2019. 气水两相缝洞型介质弹性波传播的数值模拟研究[D]. 成都: 西南石油大学.

段茜, 刘向君, 2017. 实验室尺度下气水两相裂缝型介质弹性波速度的数值模拟分析[J]. 石油物探, 56(3): 338-348.

段茜, 刘向君, 梁利喜, 等, 2020. 裂缝参数对纵波各向异性影响的数值模拟[J]. 石油地球物理勘探, 55(3): 575-583.

韩开锋, 曾新吾, 2006. 边界元法模拟含随机分布裂纹介质中波的传播[J]. 岩土工程学报, 28(7): 922-925.

郝运轻, 谢忠怀, 周自立, 等, 2012. 非常规油气勘探领域泥页岩综合分类命名方案探讨[J]. 油气地质与采收率, 19(6): 16-19.

何坤, 2012. 基于分形模型油水相对渗透率计算的新方法[J]. 科学技术与工程, 12(27): 7058-7060.

侯加根, 马晓强, 刘钰铭, 等, 2012. 缝洞型碳酸盐岩储层多类多尺度建模方法研究: 以塔河油田四区奥陶系油藏为例[J]. 地学前缘, 19(2): 59-66.

侯连浪, 2018. DQ 区块煤岩力学参数测井预测研究及应用[D]. 成都: 西南石油大学.

李贤胜, 刘向君, 熊健, 等, 2019. 层理对页岩纵波特性的影响[J]. 岩性油气藏, 31(3): 152-160.

李贤胜, 刘向君, 梁利喜, 等, 2020. 层理性页岩声波各向异性校正方法研究[J]. 油气藏评价与开发, 10(5): 49-54.

梁利喜, 熊健, 刘向君, 2014. 水化作用和润湿性对页岩地层裂纹扩展的影响[J]. 石油实验地质, 36(6): 780-786.

梁利喜, 周龙涛, 刘向君, 等, 2015. 孔洞结构对超声波衰减特性的影响研究[J]. 岩石力学与工程学报, 34(S1): 3208-3214.

刘可, 高崇龙, 王剑, 等, 2022. 准噶尔盆地南缘东段侏罗系头屯河组储层特征及物性控制因素[J]. 石油实验地质, 44(4): 579-592.

刘锟, 2015. 硬脆性页岩水化控制方法研究[D]. 成都: 西南石油大学.

刘向君, 罗平亚, 1996. 水敏性泥页岩地层与钻井液接触时水化能力的实验研究[J]. 西南石油学院学报, 18(3): 33-39.

刘向君, 罗平亚, 2004. 岩石力学与石油工程[M]. 北京: 石油工业出版社.
刘向君, 梁利喜, 2015. 油气工程测井理论与应用[M]. 北京: 科学出版社.
刘向君, 熊健, 梁利喜, 2016. 龙马溪组硬脆性页岩水化实验研究[J]. 西南石油大学学报(自然科学版), 38(3): 178-186.
刘向君, 梁利喜, 熊健, 2018. 页岩气低成本高效钻完井基础研究与应用[M]. 北京: 科学出版社.
刘向君, 周改英, 陈杰, 等, 2007. 基于岩石电阻率参数研究致密砂岩孔隙结构[J]. 天然气工业, 27(1): 41-43.
刘向君, 王森, 刘洪, 等, 2012. 碳酸盐岩含气饱和度对超声波衰减特性影响的研究[J]. 石油地球物理勘探, 47(6): 923-930.
刘向君, 刘锟, 苟绍华, 等, 2013a. 钠蒙脱土晶层间距膨胀影响因素研究[J]. 岩土工程学报, 35(12): 2342-2345.
刘向君, 刘锟, 苟绍华, 等, 2013b. 耐温耐盐AM-AMPS-DMDAAC-NEA共聚物粘土稳定剂的合成及性能研究[J]. 化学研究与应用, 25(6): 857-861.
刘向君, 熊健, 梁利喜, 等, 2014. 川南地区龙马溪组页岩润湿性分析及影响讨论[J]. 天然气地球科学, 25(10): 1644-1652.
刘运思, 傅鹤林, 饶军应, 等, 2012. 不同层理方位影响下板岩各向异性巴西圆盘劈裂试验研究[J]. 岩石力学与工程学报, 31(4): 783-791.
罗超, 2015. 硬脆性页岩井壁稳定性水化作用影响研究[D]. 成都: 西南石油大学.
罗诚, 2013. 硬脆性泥页岩组构及其对力学特征影响研究[D]. 成都: 西南石油大学.
满宇, 2016. 缝洞型碳酸盐岩地层物性参数声波预测方法研究[D]. 成都: 西南石油大学.
孟庆山, 汪稔, 2006. 碳酸盐岩的声波特性研究及其应用[J]. 中国岩溶, 24(4): 344-348.
苗同军, 2015. 裂缝型多孔介质渗流特性的分形分析[D]. 武汉: 华中科技大学.
乔悦东, 孙建孟, 耿尊博, 2010. 斜井泥岩声波速度各向异性校正新方法研究[J]. 石油天然气学报, 32(5): 101-108, 403.
邱正松, 李健鹰, 郭东荣, 等, 1993. 港东沙河街泥页岩坍塌机理的研究[J]. 石油大学学报(自然科学版), 17(4): 22-26.
国家质量技术监督局, 1998. 岩石分类和命名方案 沉积岩岩石分类和命名方案: GB/T17412.2—1998[S]. 北京: 中国标准出版社.
任凯, 葛洪魁, 杨柳, 等, 2015. 页岩自吸实验及其在返排分析中的应用[J]. 科学技术与工程, 15(30): 106-109.
沈金松, 詹林森, 马超, 2013. 裂缝等效介质模型对裂缝结构和充填介质参数的适应性[J]. 吉林大学学报: 地球科学版, 43(3): 993-1003.
万有维, 熊健, 刘向君, 等, 2020. 钻井液浸泡对巴西改组岩石声学特性的影响[J]. 断块油气田, 27(4): 517-521.
万有维, 刘向君, 袁芳, 等, 2021. 塔里木盆地巴西改组岩石理化性能及力学特性研究[J]. 油气藏评价与开发, 11(5): 753-759.
王森, 2012. 碳酸盐岩地层超声波传播特性及应用研究[D]. 成都: 西南石油大学.
王森, 刘向君, 陈乔, 等, 2015. 碳酸盐岩储层孔隙度超声波评价数值模拟[J]. 地球物理学进展, 30(1): 0267-0273.
王跃鹏, 2020. 页岩气层岩石水化损伤的动力学表征研究[D]. 成都: 西南石油大学.
王跃鹏, 刘向君, 梁利喜, 2018. 页岩力学特性的层理效应及脆性预测[J]. 岩性油气藏, 30(4): 149-160.
王跃鹏, 刘向君, 梁利喜, 等, 2022a. 黏土矿物水化膨胀及无机盐溶液对其抑制作用[J]. 科学技术与工程, 22(22): 9574-9581.
王跃鹏, 刘向君, 熊健, 等, 2022b. 富有机质页岩水化特征的试验研究[J]. 地下空间与工程学报, 18(3): 891-900.
王子振, 王瑞和, 李天阳, 等, 2014. 孔隙结构对干岩石弹性波衰减影响的数值模拟研究[J]. 地球物理学进展, 29(6): 2766-2773.
蔚宝华, 谭强, 邓金根, 等, 2013. 渤海油田泥页岩地层坍塌失稳机理分析[J]. 海洋石油, 33(2): 101-105.
魏建新, 狄帮让, 王立华, 2008. 孔洞储层地震物理模拟研究[J]. 石油物探, 47(2): 153-160.
熊健, 刘向君, 梁利喜, 2015. 四川盆地长宁构造地区龙马溪组页岩孔隙结构及其分形特征[J]. 地质科技情报, 34(4): 70-77.
熊健, 刘向君, 梁利喜, 2017. 四川盆地富有机质页岩孔隙分形特征[J]. 断块油气田, 24(2): 184-189.
熊健, 梁利喜, 刘向君, 等, 2014. 川南地区龙马溪组页岩岩石声波透射实验研究[J]. 地下空间与工程学报, 10(5): 1071-1077.

熊健, 李羽康, 刘向君, 等, 2022. 水岩作用对页岩岩石物理性质的影响: 以四川盆地下志留统龙马溪组页岩为例[J]. 天然气工业, 42(8): 190-201.

杨超, 2010. 碳酸盐岩孔隙结构对声波特性的影响研究[D]. 成都: 西南石油大学.

曾凡辉, 张蕾, 陈斯瑜, 等, 2020. 水化作用下页岩微观孔隙结构的动态表征: 以四川盆地长宁地区龙马溪组页岩为例[J]. 天然气工业, 40(10): 66-75.

张明明, 梁利喜, 蒋少龙, 2016. 不同孔隙结构碳酸盐岩对声波时频特性的影响[J]. 断块油气田, 23(6): 825-828.

张旭, 刘向君, 袁芳, 等, 2021. 钻井液矿化度对康村组泥岩强度特征的影响研究[J]. 地下空间与工程学报, 17(2): 382-389

张亚云, 陈勉, 邓亚, 等, 2018. 温压条件下蒙脱石水化的分子动力学模拟[J]. 硅酸盐学报, 46(10): 1489-1498.

赵维超, 2014. 硬脆性页岩井壁稳定性影响因素研究[D]. 成都: 西南石油大学.

周江羽, 陈建文, 张玉玺, 等, 2021. 下扬子地区幕府山组古环境和构造背景: 来自细粒混积沉积岩系元素地球化学的证据[J]. 地质学报, 95(6): 1693-1711.

周金虹, 2019. 粘土矿物孔道表面与流体相互作用的分子模拟[D]. 南京: 南京大学.

周龙涛, 2015. 孔洞型碳酸盐岩超声波衰减特性的研究及应用[D]. 成都: 西南石油大学.

周雪, 2020. 页岩润湿性对气水分布影响的研究[D]. 成都: 西南石油大学.

朱洪林, 刘向君, 刘洪, 2011. 含气饱和度对碳酸盐岩声波速度影响的试验研究[J]. 岩石力学与工程学报, 30(S1): 2784-2789.

庄严, 2022. 页岩水化诱导裂缝产生的微观机制[D]. 成都: 西南石油大学.

Alkhalifah T, Tsvankin I, 1995. Velocity analysis for transversely isotropic media[J]. GEOPHYSICS, 60(5): 1550-1566.

Backus G E, 1962. Long-wave elastic anisotropy produced by horizontal layering[J]. Journal of Geophysical Research, 67(11): 4427-4440.

Berenger J P, 1994. A perfectly matched layer for absorption of electromagnetic waves[J]. Journal of Computational Physics, 114(2): 185-200.

Bertoncello A, Wallace J, Blyton C, et al., 2014. Imbibition and water blockage in unconventional reservoirs: Well-management implications during flowback and early production[J]. SPE Reservoir Evaluation & Engineering, 17(4): 497-506.

Boer J H D, Lippens B C, Linsen B G, et al., 1966. The t-curve of multimolecular N_2-adsorption[J]. Journal of Colloid and Interface Science, 21(4): 405-414.

Brunauer S, Emmett P H, Teller E, 1938. Adsorption of gases in multimolecular layers[J]. Journal of the American Chemical Society, 60(2): 309-319.

Chalmers G R, Bustin R M, Power I M, 2012. Characterization of gas shale pore systems by porosimetry, pycnometry, surface area, and field emission scanning electron microscopy/transmission electron microscopy image analyses: Examples from the Barnett, Woodford, Haynesville, Marcellus, and Doig units[J]. AAPG Bulletin, 96(6): 1099-1119.

Cheng Y, 2012. Impact of water dynamics in fractures on the performance of hydraulically fractured wells in gas-shale reservoirs[J]. Journal of Canadian Petroleum Technology, 51(2): 143-151.

Clavier C, Coates G, Dumanoir J, 1977. Theory and expenierimental basis for the duatwater model for interpretation of shaly sands[C]. Ⅱ SPE 6859.

Collino F, Tsogka C, 2001. Application of the perfectly matched absorbing layer model to the linear elastodynamic problem in anisotropic heterogeneous media[J]. GEOPHYSICS, 66(1): 294-307.

Curtis J B, Law B E, 2002. Introduction to unconventional petroleum systems[J]. AAPG Bulletin, 86(11): 1851-185.

Domenico S N, 1974. Effect of water saturation on seismic reflectivity of sand reservoirs encased in shale[J]. Geophysics, 39(6): 759-769.

Gregg S J, Sing K S W, 1982. Adsorption, Surface Area and Porosity[M]. New York: Academic Press.

Laubach S E, Marrett R A, Olson J E, et al., 1998. Characteristics and origins of coal cleat: A review[J]. International Journal of Coal Geology, 35(1-4): 175-207.

Levander A R, 1988. Fourth-order finite-difference P-SV seismograms[J]. GEOPHYSICS, 53(11): 1425-1436.

Li W, Schmitt D R, Zou C, et al., 2018. A program to calculate pulse transmission responses through transversely isotropic media[J]. Computer and Geosciences, 114(C): 59-72.

Li W, Schmitt D R, Chen X W, 2019. Accounting for pressure-dependent ultrasonic beam skew in transversely isotropic rocks: Combining modelling and measurement of anisotropic wave speeds[J]. Geophysical Journal International, 221(1): 231-251.

Liang L, Xiong J, Liu X, 2015. Experimental study on crack propagation in shale formations considering hydration and wettability[J]. Journal of Natural Gas Science and Engineering, 23: 492-499.

Mandelbort B, 1982. The Fractal Geometry of Nature[M]. New York: W. H. Freeman and Company.

Mastalerz M, Schimmelmann A, Drobniak A, et al., 2013. Porosity of devonian and mississippian new albany shale across a maturation gradient: Insights from organic petrology, gas adsorption, and mercury intrusion[J]. AAPG Bulletin, 97(10): 1621-1643.

Mitchell A R, Griffiths D F, 1980. The finite difference method in partial differential equations[J]. Journal of Applied Mathematics and Mechanics, 60(12): 741.

Mostaghimi P, Armstrong R T, Gerami A, et al., 2017. Cleat-scale characterisation of coal: An overview[J]. Journal of Natural Gas Science and Engineering, 39: 143-160.

Kawano M, Tomita K, 1992. Further investigations on the rehydration characteristics of rectorite[J]. Clays and Clay Minerals, 40(4): 421-428.

Postma G W, 1955. Wave propagation in a stratified medium[J]. GEOPHYSICS, 20(4): 780-806.

Rathore J S, Fjaer E, Holt R M, et al., 1995. P- and S-wave anisotropy of a synthetic sandstone with controlled crack geometry[J]. Geophysical Prospecting, 43(6): 711-728.

Reynolds A C, 1978. Boundary conditions for the numerical solution of wave propagation problems[J]. GEOPHYSICS, 43(6): 1099-1110.

Saenger E H, Shapiro S A, 2002. Effective velocities in fractured media: A numerical study using the rotated staggered finite-difference grid[J]. Geophysical Prospecting, 50(2): 183-194.

Shi G, Shen W L, Yang D Q, 2003. The relationship of wave velocities with saturation and fluid distribution in pore space[J]. Chinese Journal of Geophysics, 46(1): 138-142.

Simandoux P, 1963. Dielectric measurements on porous media: Application to measurement of water saturation: Study of the behavior of argillacious formation[C]. SPWLA 4th Annual Logging Symposium.

Sing K S W, Everett D H, Haul R A W, et al., 1985. Reporting physisorption data for gas/solid systems with special reference to the determination of surface area and porosity[J]. Pure and Applied Chemistry, 57(4): 603-619.

Wood A B, 1930. A Textbook of Sound[M]. London: Bell & Son Limited.

Xiong J, Liu X J, Liang L X, 2015. Experimental study on the pore structure characteristics of the Upper Ordovician Wufeng Formation shale in the southwest portion of the Sichuan Basin, China[J]. Journal of Natural Gas Science and Engineering , 22: 530-539.